福建省高职高专农林牧渔大类十二五规划教材

水质监测与调控技术

（第四版）

主　编 ◎ 谢丹丹
副主编 ◎ 林丽茹

厦门大学出版社
XIAMEN UNIVERSITY PRESS
国家一级出版社
全国百佳图书出版单位

图书在版编目（CIP）数据

水质监测与调控技术 / 谢丹丹主编. -- 4 版. -- 厦门：厦门大学出版社，2023.3
（福建省高职高专农林牧渔大类十二五规划教材）
ISBN 978-7-5615-8936-6

Ⅰ.①水… Ⅱ.①谢… Ⅲ.①水质监测—高等职业教育—教材②水质控制—高等职业教育—教材 Ⅳ.①X832②TU991.21

中国版本图书馆CIP数据核字(2023)第038900号

出 版 人　郑文礼
总 策 划　宋文艳
责任编辑　眭 蔚
美术编辑　李嘉彬
技术编辑　许克华

出版发行　厦门大学出版社
社　　址　厦门市软件园二期望海路 39 号
邮政编码　361008
总 编 办　0592-2182177　0592-2181253(传真)
营销中心　0592-2184458　0592-2181365
网　　址　http://www.xmupress.com
邮　　箱　xmupress@126.com
印　　刷　福建省金盾彩色印刷有限公司

开本　787 mm×1 092 mm　1/16
印张　16.75
插页　2
字数　418 千字
版次　2012 年 8 月第 1 版　2023 年 3 月第 4 版
印次　2023 年 3 月第 1 次印刷
定价　49.00 元

厦门大学出版社
微信二维码

厦门大学出版社
微博二维码

福建省高职高专农林牧渔大类
十二五规划教材编写委员会

主　任　李宝银（福建林业职业技术学院院长）

副主任　范超峰（福建农业职业技术学院副院长）

　　　　黄　瑞（厦门海洋职业技术学院副院长）

委　员

黄亚惠（闽北职业技术学院院长）

邹琍琼（武夷山职业学院董事长）

邓元德（闽西职业技术学院资源工程系主任）

郭剑雄（宁德职业技术学院农业科学系主任）

林晓红（漳州城市职业技术学院生物与环境工程系主任）

邱　冈（福州黎明职业技术学院教务处副处长）

宋文艳（厦门大学出版社总编）

张晓萍（福州国家森林公园教授级高级工程师）

廖建国（福建林业职业技术学院资源环境系主任）

前言

第四版

生态兴则文明兴，良好生态环境是人和社会持续发展的根本基础。党的二十大报告明确提出，尊重自然、顺应自然、保护自然，是全面建设社会主义现代化国家的内在要求。必须牢固树立和践行绿水青山就是金山银山的理念，站在人与自然和谐共生的高度来谋划发展。环境保护行业在这样的背景下继续得到空前重视和飞速发展。环境治理，监测先行。环境监测技术正在成为环保、养殖、食品等行业重要的手段和方法。

水是人类及所有生物赖以生存的重要物质。水中除了"纯水"外，还溶解了许多阳离子、阴离子、营养盐、有机物及各种气体，受到污染的水中甚至还有重金属离子、各类持久性有机物、放射性物质等，这些物质对水环境产生重大影响，对水环境的监测技术就成为所有"涉水"行业至关重要的技术。

本书在福建省高职高专农林牧渔大类十二五规划教材《水质监测与调控技术》（第三版）的基础上，结合专家意见及师生的使用体验进行改版，按照典型工作任务布局各章节，既体现正规学历教育的规范性、严谨性，又体现面向市场、服务发展、促进就业的灵活性、针对性；增加电子课件及二维码链接，增强可视化效果和学习方便性；新增"水质自动监测系统"模块；新增习题库，对接"1＋X"污水处理职业技能等级证书内容。

本书可供高等职业教育专科专业环境监测技术、环境管理与评价、水产养殖技术、水族科学与技术等及相关专业学习使用，也适合高等职业教育本科专业现代水产养殖技术等学生学习使用；可作为"1＋X"污水处理职业技能等级证书培训考核的教材；还可供食品、检验等专业参考使用。

本书由厦门海洋职业技术学院谢丹丹主编，负责拟定教材大纲，编写第一、二、三、四、五、七、八、九、十、十一、十三模块，编写习题库并统稿；厦门海洋职业技术学院林丽茹任副主编，编写第十二模块，制作电子课件及校稿；厦门世环森源环境科技有限公司罗虹编写第六模块。

监测技术的发展日新月异，我们将一如既往地在今后的教学和科研中持续关注水环境监测与调控相关的新技术、新手段、新方法，并及时引入我们的理论和实践教学。期盼广大师生在使用本书的过程中不断提出批评、意见和建议！

作　者

2023 年 3 月

前言

第三版

党的十八大将生态文明建设纳入"五位一体"总体布局,十九大则进一步提出"坚持人与自然和谐共生,打好污染防治攻坚战,建设美丽中国",环境保护行业得到了空前的重视和飞速的发展。环境治理,监测先行。环境监测技术正在成为环保、养殖、食品等行业重要的手段和方法。

水是人类及所有生物赖以生存的重要物质。水中除了"纯水"外,还溶解了许多阳离子、阴离子、营养盐、有机物及各种气体,受到污染的水中甚至还有重金属离子、各类持久性有机物、放射性物质等,这些物质对水环境产生重大影响,对水环境的监测技术就成为所有"涉水"行业至关重要的技术。

本书在福建省高职高专农林牧渔大类十二五规划教材《水质监测与调控技术》、《水质监测与调控技术》(第二版)的基础上,结合多年来师生的使用体验进行编写,可供高等职业教育专科专业环境监测技术(环境监测与控制技术)、环境管理与评价(环境评价与咨询服务)、水产养殖技术、水族科学与技术等相关专业及高等职业教育本科专业现代水产养殖技术等学生学习使用,可作为"1+X"污水处理职业技能等级证书培训考核的教材,也可供食品、检验等专业参考使用。

本书在介绍了水质监测的前期准备后,以水中存在的各类物质为顺序,分别介绍水中各类物质的存在形态、对水质和水中生物等的影响及相关水质指标的监测与调控技术,并选取水质监测工作中常用的水环境质量标准、水污染物排放标准和水质监测方法标准做了介绍。

本书由厦门海洋职业技术学院谢丹丹主编,负责拟定编写大纲,编写第1、2、4、5、7、8、9、10、11、12章并统稿;厦门海洋职业技术学院林丽茹任副主编,编写第3章,并进行了校稿;厦门世环森源环境科技有限公司罗虹编写第6章。希望广大师生在使用本书的过程中不断提出批评、意见和建议!

监测技术的发展日新月异,作者将一如既往地在今后的教学和科研中持续关注水环境监测相关的新技术、新手段、新方法,并及时引入我们的理论和实践教学。

作　者

2021 年 5 月

前言

第二版

本教材自 2012 年出版发行以来,已经在全日制高职高专的水产养殖技术、水族科学与技术、水环境监测与保护等专业和在职培训的"新型农民"大专学历教育等的相关课程中使用,受到广大师生的欢迎和好评,也提出了许多宝贵的意见和建议。

本次再版,编者根据这些年使用过程中收集整理的意见和建议,对书中的相关内容进行了修改,使其内容更符合水质监测、养殖生产等的实际需求。

此外,本次再版还新增了建设部关于《城市供水水质标准》的重要内容,使得本书对于水质测定所涵盖的内容更为全面。

热忱欢迎广大师生在使用本教材过程中继续提出宝贵的意见和建议,使得本教材能够与时俱进,不断为学习和生产服务!

作 者

2015 年 9 月

前言

第一版

　　本书是福建省高职高专农林牧渔大类十二五规划教材,可供水环境监测与保护、水产养殖技术、水族科学与技术等相关专业的学生学习使用,也可供食品检验等专业参考使用。

　　水是人类及所有生物赖以生存的重要物质。水中除了"纯水"外,还溶解了许多阳离子、阴离子、营养盐、有机物及各种气体,受到污染的水中甚至还有重金属离子、各类持久性有机物、放射性物质等,这些物质对水质产生重大影响,因此,对水质的监测与调控技术就成为所有"涉水"行业至关重要的技术。本书以水中存在的各类物质为绪论,介绍了水质监测的前期准备,水中各类物质的存在形态、对水质及水中生物等的影响,以及相关水质指标的监测与调控技术;同时,选取了水质监测工作中常用的水环境质量标准、水污染物排放标准和水质监测方法标准做了介绍。

　　本书由厦门海洋职业技术学院谢丹丹主编。由于时间仓促、水平有限,难免有疏漏之处,盼请广大师生在使用的过程中不断提出批评、意见和建议。

　　科学与技术的发展日新月异,作者将一如既往地在今后的教学和科研中持续关注水质监测与调控相关的新技术、新手段、新方法,并及时引入我们的理论和实践教学。

作　者

2012 年 7 月

模块一 绪 论

1.1 水资源及水环境现状

1.1.1 水资源

水是地球上分布最广的物质之一,总储量约为 $1.36 \times 10^{18} m^3$,其中海水约占 97%,淡水约占 2.7%(表 1-1)。淡水不仅所占比例小,而且大部分存在于地球南北极的冰盖、冰河和深度在 $750 m$ 以上的地下水中,难以开采利用。人类目前比较容易利用的淡水资源主要是河流、淡水湖泊和浅层地下水,这些淡水储量不足全部淡水的 1%。

表 1-1 地球上的水资源分布

水资源的类型	总 水 量	
	水量/$10^4 km^3$	占总水量/%
1. 海水	133 800	96.54
2. 地下水	2 340	1.69
其中:咸水	1 287	0.93
淡水	1 053	0.76
3. 土壤水	1.65	0.001
4. 冰川与永久积雪	2 406.4	1.74
5. 永冻土底水	30	0.022
6. 湖泊水	17.6	0.013
其中:咸水	8.5	0.006
淡水	9.1	0.007
7. 沼泽水	1.147	0.000 8
8. 河川水	0.212	0.000 2
9. 生物水	0.1	0.000 1
10. 大气水	1.29	0.000 9
总计	138 600	100

水资源短缺日益成为全球性的问题。从 1990 年到 1995 年,全球用水量从 6 000 亿 m³ 增加到 38 000 亿 m³,增加了 5 倍,是同期人口增幅的 2 倍以上。1993 年,联合国对世界淡水资源的评价表明,有 1/3 的人口居住在水资源中度和高度紧缺的地区。联合国的报告显示,2025 年世界用水总量将达到 44 840 亿 m³,届时受水资源短缺困扰的世界人口将增加到总数的 2/3,人均可利用水资源将从 1990 年的 7 800 m³ 减少到 2025 年的 4 800 m³。

我国水资源总量比较丰富,居世界第四位。平均年降水量为 6.19×10^{12} m³,平均降水深 648 mm,平均河川径流量 2.7×10^{12} m³,合径流深 284 mm,约占全球径流总量的 5.8%。但我国人口众多,目前我国淡水资源人均占有量约为 2 100 m³,仅为世界人均占有量的 28%,到 21 世纪中叶,按照 16 亿人口计,我国人均水资源量仅为 1 760 m³,进入联合国评价的用水紧张国家行列。因此,我国是一个水资源短缺的国家,并存在时空分布不均匀的现象:年降水量基本呈现由东南沿海向西北内陆递减的趋势。东南沿海径流深为 1 200 mm,而西北干旱地区小于 50 mm,甚至为 0。南方地区人均河川径流可达 3 600 m³,北方地区人均仅 720 m³,仅及南方人均的 1/5,导致我国北方农村、城市都严重缺水。缺水的年份,北方持续干旱;多水的年份,洪涝灾害又频繁出现,给人民生活和经济建设带来很大困难。

1.1.2 水环境现状

水是人类生存、生活和生产所需的重要物质。地球上的淡水除少量供饮用外,更多地应用于生活和工农业生产。人类的生活和生产活动使大量未经处理的生活污水、工业废水、农业回流水等直接排入天然水体,造成江、河、湖、地下水等水源的污染,使本来就十分匮乏的淡水水源受到污染,导致全世界水环境状况的恶化。在大多数发达国家和经济转型国家,许多经济进步都是以严重破坏自然环境为代价的;在发展中国家,所有大城市的地表水和地下水水质都在迅速恶化,威胁人类健康和自然价值。

水污染:指由于人类的活动导致污染物进入天然水体,使水的感官性状(色、嗅、味、浊度)、理化性能(pH、氧化还原电位、电导率、放射性)、化学组成(无机和有机)、生物组成(种群、数量、形态)和底质发生恶化,妨碍了天然水体的正常功能,造成对水生动物及人类生活、生产用水的不良影响。

20 世纪中后期,水环境污染问题受到了各国政府的重视,各国相继立法,针对生活污水、工业废水等提出了排放前的处理要求,并规范了排放标准,初步遏制了水环境继续恶化的趋势。

1.1.3 水中的溶存物质

天然水是海洋、江河、湖泊(水库)、沼泽、冰雪等地表水与地下水的总称。天然水体在水的自然循环中形成,其所含的成分非常复杂,与天然水形成的历史和水文地理环境条件有密切关系。其中有溶解的物质,也有悬浮的较粗的颗粒物,更有大量的胶体颗粒物;有生物,也有非生物;还有因为人类生产与生活影响而进入水体的污染物(图 1-1)。

水中溶存物质的复杂性主要有以下几点:

(1)水中含有的物质种类繁多,含量悬殊。从化学元素的种类看,已经在天然水中检出的有 80 种左右。如不考虑构成水的 H、O 元素,含量最多的是 Cl^- 和 Na^+。例如 Cl^- 在海水中的含量可达 10～20 g/L。含量少的仅在 $10^{-12} \sim 10^{-9}$ g/L 的范围。同一种元素在水中存在的化学形态(化合态、价态、结构态等)也不同。比如氮在水中可以有 NH_4^+、NH_3、

NO_2^-、NO_3^-、N_2、N_2O、氨基酸氮、蛋白质氯、腐殖质氮等形态。一些化学元素在水中的溶存形式、对水中生物的影响、一些重要形态的监测方法、调控措施等将在下面的各章节分别介绍。另外，同一种元素在不同的水体中的含量相差也可能很大，并且处在不断变化中，有的甚至有明显的日变化和年变化。

（2）水中溶存物质的分散程度复杂。如以真溶液状态存在的各种分子、离子和离子对，其粒子一般小于 1 nm。有粒子线径在 1～1 000 nm 范围的胶体分散态。胶体属高度分散的多相体系，粒子与水之间存在着界面，许多界面性质在这类分散系中表现很突出。黏土矿物胶体、有机碎屑胶体、有机高分子化合物等就属于这一类。此外，还有线径大于 1 000 nm 的粗分散态物质，这类粒子也有界面活性，但不如胶体突出，静置时易沉淀。较粗的泥沙颗粒、有机碎屑、浮游细菌与微藻等属此范畴。

（3）存在各种生物。水中常见的有微生物、藻类、浮游动物、大型生物等，它们的生命活动不断影响着水中物质的存在形态和数量。

而工业废水、生活污水等则依来源的不同，其溶存物质的种类、含量千差万别。

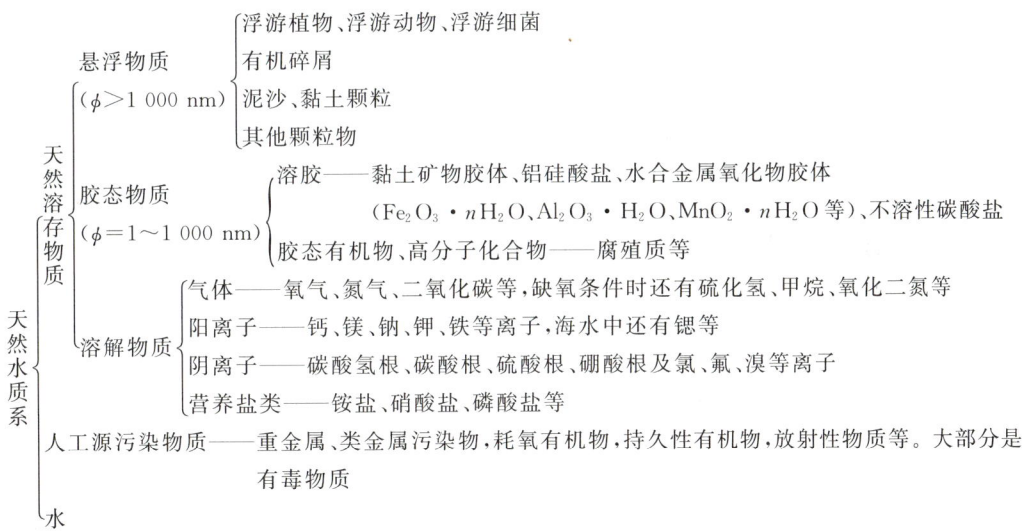

图 1-1　水中的溶存物质

1.2 水质监测的对象、目的及分类

监测一词的含义可包括监视、测定、监控等，水质监测是环境监测的重要组成部分，主要通过对影响水体质量因素的代表值的测定，确定水体质量或污染的程度及变化趋势。

1.2.1　水质监测的对象

水质监测可分为环境水体监测和水污染源监测。环境水体监测的对象为地表水（江、河、湖、库、海水）和地下水；水污染源监测的对象为生活污水、医院污水及各种工业废水。

1.2.2　水质监测的目的

水质监测的目的主要有：

（1）对江、河、湖、库、海洋等地表水体根据功能区划进行常规性监测，以掌握水质现状及发展趋势。

（2）对生产过程、生活设施及其他排放源排放的各类废水进行监视性监测，为污染源管理和排污收费提供依据。

（3）对水环境污染事故进行应急监测，为分析判断事故原因、危害及采取对策提供依据。

（4）对水环境污染纠纷进行仲裁性监测，为准确判断纠纷原因及公正执法提供依据。

（5）为国家政府部门制定环境保护法规、标准和规划，全面开展环境保护管理工作提供有关数据和资料。

（6）为开展水环境质量评价、预测预报及进行环境科学研究提供基础数据和手段。

1.2.3　水质监测的分类

水质监测按照监测目的可分为：

1. 监视性监测

对已知污染因素或污染物的现状和变化趋势进行定期、长时间的监测，以确定环境质量及污染源状况，评价控制措施的效果，衡量环境标准实施情况和改善环境取得的进展，又称为例行监测或常规监测。

2. 特定目的监测

又称特例监测或应急监测。按特定目的可分为以下 3 种：

（1）事故性监测：发生污染事故时进行的监测，以确定引起事故的污染物种类、浓度、污染程度、危及范围、污染物扩散方向及采取有效措施来降低和消除事故的危害和影响。

（2）仲裁监测：主要针对污染纠纷而进行的具有法律责任的监测，应由国家指定的权威部门进行，其监测数据供执法部门和司法部门仲裁。

（3）服务性监测：包括人员考核、方法验证和污染治理项目竣工时的验收监测、评价以及单位、部门的监测咨询服务等。

3. 研究性监测

是指针对科学研究而进行的高层次监测。如污染物质在环境中的扩散模式、运动规律及对环境、人体和生物的影响；为监测工作本身服务的科研监测，如新监测方法的研究、方法改进的研究、标准物质的研制等。这类研究往往要求多学科合作进行，又称科研监测。

1.3　监测项目和分析方法的选择

1.3.1　监测项目的选择

水质监测的内容、项目和污染物种类繁多，而且情况复杂。如已知的 700 万种化学物质中,有 10 多万种可进入环境,各污染物之间又相互作用或转化。对于环境质量来说,监测项目越多,掌握的污染状况就越确切;但实际受人力、物力和技术条件所限,不可能把涉及的项目全部列入,所以应确定一个筛选原则,根据监测目的及污染物的特性,对危害性大、出现频率高、具有代表性的项目优先监测。优先选择的监测污染物称为环境优先污染物,对优先污染物进行的监测称为优先监测。一般可根据下列原则确定优先监测项目:

(1)对环境影响大,持续时间长或能在生物体内产生积累;

(2)已有可靠的监测方法,并能获得准确的数据;

(3)已有确定的环境标准或有其他规定和要求;

(4)在环境中的量已接近或超过规定的标准值,其污染趋势还在上升;

(5)样品有广泛的代表性,能反映环境综合质量。

美国是最早开展优先监测的国家。早在 20 世纪 70 年代中期,就在《清洁水法》中明确规定了 129 种优先污染物。一方面要求排放优先污染物的工厂采用最佳可利用技术(BAT),控制点源污染排放;另一方面制定环境质量标准,对各水域实施优先监测。

苏联卫生部于 1975 年公布了水体中有害物质最大允许浓度,其中无机物质 73 种,后又补充了 30 种,共 103 种;有机物 378 种,后又补充了 118 种,共 496 种。实施 10 年后,又补充了 65 种有机物,合计达 664 种之多。

"中国环境优先监测研究"提出了"中国环境优先污染物黑名单",包括 14 种化学类别,共 68 种有毒化学物质,其中有机物占 58 种,见表 1-2。表中标有"△"符号者为推荐近期实施的名单,包括 12 个类别,48 种有毒化学物质,其中有机物占 38 种。

表 1-2　中国环境优先污染物黑名单

化学类别	名　称
1. 卤代(烷、烯)烃类	二氯甲烷、三氯甲烷△、四氯化碳△、1,2-二氯乙烷△、1,1,1-三氯乙烷、1,1,2-三氯乙烷、1,1,2,2-四氯乙烷、三氯乙烯△、四氯乙烯△、三溴甲烷
2. 苯系物	苯△、甲苯△、乙苯△、邻二甲苯、间二甲苯、对二甲苯
3. 氯代苯类	氯苯△、邻二氯苯△、对二氯苯△、六氯苯
4. 多氯联苯类	多氯联苯△
5. 酚类	苯酚△、间甲酚△、2,4-二氯酚△、2,4,6-三氯酚△、五氯酚△、对硝基酚△
6. 硝基苯类	硝基苯△、对硝基甲苯△、2,4-二硝基甲苯、三硝基甲苯、对硝基氯苯△、2,4-二硝基氯苯△
7. 苯胺类	苯胺△、二硝基苯胺△、对硝基苯胺△、2,6-二氯硝基苯胺
8. 多环芳烃	萘、荧蒽、苯并[b]荧蒽、苯并[k]荧蒽、苯并[a]芘△、茚并[1,2,3-cd]芘、苯并[ghi]芘
9. 酞酸酯类	酞酸二甲酯△、酞酸二丁酯△、酞酸二辛酯△
10. 农药	六六六△、滴滴涕△、敌敌畏△、乐果△、对硫磷△、甲基对硫磷△、除草醚△、敌百虫
11. 丙烯腈	丙烯腈
12. 亚硝胺类	N-亚硝基二丙胺、N-亚硝基二正丙胺
13. 氰化物	氰化物△
14. 重金属及其化合物	砷及其化合物△、铍及其化合物△、镉及其化合物△、铬及其化合物△、铜及其化合物△、铅及其化合物△、汞及其化合物△、镍及其化合物△、铊及其化合物△

水质监测项目依据水体的功能和污染源的类型不同有很大差异。在考虑优先监测污染物的基础上，随着监测手段和分析方法的发展和进步，国际和国内标准相继更新和补充，水质监测项目也在不断增加。

1. 地表水体监测项目

根据监测目的从《地表水环境质量标准》(GB 3838-2002)、《海水水质标准》(GB 3097-1997)、《渔业水质标准》(GB 11607-89)、《海洋沉积物质量》(GB 18668-2002)等相关国标中选取。

《近岸海域环境监测规范》(HJ 442-2008)中规定的近岸海域水质监测的必测项目为：水深、盐度、水温、悬浮物、pH、溶解氧、化学需氧量、生化需氧量、活性磷酸盐、无机氮(亚硝酸盐氮、硝酸盐氮、氨氮)、非离子氨、汞、镉、铅、铜、锌、砷、石油类；选测项目为：海况、风速、风向、气温、气压、天气现象、水色(嗅和味)、粪大肠菌群、浑浊度、透明度、漂浮物质、硫化物、挥发性酚、氰化物、六价铬、总铬、镍、硒、阴离子表面活性剂、六六六、滴滴涕(DDT)、有机磷农药、苯并[a]芘、多氯联苯、狄氏剂、氯化物、活性硅酸盐、总有机碳、铁、锰。

对于海洋环境质量监测中的水质监测部分，除水文气象为必测项目外，其他项目的选定原则包括：基线调查应是多介质且项目要尽量取全；常规监测应选基线调查中得出的对监测海域环境质量敏感的项目；定点监测项目为海水的 pH、浑浊度、溶解氧、化学需氧量、营养盐类等；应急监测和专项调查酌情自定。

2. 饮用水监测项目

饮用水监测项目主要从《生活饮用水卫生标准》(GB 5749-2006)中选取。饮用水因直接关系到人们的身体健康，其监测分析项目较为全面，通常需要包括色度、浊度、嗅和味、溶解性总固体、氯化物、耗氧量、总硬度、氨氮、硝酸盐氮、pH 值、铝、铁、锰、总 α 和总 β 放射性等项目的测定，必要时还要增加水中主要离子成分(如钾、钠、钙、镁、重碳酸根、硫酸根等)，甚至全部矿物质的分析以及放射性物质的测定。此外，还要进行水体中细菌检验和显微镜观察。

根据水源水质情况和净水工艺方法不同，各自来水厂的水质分析项目略有不同，但所有自来水厂的出厂水都必须达到国家卫生部制定的《生活饮用水卫生标准》(GB 5749-2006)的要求。

3. 废水(污水)监测项目

废水(污水)监测项目随废水来源和分析目的的不同而不同。

对于生活污水，其监测项目一般包括 COD、BOD、SS、氨氮、总氮、总磷、阴离子表面活性剂、细菌总数、大肠菌群等。

我国的环境标准中，针对许多特殊行业的废污水排放制定了专门的排放标准，其监测项目从各行业的排放标准中选取。我国部分行业的排放标准中规定的监测项目见表1-3。

按照"国家综合排放标准与国家行业排放标准不交叉执行"的原则，上述行业均按照各自的行业排放标准选取监测项目；而在没有国家行业排放标准的其他行业，则按照《污水综合排放标准》(GB 8978-1996)的要求选取监测项目。

《污水综合排放标准》(GB 8978-1996)按照污染物的危害程度将所有污染物分为两类：

第一类污染物，指能在环境和生物体内蓄积，对人体健康产生长远不良影响者。包括总汞、烷基汞、总镉、总铬、六价铬、总砷、总铅、总镍、苯并[a]芘、总铍、总银、总 α 放射性、总 β 放射性共13个项目。它们不分行业和污水排放方式，也不分受纳水体的功能类别，一律在车间或车间处理设施排出口取样。

表 1-3　部分行业废水监测项目

行业类别		监测项目
皂素工业		pH、悬浮物、化学需氧量、BOD₅、氨氮、氯化物、总磷、色度(参考)
煤炭工业		pH、悬浮物、化学需氧量、石油类、总铁、总锰、总汞、总镉、总铬、六价铬、总铅、总砷、总锌、氟化物、总 α 放射性、总 β 放射性
医疗机构		粪大肠菌群、肠道致病菌、肠道病毒、pH、化学需氧量、BOD₅、悬浮物、氨氮、动植物油、石油类、阴离子表面活性剂、色度、挥发酚、总氰化物、总汞、总镉、总铬、六价铬、总铅、总砷、总银、总 α 放射性、总 β 放射性、总余氯、结核杆菌(结核病医院)
啤酒工业		化学需氧量、BOD₅、氨氮、悬浮物、总磷、pH
柠檬酸工业		化学需氧量、BOD₅、氨氮、悬浮物、pH
味精工业		化学需氧量、BOD₅、氨氮、悬浮物、pH
城镇污水处理厂	必测项目	化学需氧量、BOD₅、氨氮、悬浮物、pH、动植物油、石油类、阴离子表面活性剂、总氮、总磷、色度、粪大肠菌群、总汞、烷基汞、总镉、总铬、六价铬、总铅、总砷
	选测项目	总镍、总铍、总银、总铜、总锌、总锰、总硒、苯并[a]芘、挥发酚、总氰化物、硫化物、甲醛、苯胺类、总硝基化合物、有机磷农药、马拉硫磷、乐果、对硫磷、五氯酚、三氯甲烷、四氯化碳、三氯乙烯、四氯乙烯、苯、甲苯、二甲苯(邻、间、对)、乙苯、氯苯、1,4-二氯苯、1,2-二氯苯、对硝基氯苯、2,4-二硝基氯苯、2,4,6-三氯酚、邻苯二甲酸二丁酯、邻苯二甲酸二辛酯、丙烯腈、可吸附有机卤化物
兵器工业	弹药装药	pH、色度、悬浮物、化学需氧量、BOD₅、石油类、梯恩梯、地恩梯、黑索金
	火炸药	pH、色度、悬浮物、化学需氧量、BOD₅、梯恩梯、地恩梯、黑索金、硝化甘油、铅
	火工药剂	pH、色度、化学需氧量、BOD₅、总铅、硝基酚类、叠氮化钠、肼、硫氰酸盐、硫化物、铁(Ⅱ、Ⅲ)氰络合物
畜禽养殖业		化学需氧量、BOD₅、悬浮物、氨氮、总磷、粪大肠菌群、蛔虫卵
造纸		pH、化学需氧量、BOD₅、悬浮物、可吸附有机卤化物(参考)
污水海洋处置工程		pH、化学需氧量、BOD₅、悬浮物、总 α 放射性、总 β 放射性、粪大肠菌群、大肠菌群、动植物油、石油类、挥发酚、总氰化物、硫化物、氟化物、总氮、无机氮、氨氮、总磷、总铜、总锌、总汞、总镉、总铬、六价铬、总砷、总铅、总镍、总铍、总银、总硒、苯并[a]芘、有机磷农药、苯系物、氯苯类、甲醛、苯胺类、硝基苯类、丙烯腈、阴离子表面活性剂、总有机碳
合成氨工业		pH、悬浮物、氨氮、化学需氧量、石油类、挥发酚、氰化物、硫化物
磷肥工业		磷酸盐、氟化物、pH、悬浮物
烧碱工业		汞、石棉、活性氯、悬浮物、pH
聚氯乙烯工业		pH、悬浮物、硫化物、化学需氧量、BOD₅、氯乙烯、总汞
钢铁工业		pH、悬浮物、挥发酚、氰化物、化学需氧量、油类、六价铬、锌、氨氮、总硝基化合物
纺织染整工业		pH、悬浮物、硫化物、化学需氧量、BOD₅、氨氮、六价铬、铜、苯胺类、二氧化氯、色度
肉类加工工业		pH、悬浮物、化学需氧量、BOD₅、氨氮、动植物油、大肠菌群

第二类污染物是指长远影响小于第一类的污染物,包括 pH、色度、悬浮物、生化需氧量、化学需氧量、石油类、动植物油、挥发酚、总氰化物、硫化物、氨氮、氟化物、磷酸盐、甲醛、苯胺类、硝基苯类、阴离子表面活性剂、总铜、总锌、总锰、彩色显影剂、显影剂及氧化物含量、磷、有机磷农药、乐果、对硫磷、甲基对硫磷、马拉硫磷、五氯酚及五氯酚钠、可吸附有机卤化物、三氯甲烷、四氯化碳、三氯乙烯、四氯乙烯、苯、甲苯、二甲苯(邻、间、对)、氯苯、1,4-二氯苯、1,2-二氯苯、对硝基氯苯、2,4-二硝基氯苯、苯酚、间苯酚、2,4-二氯酚、2,4,6-三氯酚、邻苯二甲酸二丁酯、邻苯二甲酸二辛酯、丙烯腈、总硒、粪大肠菌群、总余氯、总有机碳。这类污染物在排污单位排放口采样。

4. 底质(沉积物)监测项目

底质(沉积物)监测项目也应根据监测目的从《地表水环境质量标准》(GB 3838-2002)、《海水水质标准》(GB 3097-1997)、《渔业水质标准》(GB 11607-89)、《海洋沉积物质量》(GB 18668-2002)等相关国标中选取。

《近岸海域环境监测规范》(HJ 442-2008)中规定的近岸海域沉积物质量监测的必测项目为:汞、镉、铅、锌、铜、砷、有机碳、石油类、粒度、六六六、滴滴涕、总氮、总磷;选测项目为:色(嗅、味)、废弃物及其他、大肠菌群、粪大肠菌群、硫化物、氧化还原电位、铬、多氯联苯、沉积物类型等。

1.3.2 监测分析方法的选择

对于同一个监测项目,可以选择不同的分析方法,但正确选用监测分析方法是获得准确测试结果的关键。此外,并不是分析仪器越昂贵、越先进,就一定能得到更理想的测试结果。一般而言,选择水质分析方法的基本原则为:方法灵敏度能满足定量要求;方法比较成熟、准确;操作简便,易于普及;抗干扰能力强,试剂无毒或毒性较小。

我国水质监测分析方法体系中有三个层次,它们互相补充,构成完整的监测分析方法体系。

1. 国家水质标准分析方法

是较经典、准确度较高的分析方法,是环境污染纠纷法定的仲裁方法,是环境执法的依据,也是进行监测方法开发研究作为比对的基准方法。

2. 统一分析方法

有些项目的监测分析方法尚不够成熟,但这些项目又急需监测,因此经过研究作为统一方法予以推广,在使用中积累经验,不断加以完善,为上升为国家标准方法创造条件。

3. 等效方法

与上述两种方法在灵敏度、精密度、准确度方面具有可比性的分析方法称为等效方法。这些方法可能是一些新方法、新技术,很有发展前途,可鼓励有条件的单位先用起来,可以推动监测技术的进步。这类新方法使用前必须经过方法验证和对比实验,证明其与标准方法的作用是等效的。

对于我国暂无"标准分析方法"和"全国统一监测分析方法"的一些特殊指标,应考虑优先借鉴国际标准化组织(ISO)标准、美国 EPA 标准和日本 JIS 方法体系等国际公认的相应分析方法,但应经过方法验证,其方法的检出限、准确度和精密度能达到监测项目和质量控制要求。

本章小结

当前世界及我国的水资源均十分匮乏而且水环境现状堪忧,对水质的监测和对水资源的保护十分迫切。水质监测可分为环境水体监测和水污染源监测。环境水体监测的对象为地表水(江、河、湖、库、海水)和地下水;水污染源监测的对象为生活污水、医院污水及各种工业废水。监测项目和分析方法应根据监测目的和相关国标进行选择。对危害性大、出现频率高、具有代表性的项目应优先监测。

思考题

1. 清澈透明的天然水就是纯水吗？如果不是,水中可能有哪些成分呢？

2. 水质监测的对象是什么？

3. 什么是环境优先污染物？什么是优先监测？

4. 怎样选择水质监测项目？

5. 选择水质监测分析方法的依据是什么？

6.《污水综合排放标准》(GB 8978-1996)对第一类、第二类污染物分别是怎样规定的？

7. 我国水资源总量如何？水环境现状如何？

可扫码获取本模块课件资源：

模块二　水质监测工作流程

水质监测的过程一般为:现场调查及基础资料收集→监测计划设计→监测站位、断面和采样点位的布设(优化布点)→样品采集→样品运输和保存→分析测试→综合评价等。

监测工作开始前,应对监测水体及其所在区域进行现场调查及基础资料收集,并根据基础资料及监测要求、采样的难易程度、可操作性、人力物力等综合因素合理布设监测断面和采样点位,采集所需水样并保存。

需收集的基础资料一般应包括:

(1)相关环境保护方面的法律、法规、标准和规范。

(2)水体的水文、气候、地质和地貌等自然背景资料,如水位、水量、流速及流向的变化,全年的平均降雨量、水蒸发量及历史上的水情,河流的宽度、深度、河床结构及地质情况,湖泊沉积物的特性、间温层分布、等深线等。

(3)历年水资源资料,如水体的丰水期、枯水期、平水期的时间范围情况变化等。

(4)水体沿岸的资源状况和水资源的用途,饮用水源分布和重点水源保护区,流域土地功能及近期使用计划等。

(5)水体沿岸城市分布、人口分布、工业布局、污染源及其排污情况、城市给排水情况等;地面径流污水、雨污水分流情况,以及农田灌溉排水、农药和化肥使用情况等。

监测计划一般由任务技术负责人按计划任务、上级指定或合同内容设计。

本章着重介绍不同水体的监测站位、断面和采样点位的布设、不同水体样品的采集方法、样品的运输和保存方法。

2.1 任务一　监测站位、断面和采样点位的布设

2.1.1　地表水监测断面和采样点位的布设

在确定和优化地表水监测断面和采样点位时应遵循尺度范围的原则、信息量原则和经济性、代表性、可控性及不断优化的原则。做到断面在总体和宏观上能反映水系或区域的水环境质量状况,各断面的具体位置能反映所在区域环境的污染特征,尽可能以最少的断面获得具有

足够代表性的环境信息,并考虑实际采样时的可行性和方便性。

1. 江河水系的监测断面

针对一个完整水系的监测、评价,应布设的监测断面类型有背景断面、对照断面、控制断面和消减断面。对于江河水系的某一段,通常只设对照断面、控制断面和消减断面。

(1)对照断面:为了解流入监测河段前的水体水质状况而设置,如图 2-1 中的 A-A′。应设置在水系进入本区域且尚未受到本区域污染源影响的地方,对判断水体污染程度起到参比和对照作用。一个河段一般只设一个对照断面,有主要支流时可酌情增加。

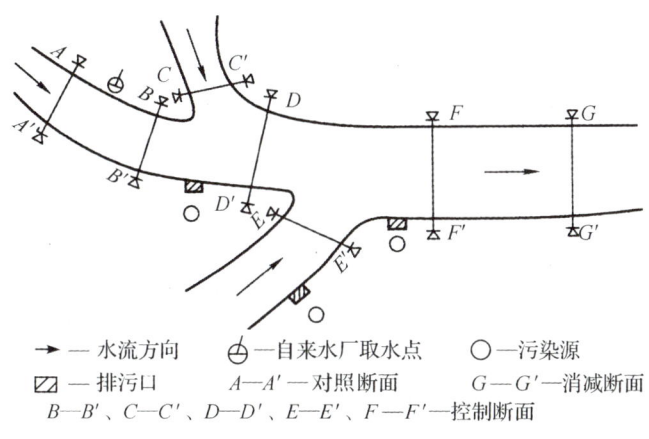

图 2-1 河流监测断面

(2)控制断面:主要是为了解水体受污染及其变化情况而布设的。应根据江河沿岸的污染源分布状况而定,一般应设在排污口(区)下游 500~1 000 m 处,即污水与河水基本混合均匀处。图 2-1 所示的 B-B′ 至 F-F′ 皆为控制断面。

(3)消减断面:是指工业废水或生活污水中的污染物进入河流后,经稀释扩散和自净作用,污染物浓度显著下降,其左、中、右三点浓度差异较小的断面,通常设在城市或工业区最后一个排污口下游 1 500 m 以外的河段上,如图 2-1 的 G-G′ 断面。

(4)背景断面:为了解水系未受污染时的背景值而设置。该断面附近水质基本上不受人类活动的影响,远离城市居民区、工业区、农药化肥施用区及主要交通干线等。原则上应设在水系源头处或未受污染的上游河段,如果选定断面处于地球化学异常区,则要在异常区的上、下游分别设置。如果有较严重的水土流失情况,则设在水土流失区的上游。

潮汐河流的对照断面一般设在潮区界以上,而消减断面一般设在近入海口处。监测断面一般尽可能与水文断面一致或靠近,以便取得有关的水文数据。

湖泊、水库通常只设置监测垂线,如有特殊情况则参照河流的有关规定设置监测断面。

2. 监测垂线

设置好监测断面后,应根据水面的宽度确定断面上的监测垂线,如表 2-1 所示。

表 2-1　监测垂线的设置

水面宽	垂线数	说明
≤50 m	一条(中泓)	1. 垂线设置应避开岸边污染带,要测污染带要另加垂线
50~100 m	二条(左、右岸有明显水流处)	2. 确能证明该断面水质均匀时,可仅设中泓垂线
>100 m	三条(左、中、右)	3. 凡在该断面要计算污染物通量时,必须按本表设置垂线

3. 采样点位

采样点的数目和位置应根据监测垂线的深度来确定,如表 2-2 所示。

表 2-2　采样垂线上的采样点设置

水深	采样点数	说明
≤5 m	上层一点	1. 上层指水面下 0.5 m 处,水深不到 0.5 m 时,在水深 1/2 处
5~10 m	上、下层两点	2. 下层指河底以上 0.5 m 处 3. 中层指 1/2 水深处
>10 m	上、中、下层三点	4. 封冻时在冰下 0.5 m 处采样,水深不到 0.5 m 处时,在水深 1/2 处采样 5. 凡在该断面要计算污染物通量时,必须按本表设置采样点

湖泊、水库的水体可能存在分层现象,水质有不均匀性,应先对不同水深处的水温和溶解氧等参数进行测定,掌握水质随湖泊深度、温度的变化规律。有温度分层现象时,可根据温度分布层与采样点位关系确定监测垂线上采样点的数量及位置。若水体水质上下均匀,可酌情减少垂线上的采样点数。如表 2-3 所示。

表 2-3　湖(库)监测垂线采样点的设置

水深	分层情况	采样点数	说明
≤5 m		一点(水面下 0.5 m 处)	1. 分层是指湖水温度分层状况
5~10 m	不分层	两点(水面下 0.5 m、水底上 0.5 m)	2. 水深不足 1 m,在 1/2 水温处设置测点
5~10 m	分层	三点(水面下 0.5 m、1/2 斜温层、水底上 0.5 m 处)	3. 有充分数据证实垂线水质均匀时,可酌情减少测点
>10 m		除水面下 0.5 m、水底上 0.5 m 处外,按每一斜温分层 1/2 处设置	

监测断面的设置数量应根据掌握水环境质量状况的实际需要,在考虑对污染物的时空分布和规律的了解、优化的基础上,以最少的断面、垂线和测点取得代表性最好的监测数据。

2.1.2　污水采样点位的布设

污水的采样取决于调查的目的和监测分析工作的要求,涉及采样的时间、地点和频次三个方面。为了采集到有代表性的污水,采样前应该了解污染源的排放规律和污水中污染物浓度的时空变化。在采样的同时还应该测量污水的流量,以获得排污总量数据。

污水采样点位的布设按照《污水综合排放标准》(GB 8978-1996)的要求,第一类污染物

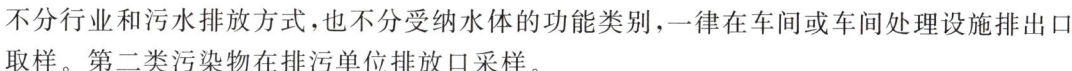

不分行业和污水排放方式,也不分受纳水体的功能类别,一律在车间或车间处理设施排出口取样。第二类污染物在排污单位排放口采样。

2.1.3　海洋水质监测站位的设置

1. 设置的原则

监测站位布设的基本要求是:

(1)根据任务目的确定监测范围,尽量以最少数量的测站所获取的数据能满足监测目的需要。

(2)基线调查站位密,常规监测站位疏;近岸密,远岸疏;发达地区密,原始海岸疏。

(3)尽可能沿用历史测站,适当利用海洋断面调查测站,照顾测站分布的均匀性和与岸边固定站位衔接。

监测站位和监测断面的布设应根据监测计划确定的监测项目,结合海域类型、水文、气象、环境等自然特征及污染源分布,综合诸因素提出优化布点方案,在研究和论证的基础上确定。其采样的主要站位应合理地布设在环境质量发生明显变化或有重要功能用途的海域,如近岸河口区或重大污染源附近。在海域的初期污染调查过程中,可以进行网格式布点。影响站位布设的因素很多,主要遵循以下原则:

(1)能够提有供代表性的信息;

(2)站点周围的环境地理条件;

(3)动力场状况(潮流场和风场);

(4)社会经济特征及区域性污染源的影响;

(5)站点周围的航行安全程度;

(6)经济效益分析;

(7)尽量考虑站点在地理分布上的均匀性,并尽量避开特征区划的系统边界;

(8)根据水文特征、水体功能、水环境自净能力等因素的差异性来考虑监测站点的布设。同时,还要考虑到自然地理差异及特殊需要。

因此,海域一般在海洋水团、水系锋面、重要渔场、养殖场、主要航线、重点风景旅游区、自然保护区、废弃物倾倒区以及环境敏感区设立测站或增加测站密度。海湾在河流入汇处、海湾中部及湾海交汇处,同时参照湾内环境特征及受地形影响的局部环流状况设立测站。河口在河流左右侧地理端点连线以上、河口城镇主要排污口以下,并减少潮流影响处设置;如建有闸坝,应设在闸上游;河口处有支流入汇,应设在入汇处下游。

2. 监测断面

监测断面的布设应遵循近岸较密、远岸较疏,重点区(如主要河口、排污口、渔场或养殖场、风景游览区、港口码头等)较密、对照区较疏的原则。

断面设置应根据掌握水环境质量状况的实际需要,考虑对污染物时空分布和变化规律的控制,力求以较少的断面和测点取得代表性最好的样点。

一个断面可分左、中、右和不同深度,通过水质参数的实测之后,可做各测点之间的方差分析,判断显著性差别。同时分析判断各测点之间的密切程度,从而决定断面内的采样点位置。为确定完全混合区域内断面上的采样点数目,有必要规定采样点之间的最小相关系数。海洋沿岸的采样,可在沿海设置大断面,并在断面上设置多个采样点。

13

入海河口区的采样断面应与径流扩散方向垂直布设。根据地形和水动力特征布设一至数个断面。

港湾采样断面(站位)视地形、潮汐、航道和监测对象等情况布设。在潮流复杂区域,采样断面可与岸线垂直设置。

海岸开阔海区的采样站位呈纵横断面网格状布设,也可在海洋沿岸设置大断面。

3. 采样层次

采样层次见表2-4。

表2-4　一般海域采样层次

水深范围/m	标准层次	底层与相邻标准层最小距离/m
<10	表层	
10~25	表层、底层	
25~50	表层、10 m、底层	
50~100	表层、10 m、50 m、底层	5
>100	表层、10 m、50 m、50 m以下水层酌情加层、底层	10

注:1. 表层指水面下0.1~1 m;
　　2. 底层:对河口及港湾海域最好取离海底2 m的水层,深海或大风浪时可酌情增大离底层的距离。

选自《海洋监测规范》(GB 17378.3-2007)。

4. 采样时间和采样频率

按以下要求确定采样时间和采样频率:

(1)采样时间和采样频率的确定原则:以最小工作量满足反映环境信息所需资料;技术上的可能性和可行性;能够真实地反映出环境要素变化特征;尽量考虑采样时间的连续性。

(2)谱分析可以作为确定采样时间和采样频率的一种方法,根据大量资料绘制出的污染物入海量的变化曲线,在变化的最高期望或较高期望上确定采样时间和采样频率。

(3)运用多年调查监测资料,以合适的参数作为统计指标,进行时间聚类分析,根据时间聚类结果确定采样时间和采样频率。也可以运用其他统计学方法进行统计学检验,进而确定采样时间和采样频率。

用于环境质量控制的采样频率一般高于环境质量表征所需的采样频率。污染源鉴别采样程序与环境质量控制、环境质量表征程序不同,影响确定采样时间和采样频率的因素很多,其采样频率要比污染物出现的频率高得多。

2.1.4　海洋沉积物样品采样站位的设置

1. 沉积物样品采样站位设置的原则

(1)沉积物采样断面的设置应与水质断面一致,以便将沉积物的机械组成、理化性质和受污染状况与水质污染状况进行对比研究。

(2)沉积物采样点应与水质采样点在同一垂线上,如沉积物采样点有障碍物影响采样可适当偏移。

（3）站位在监测海域应具有代表性，其沉积条件要稳定。选择站位应考虑这几个方面：水动力状况（海流、水团垂直结构）、沉积盆地结构、生物扰动、沉积速率、沉积结构（地貌、粒径等）、历史数据和其他资料，及沉积物的理化特征。

2. 沉积物样品采样站位布设方法

（1）选择性布设：在专项监测时，根据监测对象及监测项目的不同，在局部地带有选择性地布设沉积物采样点。如排污口监测，以污染源为中心顺污染物扩散带按一定距离布设采样点。

（2）综合性布设：根据区域或监测目的不同，进行对照、控制、消减性断面的布设。如在某港湾进行污染排放总量控制监测中，可按区域功能的不同进行对照、控制、消减性断面的布设。布设方法可以是单点、断面、多断面、网格式布点。

3. 采样时间和频率

采样频率依各采样点时空变异和所要求的精密度而定。一般说来，由于沉积物相对稳定，受水文、气象条件变化的影响较小，污染物含量随时间变化的差异不大，差异频次与水质采样相比较少，通常每年采样一次，与水质采样同步进行。

2.1.5　近岸海域环境监测站位的设置

1. 监测站位

根据监测目的和性质，明确监测范围，一般以经纬度框定，特定区域也可以用地名表述。

在监测范围内设置合理的监测站位，监测站位必须标明站位号码，并明确具体的经纬度。监测站位的布设以能真实反映监测水域环境质量状况和空间趋势为前提，以最少量的站位所获得的监测结果能满足监测目标为原则。监测站位布设须综合考虑以下因素：

（1）一定的数量和密度。在突出重点的前提下（入海河口、重要渔场和养殖区、自然保护区、海上废弃物倾倒区、环境敏感区），能总体反映监测海域环境全貌。

（2）污染源分布和海域污染状况。

（3）兼顾水域环境质量站位与近岸海域环境功能区的关系。

（4）兼顾各类环境介质站位的相互协调。

近岸海域环境质量监测站位一般采用网格法布点，环境功能区监测站位一般设在环境功能区的中心位置，污染影响监测站位布设一般采用收敛型集束式（近似扇形）。兼顾海洋水团、水系锋面、重要渔场、养殖场、重要的海湾、入海河口、环境功能区、重点风景区、自然保护区、废弃物倾倒区以及环境敏感区等具有典型性、代表性的海域，必要时可适当增加站位密度，并尽可能沿用历史监测站位。站位设置时尽量避开航道、锚地、海洋倾废区，以及污染混合区。

监测站位布设时还应注意：陆域直排海污染源环境影响监测和大型海岸工程环境影响监测等专题监测的对照站位应设在基本不受该类污染源或海岸工程的污染影响处，并避开主要航线、锚地、海上经济活动频繁区、排污口附近海区；沉积物质量监测站位布设时要考虑入海径流和潮汐作用的影响，一般与水质监测站位相一致；生物监测站位依据污染源、生物栖息环境状况，与水质、沉积物质量站位相协调。

2. 采样层次

如表2-5所示。

表 2-5　近岸海域采样层次

水深范围/m	采样层次
<10	表层
10~25	表层,底层
>25	原则上分 3 层,视水深酌情加层

注:1. 表层指水面下 0.1~1 m;

　　2. 底层:对河口及港湾海域最好取离海底 2 m 的水层,深海或大风浪时可酌情增大离底层的距离。

选自《近岸海域环境监测规范》(HJ 442-2008)。

2.2 任务二 样品的采集与保存

2.2.1 水样的分类

1. 瞬时水样

瞬时水样指在某一定的时间和地点从水体中不连续地随机采集的单一样品。这种样品只代表当时、当地的水质状况。对于组成较稳定的水体,或水体的组成在相当长的时间和相当大的空间范围变化不大,采瞬时样品具有较好的代表性。

当水体的组成随时间变化时,要在适当的时间间隔内进行瞬时采样,分别进行分析,测出水质的变化程度、频率和周期。当水体的组成发生空间变化时,要在各个相应部位采样。

2. 综合水样

把从不同采样点同时采集的各个瞬时水样混合起来所得到的样品称作“综合水样”。综合水样在各点的采样时间虽然不能完全同步,但越接近越好,以便得到可以对比的资料。

综合水样是获得平均浓度的重要方式,有时需要把代表断面上的各点或几个污水排放口的污水按相对比例流量混合,取其平均浓度。

什么情况下采综合水样,应视水体的具体情况和采样目的而定。如:为几条排污河渠建设综合处理厂,从各河道取单样分析就不如综合样科学合理,因为各股污水的相互反应可能对设施的处理性能及成分产生显著影响,取综合水样可能提供更加有用的资料。相反,有些情况取单样就合理,如湖泊和水库在深度和水平方向常常出现组分上的变化,即局部变化显著而平均值或总值变化不显著,此时,综合水样就失去意义。

3. 混合水样

在大多数情况下,所谓混合水样是指在同一采样点上于不同时间所采集的瞬时样的混合样,有时用“时间混合样”的名称与其他混合样相区别。

时间混合样在观察平均浓度时非常有用。当不需要测定每个水样而只需要平均值时,混合水样能节省监测分析工作量和试剂等的消耗。

混合水样不适用于测试成分在水样储存过程中发生明显变化的水样,如挥发酚、油类、硫化物等。

如果污染物在水中的分布随时间而变化,必须采集“流量比例混合样”,即按一定的流量采集适当比例的水样(例如每 10 t 采样 100 mL)混合而成,可使用流量比例采样器完成水样的采集。

4. 单独水样

在有些天然水体和废水中,某些成分的分布很不均匀,如油类或悬浮固体;某些成分在放置过程中很容易发生变化,如溶解氧或硫化物;某些成分的现场固定方式相互影响,如氰化物或 COD 等综合指标。如果从采样大瓶只取出部分水样来进行这些项目的分析,其结果往往已失去了代表性。这时必须采集单独水样,分别进行现场固定和后续分析。

5. 平均污水样

对于排放污水的企业而言,生产的周期性影响着排污的规律性。为了得到代表性的污水样(往往要求得到平均浓度),应根据排污情况进行周期性采样。不同的工厂、车间生产周期时间长短不相同,排污的周期性差别也很大。一般地说,应在一个或几个生产或排放周期内,按一定的时间间隔分别采样。对于性质稳定的污染物,可对分别采集的样品进行混合后一次测定;对于不稳定的污染物,可在分别采样、分别测定后取平均值为代表。

生产的周期性也影响污水的排放量,在排放量不稳定的情况下,可将一个排污口不同时间的污水样依照流量的大小按比例混合,可得到称为"平均比例混合"的污水样。这是获得平均浓度最常采用的方法,有时需将几个排污口的水样按比例混合,用以代表瞬时综合排污浓度。

在污染源监测中,随污水流动的悬浮物或固体微粒应看成是污水样的一个组成部分,不应在分析前滤除。油、有机物和金属离子等可能被悬浮物吸附,有的悬浮物中含被测定的物质,如选矿、冶炼废水中的重金属。所以,分析前必须摇匀取样。

6. 其他水样

例如为监测洪水期或退水期的水质变化,调查水污染事故的影响等都需采集相应的水样。采集这类水样时,需根据污染物进入水系的位置和扩散方向布点并采样,一般采集瞬时水样。

2.2.2 地表水和地下水样的采集

1. 不同水样的采集方法

(1)表层水

在河流、湖泊等可以直接汲水的场合,可用适当的容器如水桶、有机玻璃采水器(图2-2)等采样。从桥上等地方采样时,可将系着绳子的聚乙烯桶或带有铅锤的简易采水器(图2-3)投于水中汲水。采集表层水样时,一般将其沉至水面下 0.3～0.5 m 处,要注意不能混入水面上的漂浮物。

图 2-2　有机玻璃采水器

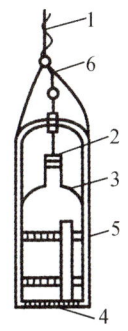

1—绳子;2—带有软绳的橡胶塞;
3—采样瓶;4—铅锤;5—铁框;6—铁钩

图 2-3　简易采水器

17

（2）一定深度的水

在湖泊、水库等采集一定深度的水时，可用直立式采水器（图2-4）。该种采水器两端均有活门，采样前都开启，在下沉过程中，水从采样器中流过；到达预定深度时投下"信号锤"，容器即闭合而汲取该深度的水样。如果水深流急，则可用激流采水器（图2-5）并配备绞车。激流采水器是将一根长钢管固定在铁框上，管内装一根橡胶管，橡胶管上部用铁夹夹紧，下部与瓶塞上的短玻璃管相连，瓶塞上另一长玻璃管直通至近采样瓶底。采样时塞紧瓶塞，将采样器沉入预定深度，打开上部橡胶管夹，水即沿长玻璃管流入采样瓶中。

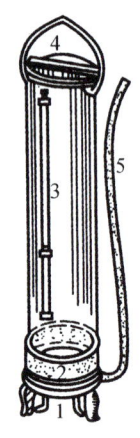

1、4—进出水活门；2—压重铅圈；
3—温度计；5—放水管

图2-4 直立式采水器

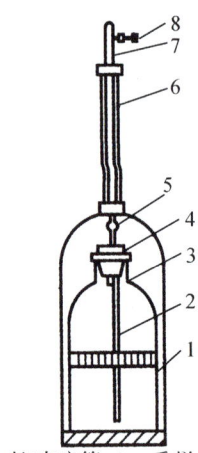

1—铁框；2—长玻璃管；3—采样瓶；4—橡胶塞；
5—短玻璃管；6—钢管；7—橡胶管；8—夹子

图2-5 激流采水器

（3）泉水、井水

对于自喷的泉水，可在涌口处直接采样。采集不自喷的泉水时，将停滞在抽水管的水汲出，新水更替之后再进行采样。

从井中采集水样，必须在充分抽汲后进行，以保证水样能代表地下水水质。

（4）自来水或抽水设备中的水

采集这些水样时，应先放水数分钟，使积留在水管中的杂质及陈旧水排出，然后再取样。

采集水样前，均应先用水样洗涤采水器、盛样瓶及塞子2～3次（测定油类除外）。

（5）测定溶解性气体、BOD等项目的水样

如果测定表层水的溶解氧等，一般可用水样瓶直接采水。溶解氧水样瓶（图2-6）为棕色、磨口，瓶塞口斜面。采样前用水样洗涤数遍，将水样瓶没入水中，静置一段时间使其平衡，在水下盖上瓶塞并旋紧。采样后应检查瓶中是否有气泡，如有气泡则必须重采，如没有气泡，则可开始固定水样。

如果测定一定深度的水中溶解氧，可将大型采水器的放水胶管伸至溶解氧水样瓶底部，缓慢放水至溢出2～3瓶体积的水后慢慢提出放水胶管，盖上磨口瓶塞，检查水样瓶中无气泡即可开始固定水样。还可以用双瓶采水器（图2-7）采水：采水时将采水器沉入预定深度，打开上部橡胶管夹，水样进入采样瓶（小瓶），驱出瓶内空气，装满后进入大瓶，驱出大瓶中空

气,直至大瓶水充满为止,最后提出水面予以密封。

如果要测定水样中的油类,应采水面至水的表面下 300 mm 间的柱状样,单独采样,全量用于测定。

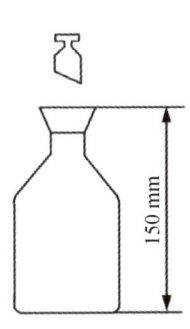

图 2-6　溶解氧水样瓶

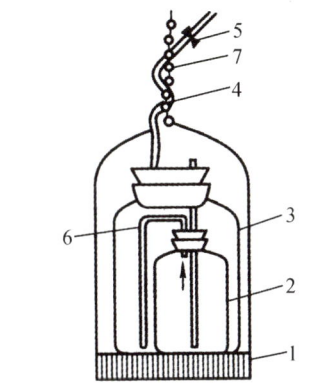

1—带铅锤的铁框;2—小瓶;3—大瓶;4—橡胶管;
5—夹子;6—塑料管;7—绳子

图 2-7　双瓶采水器

2. 地表水采样的注意事项

(1)采样时不可搅动水底部的沉积物。

(2)采样时应保证采样点的位置准确,必要时使用定位仪(GPS)定位。

(3)认真填写采样现场数据记录表(表 2-6),用签字笔或硬质铅笔在现场记录,字迹应端正、清晰,项目完整。

(4)保证采样按时、准确、安全。

(5)采样结束前,应核对采样计划、记录与水样,如有错误或遗漏,应立即补采或重采。

表 2-6　采样现场数据记录示例

现场数据记录							采样人:_____ 交接人:_____ 复核人:_____ 审核人:_____			
采样地点	样品编号	采样日期	时间		pH	温度	其他参量			备注
			采样开始	采样结束						

备注中应根据实际情况填写如下内容:水体类型、气象条件(气温、风向、风速、天气等)、采样点周围环境、采样点经纬度、采样点水深、采样层次等。

3. 水样的分装

水样采集后应按不同的监测项目分装。水样分装顺序的基本原则是：不过滤的样品先分装，需过滤的样品后分装。

一般按 SS 和溶解氧（生化需氧量）→pH→营养盐→重金属→COD（其他有机物测定项目）→叶绿素 a→浮游植物（水采样）的顺序进行。

如化学需氧量和重金属汞需测试非过滤态，则按 SS 和溶解氧（生化需氧量）→COD（其他有机物测定项目）→汞→pH→盐度→营养盐→其他重金属→叶绿素 a→浮游植物（水采样）的顺序进行。

分装的水样装在盛水器（水样瓶）中。盛水器一般由聚四氟乙烯、聚乙烯、石英玻璃和硼硅玻璃等材质制成。研究结果表明，这些材质的稳定性顺序为：

聚四氟乙烯＞聚乙烯＞石英玻璃＞硼硅玻璃

通常，塑料容器（P，plastic）常用作测定金属、放射性元素和其他无机物的水样容器；玻璃容器（G，glass）常用作测定有机物和生物类等的水样容器。每个监测指标对水样容器要求不尽相同，参见表 2-7。《近岸海域环境监测规范》（HJ 442-2008）和《水和废水监测分析方法》对于水样采样容器、保存和容器的洗涤等的规定稍有不同，可根据工作来源、目的选择采用。

采水器和盛水器的材质选用应综合监测项目来考虑，尽力避免下列问题发生：①水样中的某些成分与容器材料发生反应；②容器材料可能引起对水样的某种污染；③某些被测物可能被吸附在容器内壁上。

4. 水质采样记录

水样采集后根据不同的分析要求分装并加入保存剂后，每份样品都应附一张完整的记录标签。记录标签一般事先设计打印，内容应包括采样地点、样品唯一性编号、采样时间、采样人员等，现场测定项目如 pH、温度等也应记录（见表 2-6）。如有需要，还可增加水体类型、气象条件（气温、风向、风速、天气状态等）、采样点周围环境状况、采样点经纬度、采样点水深、采样层次等相关内容。

对于未知的特殊水样以及危险或潜在危险的物质，如酸等，应用记号标出，并将现场水样情况作详细描述。

表 2-7 水样预处理、保存和容器的洗涤

测定项	容器	样品量/mL	处理方式	保存方法	最长保存时间/h	容器洗涤
pH	P/G	50		现场测定/加 HgCl	2	I
色度						
悬浮物	P/G	1 000		冷藏，暗处保存，最好现场过滤	24	I
浊度	P/G	50		冷藏，暗处保存，最好现场测定	24	I
溶解氧	G	50～250		加 MnCl$_2$ 和碱性 KI 现场固定	4～6	I

续表

测定项	容器	样品量/mL	处理方式	保存方法	最长保存时间/h	容器洗涤
化学需氧量	P/G	300	0.45 μm 微孔滤膜过滤*	冷藏，加 H_2SO_4 使 pH<2；-20℃冷冻	4~6/7 d	I
生化需氧量	G	1 000		冷藏		I
氨氮	P/G	50	0.45 μm 微孔滤膜过滤	现场测定或-20℃冷冻	4~6/7 d	II
硝酸盐氮	P/G	50	0.45 μm 微孔滤膜过滤	现场测定或-20℃冷冻	4~6/7 d	II
亚硝酸盐氮	P/G	50	0.45 μm 微孔滤膜过滤	现场测定或-20℃冷冻	4~6/7 d	II
活性磷酸盐	P/G	50	0.45 μm 微孔滤膜过滤	现场测定或-20℃冷冻	4~6/7 d	II
活性硅酸盐	P	50	0.45 μm 微孔滤膜过滤	现场测定或-20℃冷冻	4~6/7 d	II
石油类	G	500~1 000		加 H_2SO_4 使 pH<2，现场萃取后冷藏	48	III
粪大肠菌群	G	60		现场测定	2	I
总有机碳	G	100	0.45 μm 微孔滤膜过滤	加磷酸使 pH<4，冷藏	7 d	I
有机氯农药	G	500	现场萃取	加 H_2SO_4 使 pH<2，冷藏	7 d	III
有机磷农药	G	500	现场萃取	加 H_2SO_4 使 pH<2，冷藏	7 d	III
狄氏剂	G	2 000	现场萃取	冷藏	10 d	III
多氯联苯	G	2 000	现场萃取	冷藏	7 d	III
多环芳烃	A	2 000	现场萃取	冷藏	7 d	III
挥发酚	BG	500		加磷酸使 pH<4，加 1 g $CuSO_4$	24	I
氰化物	G	500		加 NaOH 使 pH>12	24	I
硫化物	G	1 000		加 2 mL 50 g/L ZnAc 和 2 mL 40 g/L NaOH	7 d	I
阴离子表面活性剂	G	500		加 H_2SO_4 使 pH<2	48	III
重金属	P	500~1 000	0.45 μm 微孔滤膜过滤	加硝酸使 pH<2	90 d	IV
汞	G/BG	100~500	0.45 μm 微孔滤膜过滤*	加 H_2SO_4 使 pH<2	90 d	IV

续表

测定项	容器	样品量/mL	处理方式	保存方法	最长保存时间/h	容器洗涤
砷	P	50~200	0.45 μm 微孔滤膜过滤	加 H_2SO_4 使 pH<2	90 d	Ⅳ

注:(1)P—聚乙烯容器;G—玻璃容器;BG—硼硅玻璃容器;A—琥珀容器。

(2)洗涤方法 I 表示:洗涤剂洗 1 次,自来水 3 次,去离子水 2~3 次;

洗涤方法 Ⅱ 表示:无磷洗涤剂洗 1 次,自来水 2 次,1+3 盐酸浸泡 24 小时,去离子水清洗;

洗涤方法 Ⅲ 表示:铬酸洗液洗 1 次,自来水 3 次,去离子水 2~3 次,萃取液 2 次;

洗涤方法 Ⅳ 表示:洗涤剂洗 1 次,自来水 2 次,1+3 硝酸浸泡 24 小时,去离子水清洗。

* 如测试非过滤态,则不经过滤直接按上表保存方法进行样品处理。

选自《近岸海域环境监测规范》(HJ 442-2008)。

表 2-8　水样的保存、采样体积及容器洗涤方法

项目	采样容器	保存剂用量	保存期	采样量[①]/mL	容器洗涤
浊度*	G.P.		12 h	250	I
色度*	G.P.		12 h	250	I
pH*	G.P.		12 h	250	I
电导*	G.P.		12 h	250	I
悬浮物**	G.P.		14 d	500	I
碱度**	G.P.		12 h	500	I
酸度**	G.P.		30 d	500	I
COD	G	加 H_2SO_4 使 pH≤2	2 d	500	I
高锰酸盐指数**	G		2 d	500	I
DO**	溶解氧瓶	Mn^{2+}＋碱性 KI,现场固定	24 h	250	I
BOD_5**	溶解氧瓶		12 h	250	I
TOC	G	加 H_2SO_4 使 pH≤2	7 d	250	I
F^-**	P		14 d	250	I
Cl^-**	G.P.		30 d	250	I
Br^-**	G.P.		14 d	250	I
I^-	G.P.	NaOH,pH=12	14 h	250	I
SO_4^{2-}**	G.P.		30 d	250	I
PO_4^{3-}	G.P.	NaOH,H_2SO_4,调 pH=12,$CHCl_3$ 0.5%	7 d	250	Ⅳ
总磷	G.P.	HCl,H_2SO_4,pH≤2	24 h	250	Ⅳ
氨氮	G.P.	H_2SO_4,pH≤2	24 h	250	I

续表

项目	采样容器	保存剂用量	保存期	采样量①/mL	容器洗涤
$NO_2^- - N$**	G.P.		24 h	250	I
$NO_3^- - N$**	G.P.		24 h	250	I
凯氏氮**	G				
总氮	G.P.	加 H_2SO_4 使 pH≤2	7 d	250	I
硫化物	G.P.	1 L 水样加 NaOH 至 pH＝9,加 5％抗坏血酸 5 mL、饱和 EDTA 3 mL,滴加饱和 $Zn(Ac)_2$ 至胶体产生,常温避光	24 h	250	I
总氰	G.P.	NaOH,pH≥9	12 h	250	I
Be	G.P.	HNO_3,1 L 水样中加浓 HNO_3 10 mL	14 d	250	Ⅲ
B	P	HNO_3,1 L 水样中加浓 HNO_3 10 mL	14 d	250	I
Na	P	HNO_3,1 L 水样中加浓 HNO_3 10 mL	14 d	250	Ⅱ
Mg	G.P.	HNO_3,1 L 水样中加浓 HNO_3 10 mL	14 d	250	Ⅱ
K	P	HNO_3,1 L 水样中加浓 HNO_3 10 mL	14 d	250	Ⅱ
Ca	G.P.	HNO_3,1 L 水样中加浓 HNO_3 10 mL	14 d	250	Ⅱ
Cr^{6+}	G.P.	NaOH,pH＝8～9	14 d	250	Ⅲ
Mn	G.P.	HNO_3,1 L 水样中加浓 HNO_3 10 mL	14 d	250	Ⅲ
Fe	G.P.	HNO_3,1 L 水样中加浓 HNO_3 10 mL	14 d	250	Ⅲ
Ni	G.P.	HNO_3,1 L 水样中加浓 HNO_3 10 mL	14 d	250	Ⅲ
Cu	P	HNO_3,1 L 水样中加浓 HNO_3 10 mL	14 d	250	Ⅲ
Zn	P	HNO_3,1 L 水样中加浓 HNO_3 10 mL	14 d	250	Ⅲ
As	G.P.	HNO_3,1 L 水样中加浓 HNO_3 10 mL,DDTC 法,HCl 2 mL	14 d	250	I
Se	G.P.	HCl,1 L 水样中加浓 HCl 2 mL	14 d	250	Ⅲ

续表

项目	采样容器	保存剂用量	保存期	采样量^{①}/mL	容器洗涤
Ag	G.P.	HNO_3,1 L 水样中加浓 HNO_3 2 mL	14 d	250	Ⅲ
Cd	G.P.	HNO_3,1 L 水样中加浓 HNO_3 10 mL^{②}	14 d	250	Ⅲ
Sb	G.P.	HCl,0.2%(氢化物法)	14 d	250	Ⅲ
Hg	G.P.	HCl,1%,如水样为中性,1 L 水样中加浓 HCl 10 mL	14 d	250	Ⅲ
Pb	G.P.	HNO_3,1%,如水样为中性,1 L 水样中加浓 HNO_3 10 mL	14 d	250	Ⅲ
油类	G	加入 HCl 至 pH≤2	7 d	250	Ⅱ
农药类**	G	加入抗坏血酸 0.01~0.02 g 除去残余氯	24 h	1000	Ⅰ
除草剂类**	G	同上	24 h	1000	Ⅰ
邻苯二甲酸酯类**	G	同上	24 h	1000	Ⅰ
挥发性有机物**	G	用 1+10 HCl 调至 pH≤2,加入抗坏血酸 0.01~0.02 g 除去残余氯	12 h	1000	Ⅰ
甲醛**	G	加入 0.2~0.5 g/L 硫代硫酸钠除去残余氯	24 h	250	Ⅰ
酚类**	G	用 H_3PO_4 调至 pH≤2,用抗坏血酸 0.01~0.02 g 除去残余氯	24 h	1000	Ⅰ
阴离子表面活性剂	G.P.		24 h	250	Ⅳ
微生物**	G	加入 0.2~0.5 g/L 硫代硫酸钠除去残余氯,4℃保存	12 h	250	Ⅰ
生物**	G.P.	当不能现场测定时用甲醛固定	12 h	250	Ⅰ

注:(1)* 表示应尽量作现场测定;** 低温(0~4℃)避光保存。

(2)G 为硬质玻璃瓶,P 为聚乙烯瓶(桶)。

(3)①为单项样品的最少采样量;

②如用溶出伏安法测定,可改用 1 L 水样加 19 mL 浓 $HClO_4$。

(4)Ⅰ、Ⅱ、Ⅲ和Ⅳ表示四种洗涤方法,如下:

Ⅰ:洗涤剂洗 1 次,自来水 3 次,蒸馏水 1 次。对于采集微生物和生物的采样容器,需经 160℃干热灭菌 2 h。经灭菌的微生物和生物采样容器必须在两周内使用,否则应重新灭菌;经 121℃高压蒸汽灭菌 15 min 的采样容器,如不立即使用,应于 60℃将瓶内冷凝水烘干,两周内使用。细菌监测项目采样时不能用水样冲洗采样容器,不能采混合水样,应单独采样后 24 h 内送实验室分析。

Ⅱ:洗涤剂洗 1 次,自来水洗 2 次,1+3 HNO_3 荡洗 1 次,自来水洗 3 次,蒸馏水 1 次。

Ⅲ:洗涤剂洗 1 次,自来水洗 2 次,1+3 HNO_3 荡洗 1 次,自来水洗 3 次,去离子水 1 次。

Ⅳ:铬酸洗液洗 1 次,自来水洗 3 次,蒸馏水洗 1 次。如果采集污水样品可省去用蒸馏水、去离子水清洗的步骤。

选自《水和废水监测分析方法》(第 4 版)。

2.2.3 污水样的采集

1. 采样频次

(1)监督性监测

地方环境监测站对污染源的监督性监测每年不少于1次,如被国家或地方环境保护行政主管部门列为年度监测的重点排污单位,应增加到每年2～4次。因管理或执法的需要所进行的抽查性监测由各级环境保护行政主管部门确定。

(2)企业自控监测

工业污水按生产周期和生产特点确定监测频次。一般每个生产周期不得少于3次。

(3)对于污染治理、环境研究、污染源调查和评价等工作中的污水监测

其采样频次可以根据工作方案的要求另行确定。

(4)根据管理需要进行调查性监测

监测站事先应对污染源定位正常生产条件下的一个生产周期进行加密监测。周期在8 h以内的,1 h采样1次;周期大于8 h的,每2 h采样1次,但每个生产周期采样次数不少于3次。采样的同时测定流量。根据加密监测结果,绘制污水污染物排放曲线(浓度—时间、流量—时间、总量—时间),并与所掌握的资料对照,如基本一致,即可据此确定企业自行监测的采样频次。

排污单位如有污水处理设施并能正常运行使污水能稳定排放,则污染物排放曲线比较平稳,监督性监测可以采瞬时水样;对于排放曲线有明显变化的不稳定排放污水,要根据曲线情况分时间单元采样,再组成混合样品。正常情况下,混合样品的单元采样不得少于两次。如排放污水的流量、浓度甚至组分都有明显变化,则在各单元采样时的采样量应与当时的污水流量成比例,以使混合样品更具有代表性。

2. 污水采样方法

(1)污水的监测项目按照行业类型有不同的要求

在分时间单元采集样品时,测定 pH、COD、BOD_5、DO、硫化物、油类、有机物、余氯、粪大肠菌群、悬浮物、放射性等项目的样品,不能混合,只能单独采样。

(2)不同监测项目的要求

对不同的监测项目,应选用的容器材质、加入的保存剂及其用量与保存期、应采集的水样体积和容器及其洗涤方法参见表2-7、表2-8或国家环境保护总局编制的《水和废水监测分析方法》中的相关规定。

(3)自动采样

自动采样用自动采样器进行,有时间等比例采样和流量等比例采样。当污水排放量较稳定时可采用时间等比例采样,否则必须采用流量等比例采样。

所用的自动采样器必须符合国家监测部门的相关技术要求。

(4)实际采样位置的设置

实际的采样位置应在采样断面的中心。当水深大于1 m时,应在表层下1/4深度处采样;水深小于或等于1 m时,在水深的1/2处采样。

3. 污水采样注意事项

(1)用样品容器直接采样时,必须用水样冲洗3次后再进行采样。但当水面有浮油时,

采油的容器不能冲洗。

（2）采样时应注意去除水面的杂物、垃圾等漂浮物。

（3）用于测定悬浮物、BOD_5、硫化物、油类、余氯的水样必须单独定容采样，全部用于测定。

（4）在选用特殊的专用采样器（如油类采样器）时，应按照该采样器的使用方法采样。

（5）采样时应认真填写"污水采样记录表"，其具体格式可根据实际采样情况制定，但一般应有以下内容：污染源名称、监测目的、监测项目、采样点位、采样时间、样品编号、污水性质、污水流量、采样人姓名及其他有关事项等。

（6）凡需现场监测或现场固定的项目应在现场完成。其他注意事项参考地表水质监测相关内容。

4. 污水采样的流量测量

我国目前对 COD_{Cr}、石油类、Cr^{6+}、Pb、Cd、Hg、As 和氰化物实施排污总量控制，而流量测量是排污总量监测的关键。

（1）流量测量原则

①污染源的污水排放渠道，在已知其"流量—时间"排放曲线波动较小，用瞬时流量代表平均流量所引起的误差可以允许时（小于 10%），则在某一时段内的任意时间测得的瞬时流量乘以该时段的时间即为该时段的流量。

②如排放污水的"流量—时间"排放曲线虽有明显波动，但其波动有固定的规律，可以用该时段中几个等时间间隔的瞬时流量来计算出平均流量，则可定时进行瞬时流量测定，在计算出平均流量后再乘以时间得到流量。

③如排放污水的"流量—时间"排放曲线既有明显波动又无规律可循，则必须连续测定流量，流量对时间的积分即为总流量。

（2）流量测量方法

①污水流量计法

污水流量计的性能指标必须符合污水流量计技术要求。

②其他测流量的方法

a. 容积法：将污水纳入已知容量的容器中，测定其充满容器所需要的时间，从而计算污水量的方法。本法简单易行，测量精度较高，适用于计算污水量较小的连续或间歇排放的污水。对于流量小的排放口用此方法。但溢流口与受纳水体应该有适当落差或能用导水管形成落差。

b. 流速仪法：通过测量排污渠道的过水截面积，以流速仪测量污水流速计算污水量。适当地选用流速仪，可用于很宽范围的流速测量。多数用于渠道较宽的污水量测量。测量时需要根据渠道深度和宽度确定点位、垂直测点数和水平测点数。本方法简单，但易受污水水质影响，难用于污水量的连续测定。排污截面底部需硬质平滑，截面形状为规则几何形，排污口处有不小于 3~5 m 的平直过流水段，且水位高度不小于 0.1 m。

c. 量水槽法：在明渠或涵管内安装量水槽，测量其上游水位可以计算污水量。常用的有巴氏槽。与溢流堰法相比，量水槽法同样可以获得较高的精度（±2%～±5%），且可进行连续自动测量。其优点为水头损失较小，壅水高度小，底部冲刷力大，不易沉积杂物。但造价较高，施工要求也较高。

　　d. 溢流堰法:在固定形状的渠道上安装特定形状的开口堰板,过堰水头与流量有固定关系,据此测量污水流量。根据污水量大小可选择三脚堰、矩形堰、梯形堰等。溢流堰法精度较高,在安装液位计后可实行连续自动测量。为进行连续自动测量液位,已有的传感器有浮子式、电容式、超声波式和压力式等。

　　利用堰板测流,堰板的安装会造成一定的水头损失。另外,固体沉积物在堰前堆积或藻类等物质在堰板上黏附均会影响测量精度,必须经常清除。

　　在排放口处修建的明渠式测流段要符合流量堰(槽)的技术要求。

　　以上方法均可选用,但在选定方法时,应注意各自的测量范围和所需条件。

　　在以上方法无法使用时,可用统计法。

　　③如污水为管道排放,所使用的电磁式或其他类型的流量计应定期进行计量检定。

表 2-9　水质监测采样时间和采样频率

监测对象		采样时间	采样频率
河流	较大水系干流和污染较轻的中、小河流	丰水期、枯水期、平水期	每期 2 次(共 6 次)
	污染较重的河流、游览水域、饮水源地	每月或视情况而定	全年不少于 12 次
	潮汐河流	丰水期、枯水期、平水期的大潮期和小潮期	每期 1 次(共 6 次,每次采涨潮和退潮时的水样分别测定)
湖泊、水库	设有监测站的湖、库	每月	全年不少于 12 次
	没有监测站的一般湖、库	枯水期、丰水期	每期 1 次(共 2 次)
	有废水排入、污染较重的湖、库	枯水期、丰水期及其他时期	酌情增加采样次数(2 次以上)
泥底		枯水期	每年 1 次
排污渠			每年不少于 3 次
背景断面			每年 1 次

2.2.4　底质(沉积物)样品的采集

　　水、底质和水生生物组成了一个完整的水环境系统。底质的污染是由于工厂、矿山等排放的废弃物,以及大气中污染物的沉降和蓄积引起的。同时,底质中蓄积的部分污染物又易于扩散到水体中,导致水质的二次污染。

　　水中物质沉积过程,也就是污染物的运动过程,有一定的规律。在同一条河流,不同的河段有不同的沉积过程:水急的上游以冲刷为主,平缓的下游以沉积为主,在不同的季节亦然。丰水期沉淀的物质粗,枯水期沉淀的物质细;沉积物分层,越靠下面的层年代越久,色越深。因此,通过采集各层沉积物进行分层测定,可以了解水域污染的历史和污染物的迁移规律。这不仅有助于评价水质污染程度,还可以根据水文学等特点预测未来发展趋势。

　　与水样采集相同,底质样品采集也应先进行基础资料收集,布设监测点位,确定采样时间和频次。由于底质相对稳定,受水文、气象等影响也较小,采样频次一般低于水质样品。

1. 底质样品采集设备及采样方法

在浅水区或干涸河段、潮间带，用塑料勺或金属铲等即可采样。样品在尽量沥干水分后，用塑料袋包装或用玻璃瓶盛装。供测定有机物的样品用金属器具采样，置于棕色磨口玻璃瓶中，瓶口不要沾污，以保证磨口塞能塞紧。

在较深水域采集底质表层样品时常用挖掘式采泥器(图2-8)，而研究底质中污染物的垂直分布情况时，常采用管式(柱式)采样器(也称重力采样器)采集柱状样。

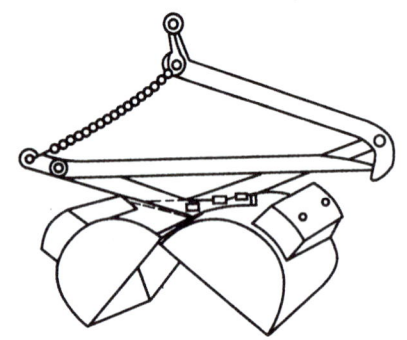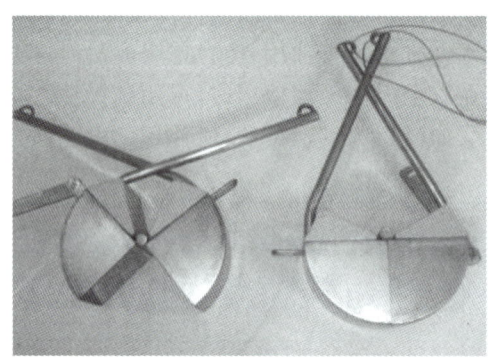

图 2-8　挖掘式采泥器

底质采样器一般要求用强度高、耐磨性能较好的钢材制成，使用前应除去油脂并清洗干净。

用挖掘式采泥器采集表层沉积物样品一般操作：将采泥器与钢丝绳末端连接好，检查是否牢靠，测量采样点水深；慢速启动绞车，提起已张口的采泥器，用手扶送慢速放入水中，稳定后常速放至离底3～5 m，全速放入底部，然后慢速提升采泥器，离底后快速提升；将采泥器降至接样盘上，打开采泥器耳盖，倾斜采泥器使上部水缓缓流出，再进行定性描述和分装。表层沉积物的分析样品一般取上部0～2 cm的沉积物。

用柱式采样器采集沉积物样品的具体操作：船到采样点后，先采集表层沉积物样品，以了解沉积物类型(若为沙质则不宜采柱状样)；将采样管与绞车连接好，并检查是否牢固；慢速启动绞车，用手扶采样管下端小心送至船舷外，用钩将其慢慢放入水中；待采样管在水中停稳后，按常速将其降至离底5～10 m处，视重力和沉积物类型而定，再以全速砸入沉积物中；慢速提升采样管，离开沉积物后再快速提升至水面，出水面后减速提升，待采样管下端高过船舷后立即停车，用铁钩钩住管体将其转入船舷内，平放在甲板上；小心倾倒出管上部的积水，测量采样深度，再将柱状样缓缓挤出，按序接放在接样箱上，进行描述和处理；清洗采样管，备好待用。若柱状样品长度不够或重力采样管斜插入沉积物时，视情况重新采样。

一般样柱上部30 cm内按5 cm间隔、下部按10 cm间隔(超过1 m时酌定)用塑料刀进行分段，并根据研究要求对每段样品按纵向分成若干份进行相应项目的监测分析。

采样量应根据监测项目、目的而定，通常为1～2 kg。一次的采样量不够时，可在周围采集几次并将样品混匀。样品中的砾石、贝壳、动植物残体等杂物应予剔除。

样品采集后要及时将样品编号，贴上标签，并记录外观性状，如沉积物类型、颜色、臭味、厚度、生物现象等。

2. 底质样品采集注意事项

(1)底质采样断面、采样点应尽可能与地表水的重合，以便于将底质的组成及物理化学性质与水质情况进行对比研究。

（2）采样点位通常为水质采样垂线的正下方。当正下方无法采样时，可略作移动，移动的情况应在采样记录表上详细注明。

（3）底质采样点应避开河床冲刷、底质沉积不稳定及水草茂盛、表层底质易受搅动之处。

（4）湖（库）底质采样点一般应设在主要河流水及污染源排放水进入后与湖（库）水混合均匀处。

（5）水浅时，因船体或采泥器冲击搅动底质，或河床为砂卵石时，应另选采样点重采。采样点不能偏移原设置的断面（点）太远。采样后应对偏移位置做好记录。

（6）底质未受污染时，由于地质因素的原因，其中可能会含有重金属。应在其不受或少受人类活动影响的清洁河段上布设背景值采样点。该背景值采样点应尽可能与水质背景值采样点位于同一垂线上。

（7）采样时底质一般应装满抓斗。采样器向上提升时，如发现样品流失过多，必须重采。

2.2.5　样品的运输与保存

1. 样品的运输

对于采集到的每一个样品，除了有些项目（如水温、溶解氧、CO_2、H_2S、游离氯等）必须在现场测定或固定外，大部分项目只能在实验室测定，因此，从采样现场到实验室这段时间需要运输样品。

对运输的样品，先要在盛样容器上贴好标签，运输有时需要专门的汽车、卡车甚至直升机。为将一些参数的变化降低到最低程度，需要尽可能地缩短运输时间，尽快分析测定和采取必要的保护措施。

在运输过程中应注意以下几点：

（1）要塞紧采样容器口塞子，必要时用封口胶、石蜡封口；

（2）盛水器应当妥善包装，以免外部受到污染，特别是水样瓶颈部和瓶塞；

（3）为避免水样在运输过程中因震动、碰撞导致损失或沾污，最好将样瓶装箱，并用泡沫塑料或纸条挤紧；

（4）需冷藏的样品，应配备专门的隔热容器，放入制冷剂；

（5）冬季水样可能结冰，如果盛水器用的是玻璃瓶，则要小心防冻，以免破裂；

（6）水样的运输时间，通常以 24 h 为最大允许时间。

2. 样品的保存

样品采集后应尽快开始分析，如果久放，受下列因素影响，某些组分的浓度可能会发生变化。

（1）导致水质变化的因素

①生物因素：微生物的代谢活动，如细菌、藻类和其他生物的作用可改变许多被测物的化学形态，它们可影响许多测定指标的浓度，主要反映在 pH、溶解氧、生化需氧量、CO_2、碱度、硬度、磷酸盐、硫酸盐、硝酸盐和某些有机化合物的浓度变化上。

②化学因素：测定组分可能被氧化或还原，如六价铬在酸性条件下易被还原为三价铬，低价铁可氧化成高价铁。由于铁、锰等价态的改变，可导致某些沉淀与溶解，聚合物产生或解聚作用的发生，如多聚无机磷酸盐、聚硅酸等。这些均能导致测定结果与水样实际情况

不符。

③物理因素:测定组分被吸附在容器壁上或悬浮颗粒的表面上,如溶解的金属或胶状的金属,某些有机化合物以及某些易挥发组分的挥发损失。

(2)水样保存方法

①冷藏或冷冻:样品在4℃冷藏或迅速冷冻,贮存于暗处,可以抑制生物活动,减缓物理挥发作用和化学反应速度。

冷藏是短期内保存样品的一种较好方法,对测定基本无影响。但需要注意,冷藏保存也不能超过规定的保存期限,冷藏温度必须控制在4℃左右。温度太低(例如≤0℃),因水样结冰体积膨胀,使玻璃容器破裂,或样品瓶盖被顶开失去密封,样品受沾污。温度太高则达不到冷藏目的。

②加入化学保存剂

a. 加入酸或碱:测定金属离子的水样通常用硝酸酸化至pH=1~2,既可以防止重金属的水解沉淀,又可以防止金属在器壁表面上的吸附;同时,在pH 1~2的酸性介质中还能抑制生物的活动。用此法保存,大多数金属可稳定数周或数月。测定氰化物的水样需加入氢氧化钠调至pH=12。测定六价铬的水样应加入氢氧化钠调至pH=8,因在酸性介质中,六价铬的氧化电位高,易被还原。保存总铬的水样,则应加硝酸或硫酸至pH=1~2。

b. 加入抑制剂:为了抑制生物作用,可在样品中加入抑制剂。如在测氨氮、亚硝酸盐氮、硝酸盐氮和COD的水样中,加氯化汞或三氯甲烷、甲苯作防护剂以抑制生物对铵盐、亚硝酸盐、硝酸盐的氧化还原作用。在测酚水样中用磷酸调溶液的pH值,加入硫酸铜以控制苯酚分解菌的活动。

c. 加入氧化剂:水样中痕量汞易被还原,引起汞的挥发性损失,加入硝酸—重铬酸钾溶液可使汞维持在高氧化态,汞的稳定性大为改善。

d. 加入还原剂:测定硫化物的水样,加入抗坏血酸对保存有利。含余氯水样,能氧化氰离子,可使酚类、烃类、苯系物氯化生成相应的衍生物。为此,在采样时加入适量的硫代硫酸钠予以还原,除去余氯干扰。

选用化学保存剂的一般要求是:有效、方便、经济,对测定无干扰和不良影响;应该使用高纯品或分析纯试剂,最好用优级纯试剂;当添加试剂的作用相互有干扰时,建议采用分瓶采样、分别加入的方法保存水样;不能影响待测物浓度,如果加入的保护剂是液体,则更要记录体积的变化;要做空白试验,扣除保存剂空白,以校正结果。

(3)水样的保存条件

不同监测项目样品保存的一般条件见表2-7和表2-8。

此外,由于地表水、废水(或污水)样品的成分不同,同样的保存条件很难保证对不同类型样品中待测物都是可行的。因此,在采样前应根据样品的性质、组成和环境条件选择,并检验保存方法或选用保存剂的可靠性。有研究表明,污水或受纳污水的地表水在测定重金属Pb、Cd、Cu、Zn等时,往往需加入酸达到1%,才能保证重金属不沉淀或不被容器壁吸附。

(4)底质(沉积物)样品的保存条件

按表2-10保存条件进行样品分装和保存,样品容器要盖紧盖子,以避免任何沾污或蒸发。运输时注意防止容器破裂。

表 2-10　底质(沉积物)样品的保存条件

项目	样品量/g	贮存容器	贮存条件和时间
多氯联苯	40	G-W(S),TFE	<4℃,14 d
有机氯农药	40	G-W(S),TFE	<4℃,14 d
硫化物	40	G-W(S),TFE	<4℃,14 d,充氮气
汞*	50	P-W、G-W	<4℃,14 d
粒度*	50	PE,PS	<4℃,180 d
氧化还原电位		PE,PS	立即测定
重金属	100	P-W、G-W	<4℃,80 d
有机碳,石油类	40	G-W(S),TFE	<4℃,7 d

注:PE—聚乙烯;PS—聚苯乙烯;G-W—广口玻璃瓶;P-W—广口塑料瓶;(S)—用溶剂洗涤;TFE—衬帽;带 * 者为湿样测定。

选自《近岸海域环境监测规范》(HJ 442-2008)。

2.3 任务三 样品的预处理

从环境中采集的样品,无论是气体、液体还是固体,几乎都不能未经处理直接进行分析测定。特别是许多环境样品以多相非均一态的形式存在,成分复杂,样品中存在大量干扰物质,而且多数待测组分浓度较低,达不到仪器检测限要求。因此,在分析测定之前要进行程度不同的样品预处理,以得到待测组分适合于分析方法要求的形态和浓度,并与干扰物质最大限度分离。因此,样品预处理技术是保证分析数据有效、准确,以及环境影响评价结论正确和可靠的重要基础。

2.3.1　水样的预处理

一般若测定水样中的溶解态物质,可将水样用 0.45 μm 微孔滤膜过滤。除此之外,有时还需对水样进行消解或浓缩、富集等。

水样中金属、无机非金属、有机物测定时常用的预处理方法分别是消解、蒸馏、萃取。

1. 水样的消解

当测定含有机物水样中的无机元素时,需进行消解处理。消解处理的目的是破坏有机物,溶解悬浮性固体,将各种价态的欲测元素氧化成单一高价态或转变成易于分离的无机化合物。消解后的水样应清澈透明,无沉淀。

消解水样的方法有湿式消解法、干式分解法(干灰化法)和微波消解法。

(1)湿式消解法

①硝酸消解法:用于较清洁水样的消解。

操作要点:取 50～200 mL 混匀的水样于烧杯中,加入浓硝酸 5～10 mL,在电热板上加

热煮沸蒸发至小体积,试液应清澈透明,呈浅色或无色,否则,应补加硝酸继续消解。蒸至近干,取下烧杯,稍冷后加2%HNO₃(或HCl)20 mL,温热溶解可溶盐。若有沉淀,应过滤,滤液冷却至室温后于50 mL容量瓶中定容,备用。

②硝酸—硫酸消解法:硝酸和硫酸都有较强的氧化能力,其中硝酸沸点低,硫酸沸点高,两者结合使用可提高消解温度和消解效果。常用的硝酸与硫酸的比例为5:2。

消解时,先将硝酸加入水样中,加热蒸发至小体积,稍冷,再加入硫酸、硝酸,继续加热蒸发至冒大量白烟,冷却,加适量水,温热溶解可溶盐,若有沉淀,应过滤。为提高消解效果,常加入少量过氧化氢。

该法不适用于测定易生成难溶硫酸盐组分(如铅、钡、锶)的水样,可改选用硝酸—盐酸混合酸体系。

③硝酸—高氯酸消解法:硝酸与高氯酸都是强氧化性酸,联合使用可消解含难氧化有机物的水样。

操作要点:取适量水样于烧杯或锥形瓶中,加5~10 mL硝酸,在电热板上加热、消解至大部分有机物被分解。取下烧杯,稍冷,加2~5 mL高氯酸,继续加热至开始冒白烟,如试液呈深色,再补加硝酸,继续加热至冒浓厚白烟将尽(不可蒸至干涸)。取下烧杯冷却,用2%HNO₃溶解,如有沉淀,应过滤,滤液冷至室温定容备用。因为高氯酸能与羟基化合物反应生成不稳定的高氯酸酯,有发生爆炸的危险,故先加入硝酸,氧化水样中的羟基化合物,稍冷后再加高氯酸处理。

④硫酸—高锰酸钾消解法:常用于消解测定汞的水样。高锰酸钾是强氧化剂,在中性、碱性、酸性条件下都可以氧化有机物。

消解要点:取适量水样,加适量硫酸和5%高锰酸钾,混匀后加热煮沸,冷却,滴加盐酸羟胺溶液破坏过量的高锰酸钾。

为提高消解效果,在某些情况下需要采用三元以上酸或氧化剂消解体系。例如,处理测总铬的水样时,用硫酸—磷酸—高锰酸钾消解。通过多种酸的配合使用,克服单元酸或二元酸消解所起不到的作用,尤其是在多种物质均要求测定的复杂介质体系。

⑤碱分解法:当用酸体系消解水样造成易挥发组分损失时,可改用碱分解法,即在水样中加入氢氧化钠和过氧化氢溶液,或者氨水和过氧化氢溶液,加热煮沸至近干,用水或稀碱溶液温热溶解可溶盐。若有沉淀,应过滤,滤液冷却至室温后于50 mL容量瓶中定容,备用。

(2)干灰化法

又称高温分解法。操作步骤为:取适量水样于白瓷或石英蒸发皿中,置于水浴上蒸干,移入马弗炉内,于450~550℃灼烧到残渣呈灰白色,使有机物完全分解除去。取出蒸发皿,冷却,用适量2%HNO₃(或HCl)溶解样品灰分,过滤,滤液定容后备用。

本法不适用于处理测定易挥发组分(如砷、汞、镉、硒、锡等)的水样。

(3)微波消解法

对于分析速度快的仪器方法来说,消解试样已经成为影响分析速度的主要障碍:干法消解能彻底破坏样品中的有机物,但其较高的灼烧温度势必会造成一些挥发性的金属元素(如砷、汞等)的损失。湿法消解虽可避免此问题,但是硝酸、高氯酸、硫酸等与有机物的反应比较剧烈,并释放出对人体有害的气体;且试剂用量多,操作时间长,空白值偏大。

微波消解则克服了以上缺点,具有简单、快速、节能、节省化学试剂、减轻环境污染、空白值小、劳动强度低等优点,是一种革新的样品处理技术

传统的电炉、电热板加热是通过热辐射、对流与热传导传送能量,热由外向内通过器壁传给试样,通过热传导的方式加热试样。微波是一种电磁波,波长在 100 cm 至 1 mm 范围内。微波消解仪器所使用的频率基本上都是 2 450 MHz。微波加热是一种直接的体加热方式,微波可以穿入试液的内部,在试样的不同深度,微波所到之处同时产生热效应,这不仅使加热更快速,而且更均匀,比传统的加热方式效率高。如氧化物或硫化物在微波作用下,在 1 min 内就能被加热到摄氏几百度。又如 1.5 g MnO_2 在 650 W 微波下加热 1 min 可升温到 920 K,可见升温的速率非常之快。传统的加热方式中热能的利用率低,许多热量都发射到周围环境中,而微波加热直接作用到物质内部,因而提高了能量利用率。

微波消解的基本操作:称取 0.2～1.0 g 的试样置于消解罐中,加入约 2 mL 的水,再加入适量的酸,通常选用 HNO_3、HCl、HF、H_2O_2 等。把罐盖好,放入炉中。当微波通过试样时,极性分子随微波频率快速变换取向,2 450 MHz 的微波,分子每秒钟变换方向 2.45×10^9 次,分子来回转动,与周围分子相互碰撞摩擦,分子的总能量增加,使试样的温度急剧上升。同时,试液中的带电粒子(离子、水合离子等)在交变的电磁场中,受电场力的作用而来回迁移运动,也会与邻近分子碰撞,使得试液温度升高。

1975 年 Abu-samra 等首次用微波炉湿法消解了一些生物样品,开始将微波加热技术应用到环境样品分析中,到 20 世纪末,世界发达国家已经普遍采用微波加热技术取代沿用已久的电热板技术,推出一系列的微波加热设备。

2. 水样的富集与分离

在水质分析中,水样中的成分往往很复杂,且干扰因素多,待测物的含量常处于痕量水平,达不到分析方法的检测限,因此,在测定前必须对水样进行富集与分离,以排除分析过程中的干扰,提高待测物浓度,满足分析方法检出限的要求。富集和分离往往是不可分割、同时进行的。常用的方法有过滤、挥发、蒸馏、萃取、离子交换、吸附、共沉淀、层析、低温浓缩等,要结合具体情况选择使用。

2.3.2　底质(沉积物)样品的预处理

沉积物样品除了部分项目用湿样测定外,大部分项目需经风干、筛分后再根据项目自身的要求进行预处理。具体在第 10 章中详细介绍。

本章小结

监测工作在完成基础资料收集后,首先应进行监测站位、断面和采样点位的布设,不同的水体布设方法、相关规定都各不相同,应参照相应的规定进行。

样品的采集方法、保存条件、运输方法、预处理方法等也依据监测目的、测定项目等的不同而异,都必须严格按照国标中相应的规定进行。

思考题

1. 什么是背景断面、对照断面、控制断面、消减断面? 分别如何设置?

2. 污水的采样点位如何布设？

3. 什么是综合水样？什么是混合水样？它们有何区别？

4. 测定哪些项目的水样需单独采集？

5. 导致水质变化的因素有哪些？相应的水样保存方法有哪些？

6. 水质采样记录一般应包括哪些内容？

7. 采集的水样、沉积物样品可直接进行相关测定吗？为什么？

可扫码获取本模块课件资源：

模块三 水的主要物理指标及其监测与调控技术

3.1 任务一 水体的温度

水的许多物理化学性质与水温有密切关系。水中的溶解性气体(如 O_2、CO_2 等)的溶解度,水中生物和微生物活动,非离子氨、盐度、pH 值以及碳酸钙饱和度等都受水温变化的影响。

3.1.1 水体的温度分布

水的温度因气候和来源不同有很大差异。一般来说,地下水温度比较稳定,通常为 8~12℃;地面水随季节和气候变化较大,大致变化范围为 0~30℃。工业废水的温度因工业类型、生产工艺不同有很大差别。

天然水体的温度分布有如下特征:

1. 湖泊(水库)四季的典型温度分布

一个开阔的水体,水温的水平分布一般不会有多大的差别,只是岸边浅水区与中心区的水温可能有所不同:升温季节,浅水区水温较高;降温季节,浅水区水温较低。湖泊(水库)水温的水平分布受风力影响,使上、下风处水温明显不同。晴天下午,表层水温较高时,风的吹动会使下风表层温度高于上风表层。

水温的垂直分布有明显的季节特点。尤其是在我国北方地区,夏季一般上层水温高,下层低,形成水温的正分布;冬季则上层低,下层高,形成水温的逆分布;春、秋季节以上下水温几乎相同为特征,称为全同温。现在按照春、夏、秋、冬四个季节水温典型分布的形成及特点加以讨论。其中盐度为 24.9 的海水,密度最大时的温度与冰点均为 -1.35℃,且含盐量上下均匀。

(1)冬季的逆分层期

我国北方地区的湖泊、水库都可封冻,表面形成冰盖,冰盖下是接近冰点的水。水温随深度增加而缓慢升高,到底层水温可以达到或小于密度最大时的温度。对于淡水,紧贴冰下的水是 0℃,底层水温可等于或小于 4℃,如图 3-1 中(d)所示。海水($S=35$)的冰点为

-1.9℃,密度最大时的温度低于冰点,结冰时上下水温都达到冰点,底层水温不会比表层高。盐度超过24.9的海水也是这种状况,只是冰点有所不同。

我国海南岛及广东、广西的一些地区,冬季水温可保持在4℃以上,就不存在水温的逆分布现象。

(2)春季全同温期

春季气温回升,大地转暖,太阳辐射使冰盖融化后,将使表层水温升高。水温在密度最大的温度以下时,温度的升高会使密度增大,表面温度较高的水就会下沉,下面温度较低的水就会上升,形成密度流。密度流使上下水对流交换,直到上下水温都是密度最大时的温度为止[图3-1(a)]。此后,表层水温进一步上升,密度就会减小,不会产生密度流。如果此时有风的吹拂,可克服热阻力产生涡动混合,继续使上下水层混合,把上层得到的热量带到下层,水体仍可以继续处在上下温度基本一致的状态,这时称为春季的全同温期。需要特别指出的是,当水体温度均低于密度最大的温度时(对淡水,就是低于4℃),升温期产生的密度流就足以维持水体的全同温,不必有风力的参与。

盐度高于24.9的水密度最大时的温度低于冰点。这种海水,任何水温下表面水的升温都不会产生密度流。表层冰盖融化后,因融冰表层水盐度降低,密度则更低,更不会产生密度流。盐度高于24.9的水春季的全同温需靠风力的混合作用来维持。

春季的全同温可持续到8℃、10℃,甚至15℃以上,这决定于春季的风力大小、多风天气持续的时间、水的深度和湖盆的形状等。

春季的对流混合作用可把上层丰富的溶氧带到下层,把下层富含营养盐的水带到上层,对湖泊的初级生产及鱼类的生长都很有利。

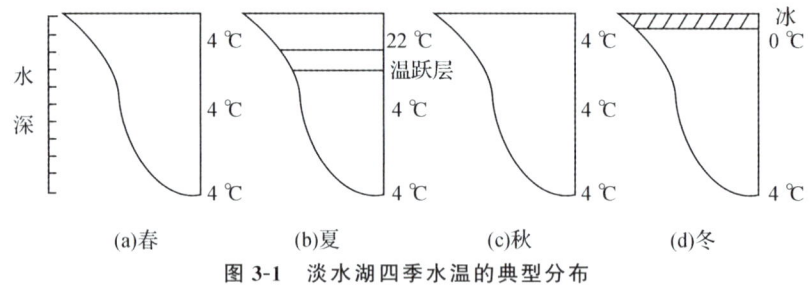

图 3-1 淡水湖四季水温的典型分布

(3)夏季正分层期(停滞期)

由于太阳辐射能量的绝大部分在表层约1 m的水层被吸收,并且主要加热表面20 cm的水层,如无对流混合作用,水中热量往下传播很慢(水的导热性小),夏季或春季如遇连续多天的无风晴天,就会使表层水温有较大的升高,这就增加了上下水混合的阻力。风力不够大,只能使水在上层进行涡动混合,造成上层有一水温垂直变化不大的较高温水层,下层也有一水温垂直变化不大的较低温水层,两层中间夹有一温度随深度增加而迅速降低的水层,称温跃层,又称间温层[图3-1(b)]。

温跃层一旦形成,就像一个屏障把上下水层隔开,使风力混合作用和密度对流作用都不能进行到底。夏季上层丰富的氧气不能传输到下层,下层丰富的营养盐也不能补充给上层。久而久之,富营养化水体下层可能出现缺氧,上层缺乏营养盐,对鱼类及饵料生物的生长均不利。温跃层形成以后,较大的风力可以使温跃层向下移动,较浅水体的温跃层就可能

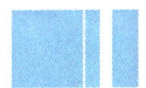

消失。

（4）秋季的全同温期

进入秋季，天气转凉，气温低于水温，表层水温要下降，密度增大，表层以下水温较高，密度较小，此时即发生密度环流。加上风力的混合作用，使温跃层以上的水层不断降温，直至温跃层消失，出现上下温度基本相同的秋季全同温状态。如果此时水温在4℃以上，表层水的进一步降温引起的密度环流可以进行到湖底，直到上下都为4℃为止[指淡水湖，图3-1（c）]。如再降温，只能发生在上层，直到表层结冰。如有风力参与，在深秋初冬时期，全同温则可以持续到4℃以下，比如2℃或1℃。秋季全同温，水体充分流转混合，上下可进行充分的物质交换，对鱼类的越冬有利。

2. 越冬池的水温

我国北方鱼类在室外越冬池越冬时，需要在冰下生活3～6个月，依地区而不同。越冬池水温对鱼类安全越冬有十分重要的作用。淡水冰下底层的水温并非都是4℃，具体水温与地区、月份、越冬池的保温条件等有关。图3-2是北方一些越冬池底层水温平均值的变化情况。实际上每一越冬池底层水温是互不相同的，平均值的变化反映了温度的变化趋势——整个越冬期底层水温先下降后回升，这与气温的变化有关。越冬池封冰初期的水温与池水封冰

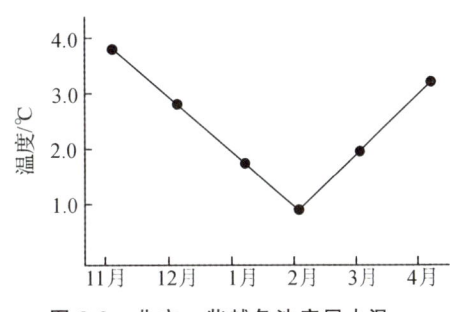

图3-2　北方一些越冬池底层水温平均值的变化情况

前受寒风吹扰程度有关。修建在开阔地上的越冬池，尤其池坝高出周围地面很多，池水也高出周围地面的越冬池，封冰时很容易受到寒潮北风的吹搅，在封冻前池水上下整体降温。这种降温使池水的热量在初期就散失，对整个冬季的保温不利。尤其在寒潮袭击，持续吹刮—8～—7℃大风时，水温可能急速极度降低。在齐齐哈尔有发现底层水温0.5℃，表层水上漂冰凌的情况。当风力变小，表面全部被冰封住后，底层水水温又会逐渐回升，底层可到2～3℃，但这样的水层不厚。这是北方地区封冰前后由于寒潮风力引起的迅速极度降温后又升温的现象。这种极度降温对越冬生物的安全越冬很不利。

北方地区海水池塘的室外越冬比淡水池塘情况复杂，因为最大密度的温度随盐度升高而快速下降，由高于冰点变为低于冰点。盐度为35的海水冰点为—1.9℃，最大密度温度为—3.5℃。在秋末冬初降温过程中，如果池水盐度均匀，上下水温将同时下降（全同温），密度流可以一直持续到上下均为—1.9℃，然后表层再结冰，不需要依靠风力的吹刮。这对安全越冬是很不利的。为了在底层保持较高的水温，应该使上下盐度有差异——依靠底层水较高的盐度来维持较高水温（用增加盐度的"增密"补偿升高温度的"降密"）。可见，室外海水越冬池底层保温的关键是添加低盐度的海水或者淡水。

3.1.2　水温对水体的影响

水体不仅包括水，还包括水中溶存的物质、底泥、水生生物等。水温对水体的影响可包括两个方面：一方面会对水中的水生生物有直接的影响，另一方面对水中化学物质的存在形态也产生影响，并进而影响到水中的生物。

1. 水温对水中生物的影响

绝大多数水生动物都属于变温动物,它们的体温和水温相等或相近。水环境温度能够影响水生生物的行为、摄食、成长及繁殖。

(1)水温对水生动物摄食的影响

在适温范围内,水生动物摄食量与水温成正比。表 3-1 为尼罗罗非鱼在各种温度条件下的摄食量,当水温从 18℃提高到 30℃,罗非鱼的摄食量从其体重的 0.8%增加到 3.0%;但水温继续升高至 33～35℃时,摄食量反而减少至其体重的 2.7%。由此可见,30～32℃是尼罗罗非鱼最佳摄食水温。

表 3-1　尼罗罗非鱼在各种温度条件下的摄食量

水温/℃	摄食量(占体重比例)/%	水温/℃	摄食量(占体重比例)/%
18～20	0.8	27～29	2.5
21～23	1.4	30～32	3.0
24～26	2.0	33～35	2.7

(2)水温对水生动物生长的影响

每种水生动物都有其最宜的生长温度,在最适生长温度范围内,随着温度的升高,新陈代谢加强,摄食量增加,生长速度加快。同时,每种水生动物也有其生存耐受温度范围,超出了生存耐受温度范围就会出现低温或高温致死。表 3-2 所示是几种水生动物的适温范围、低温致死温度以及高温致死温度。

表 3-2　几种水生动物的适温范围、低温致死温度以及高温致死温度

种类	适宜温度/℃	低温致死温度/℃	高温致死温度/℃
三文鱼	12～16	6～7	23～26
虹鳟	10～16	0～4	22～26
鲤鱼	23～27	0～10	31～36
沟鲶	26～30	0～10	35～40
罗非鱼	28～32	7～12	36～42
海鲈	22～27	2	32
美国红鱼	22～25	2～9	35
斑节虾	28～33	13	35

因此,能决定鱼类最适生长温度的是鱼的种类。按照以上鱼类的适温范围不同可分为三种,分别为:

冷水性鱼类:适温<15℃,如三文鱼、鲑鱼、鳟鱼等。

温水性鱼类:适温 15～25℃,如美国红鱼、海鲈等。

暖水性鱼类:适温 25～35℃。如罗非鱼、热带鱼等。

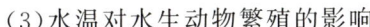

（3）水温对水生动物繁殖的影响

每种鱼类在某一地区开始产卵的温度是一定的,低于该温则不能产卵,具有一定的温度阈值。同时,同种鱼达到性腺成熟期的积温也基本一致。因此,在我国南方或温热水培育的亲鱼,持续水温高,性腺发育成熟早,也可提前产卵。在我国,长江流域家鱼产卵水温为18℃。

水温的高低还直接决定着受精卵的孵化时间,在适温范围内,水温越高孵化时间越短。如金鱼在水温15～16℃时,孵化需要7天的时间;当水温升高至23～25℃时,孵化时间仅需2天。

2. 水温对水中化学成分的影响

（1）水温对水体溶解氧含量的影响

溶解氧被认为是湖泊最重要的水质参数,反映一个水体的整体生态健康状况。根据气体在水中的溶解规律,水温升高会降低水体溶解氧含量;同时,水温升高,水生生物的新陈代谢增强,呼吸加快,有机物的耗氧率也明显增高,将导致更低的溶解氧浓度,池塘等小水体就容易产生缺氧现象,尤其是夏秋季节。

（2）水温对水体 pH 值及氨氮含量的影响

无机氮是浮游植物光合作用制造有机氮所必需的营养物质之一,浮游植物同化作用首先利用的是氨态氮（包括非离子氨 NH_3 和离子铵 NH_4^+）,但水体中的非离子氨（NH_3）含量过高会破坏水生动物的鳃组织,并渗进血液,降低血液载氧能力,使呼吸机能下降,而离子铵（NH_4^+）对鱼虾几乎没有毒性。在水体 pH 值小于 7 时,氨态氮以 NH_4^+ 为主;pH 值大于 11 时,主要以 NH_3 形式存在。随着水温升高,pH 值升高呈碱性,且变化无序,NH_3 总量明显升高,且水温越高,变化越显著,容易造成水生生物死亡。高温季节水产养殖过程应采取合理的 pH 值调控措施,严防水体非离子氨含量过量而造成养殖对象死亡。

3.1.3　水体温度的测量

水温的测定通常采用《水质　水温的测定　温度计或颠倒温度计测定法》（GB/T 13195-1991）。测量应在现场进行。常用的测量仪器有水温计、深水温度计、颠倒温度计和热敏电阻温度计等。

各种温度计应定期校核。

1. 表层水温测量

表层水温通常用水温计测定。水温计是安装于金属半圆槽壳内的水银温度表,如图 3-3 和图 3-4（a）所示,下端连接一金属注水杯,温度表水银球部悬于杯中;顶端槽壳带一圆环,拴以一定长度的绳子。测温范围通常为－6～40℃,最小分度为 0.2℃。测量时将其插入一定深度的水中,放置 5 min 后,迅速提出水面并读数,特别是当气温与水温相差较大时,应注意立即读数,避免受气温的影响。必要时重复插入水中,二次读数。

注意,当现场气温高于 35℃或低于－30℃时,水温计在水中的停留时间要适当延长,以达到温度平衡;在冬季的东北地区,读数应在 3 s 内完成,否则水温计表面形成薄冰会影响读数的准确性。

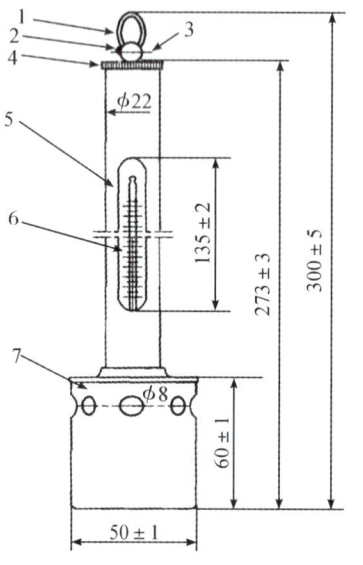

1—提环；2—销钉；3—开口销；4—帽头；
5—表管；6—温度表；7—贮水筒

图3-3　表层水温计

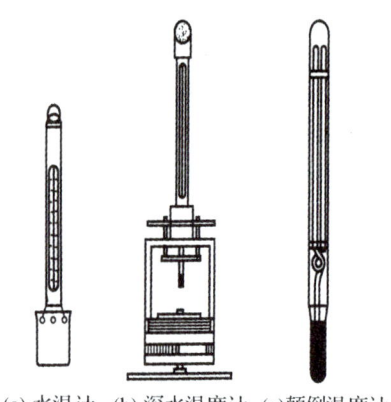

(a) 水温计　(b) 深水温度计　(c)颠倒温度计

图3-4　水温度计

2. 深层水温测量

常采用深水温度计、颠倒温度计测定。

深水温度计适用于水深 40 m 以内的水温测量。其结构与水温计相似，如图 3-4（b）所示。盛水筒较大，并有上、下活门，利用其放入水中和提升时的自动开启和关闭，使筒内装满所测温度的水样。测量范围为 −2～40℃，分度为 0.2℃。测量时将深水温度计投入水中，与表层水温的测定步骤相同。

颠倒温度计用于测量水深在 40 m 以上水体的各层水温，一般需装在颠倒采水器上使用。由主温表和辅温表构成，装在厚壁玻璃套管内，如图 3-4（c）所示。主温表是双端式水银温度计，用于观测水温，测量范围 −2～32℃，分度为 0.10℃；辅温表为普通水银温度计，用于观测读取水温时的气温，以校正因环境温度改变而引起的主温表读数的变化，测定范围一般为 −20～50℃，分度为 0.5℃。测量时，将颠倒温度计随颠倒采水器沉入一定深度的水层，放置 10 min 后，使采水器完成颠倒动作，提出水面后立即读数（辅温读至一位小数，主温读至两位小数），并根据主、辅温表的读数，用海洋常数表进行校正。

3.1.4　水体温度的调控

控制塘水温度对鱼类养殖非常重要，因为水环境温度能够影响鱼群的行为、摄食、成长及繁殖。据美国普度大学研究，在合理范围内，水温每升高 11℃，鱼类的摄食量就会加倍。能决定鱼类最适生长温度的是鱼的种类，即该种鱼是冷水种还是温水种。

对于冷水鱼，如鲑鱼和鳟鱼，最适生长温度在 9～18℃之间；对于凉水鱼如黄鲈，最适生长温度在 15～30℃之间；而像罗非鱼这种温水鱼，最适生长温度则在 24～32℃之间。

水体的温度受外界环境的影响较大,要调控大面积的水体的温度较为困难,如大洋、河流等。但对于较小范围的水体如养殖池等,则可适当调控水温,使水温更适合水中生物的生长发育。

上下层温差大时,用增氧机、水泵或者人工搅动上下水层。

提高水温:可通过覆盖塑料棚(保温膜)、加热棒等电加热设施的使用来局部提高水温。

降低水温:引入较低温度的水,加强通风散热,采用空调等。

3.2 任务二 水的臭(味)

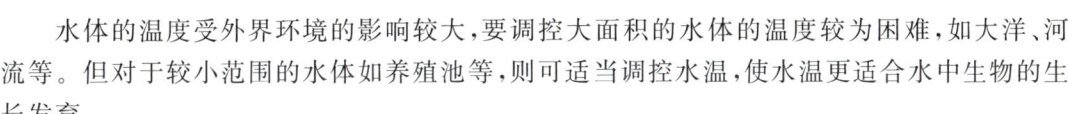

3.2.1 水的臭(味)的来源

无色无臭的水虽不能保证其不含污染物,但有利于使用者对水质的信任。臭是检验原水和处理水的水质必测项目之一。检验臭对评价水处理效果也有意义,并可作为追查污染源的一种手段。

水中产生臭的物质是由于生活污水和工业废水污染、天然物质分解或微生物、生物活动的结果,主要有:水中动植物和微生物的大量繁殖、死亡和腐败;溶解气体如硫化氢、沼气、氨气等;矿物盐类如铁盐、锰盐等;含酚、煤焦油等的工业废水;饮用水进行氯消毒时,过量的氯会产生不愉快的气味,尤其水中同时含有酚时会产生氯酚臭气。大多数臭很复杂,很难确定产臭物质的化学组成。

3.2.2 臭(味)的测定

测定臭(味)的方法有定性描述法和近似定量法(臭阈值法)。

1. 定性描述法

取一定量水样于锥形瓶中,检验人员依靠自己的嗅觉闻其气味,用适当的词语描述气味特征,并查表3-3得出臭强度。又分冷法和热法。

冷法:取 100 mL 水样于 250 mL 锥形瓶中,调节水温 20℃ 左右,振荡后从瓶口闻其气味,用适当的文字描述,按表3-3记录强度等级。

同时,取少量水样放入口中(只适用于对人体健康无害的水样),不要咽下,品尝水的味道,予以描述,按表3-3记录强度等级。

热法:取 100 mL 水样于 250 mL 锥形瓶中,瓶口上盖一表面皿,在电炉上加热至沸腾,取下锥形瓶,稍冷后闻其气味,用适当的文字描述,按表3-3记录强度等级。

2. 臭阈值法

用无臭水稀释水样,直至闻出最低可辨别臭味为止。水样稀释到刚好闻出臭味时的稀释倍数称为"臭阈值"。

$$臭阈值 = \frac{水样体积 + 无臭水体积}{水样体积}$$

表 3-3　臭(味)的强度等级

等 级	强 度	说 明
0	无	无任何臭和味
1	微弱	一般饮用者难以察觉,嗅觉敏感者可以察觉
2	弱	一般饮用者刚能察觉
3	明显	已能明显察觉,不加处理不能饮用
4	强	有很明显的臭味
5	很强	有强烈的恶臭

操作要点:用水样和无臭水在具塞锥形瓶中配置水样稀释系列(稀释倍数不要让检验人员知道),在水浴上加热至(60 ± 1)℃;检验人员取下锥形瓶(手上不能有异臭,不要触及瓶颈),振荡 2~3 次,去塞,闻其气味,与无臭水比较,确定刚好闻出臭气的稀释样,计算臭阈值。

检验人员嗅觉敏感性有差异,往往对同一水样稀释系列就检验结果会不一致,因此一般选择 5~10 名嗅觉敏感的人员同时检验,取其几何均值为代表值。检验人员的嗅觉灵敏程度可用邻甲酚或正丁醇试验,嗅觉迟钝者不能入选。在检验前,必须避免外来气味的刺激,如在检验前不能吃东西,不能受香皂、香水、修脸剂等有气味的东西影响。

无臭水的制取:自来水或蒸馏水通过颗粒活性炭。自来水中的余氯可用硫代硫酸钠溶液滴定脱除。市售蒸馏水和去离子水不能直接作为无臭水。

3.3 任务三 水中的悬浮物质

许多江河由于水土流失,水中悬浮物大量增加。地表水中存在的悬浮物会使水体浑浊,降低透明度,影响水生生物的呼吸和代谢,严重的会造成鱼类窒息死亡;悬浮物多时,还可能造成河道阻塞。造纸、皮革、冲渣、选矿、粉碎和喷淋除尘等工业操作中产生大量含无机、有机的悬浮物废水。因此,在水和废水处理中,测定悬浮物(SS)具有特定意义。

3.3.1 水中悬浮物的组成及来源

悬浮物(suspended solids)指悬浮在水中的固体物质,颗粒直径在 0.1~100 μm 之间的微粒,肉眼可见,是衡量水污染程度的指标之一。

悬浮物分无机和有机两大部分。无机部分包括陆源矿物碎屑(例如石英、长石、碳酸盐和黏土)、水生矿物碎屑(例如沉淀的海绿石和钙十字石等硅酸盐类)。有机部分大多数是碎屑颗粒(有机碎屑),主要是生物残骸(组织)、排泄物和分解物,由纤维素、淀粉等碳水化合物、蛋白质、类脂物质和壳质等所组成,还包括一些外来有机质粒(例如饵料颗粒)。此外,有机部分还包括浮游植物、浮游动物、浮游细菌等水中的微生物。

许多江河由于水土流失,水中无机类悬浮物(泥沙、黏土等)大量增加。养殖、造纸、皮革、冲渣、选矿、粉碎和喷淋除尘等工业操作产生大量含无机、有机的悬浮废水。此外,人类

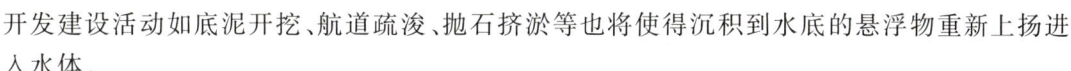

开发建设活动如底泥开挖、航道疏浚、抛石挤淤等也将使得沉积到水底的悬浮物重新上扬进入水体。

3.3.2　悬浮物对水生生物的影响

1. 正面影响

浮游动植物、外来有机质粒和水生生物死体或其代谢产物所形成的有机碎屑(腐屑)是水生动物的食物源之一,悬浮腐屑量常常决定着浮游动物的产量,沉积水底的腐屑又是摇蚊幼虫、水蚯蚓、螺类等底栖动物的主要食物。腐屑经过细菌的分解作用又可丰富水中氮、磷等生源物质的浓度,从而促进浮游植物(或水草)的繁殖生长。因而,在其他水质指标正常的情况下,有机悬浮物可促进水体生产力的提高。

2. 负面影响

(1)直接负面影响

水中悬浮物浓度过高,可直接黏附在动物身体表面干扰动物的感觉功能,有些黏附甚至可引起动物表皮组织的溃烂;通过动物呼吸,悬浮物可以阻塞鱼类的鳃组织,造成呼吸困难;某些滤食性动物,只有分辨颗粒大小的能力,只要粒径合适可吸入体内,如果吸入的是泥沙,就有可能因饥饿而死亡;细微颗粒会黏附在鱼卵的表面,妨碍鱼卵呼吸,不利于鱼卵的孵化,从而影响鱼类繁殖。根据有关研究资料,水体中悬浮物含量大于 100 mg/L 时,水体浑浊度将比较高,透明度明显降低,若高浓度持续时间较长,将影响水生动、植物的生长,尤其对幼鱼苗的生长有明显的阻碍,可导致死亡;当悬浮物含量达到 1000 mg/L 以上,鱼类的鱼卵能够存活的时间将很短。

(2)间接负面影响

水体悬浮物增加,水体透明度下降,削弱了水体的真光层厚度,对浮游植物的光合作用产生不利影响,进而妨碍浮游植物的细胞分裂和生长,降低单位水体内浮游植物数量,导致局部水域内初级生产力水平降低和溶解氧含量降低。

浮游植物生物量的减少,会使以浮游植物为饵料的浮游动物的生物量也相应减少,以这些浮游生物为食的一些鱼类等由于饵料的贫乏而导致资源量下降。而且,以捕食鱼类为生的一些高级消费者,也会由于低营养级生物数量的减少而难以觅食。可见,水体中悬浮物质含量的增加,对整个水生生态食物链的影响是多环节的。

同时,悬浮物中的有机成分太高,则易造成水体富营养化,发生水华或赤潮。

《渔业水质标准》(GB 11607-89)规定,在渔业水域,悬浮物人为增加的量不得超过 10 mg/L,而且悬浮物质沉积于底部后,不得对鱼、虾、贝类产生有害的影响。

3.3.3　水中悬浮物的测定

悬浮物(SS)指不能通过孔径为 0.45 μm 滤膜的固体物。用 0.45 μm 滤膜过滤一定体积的水样,经 40~50℃烘干,留在滤膜上的悬浮物重量与水样体积之比即为悬浮物含量。

注:滤膜烘干的温度,《海洋监测规范》(GB17378.4-2007)中规定为 40~50℃,《水和废水监测分析方法》中规定为 103~105℃。

悬浮物(SS)测定流程如图 3-5 所示:

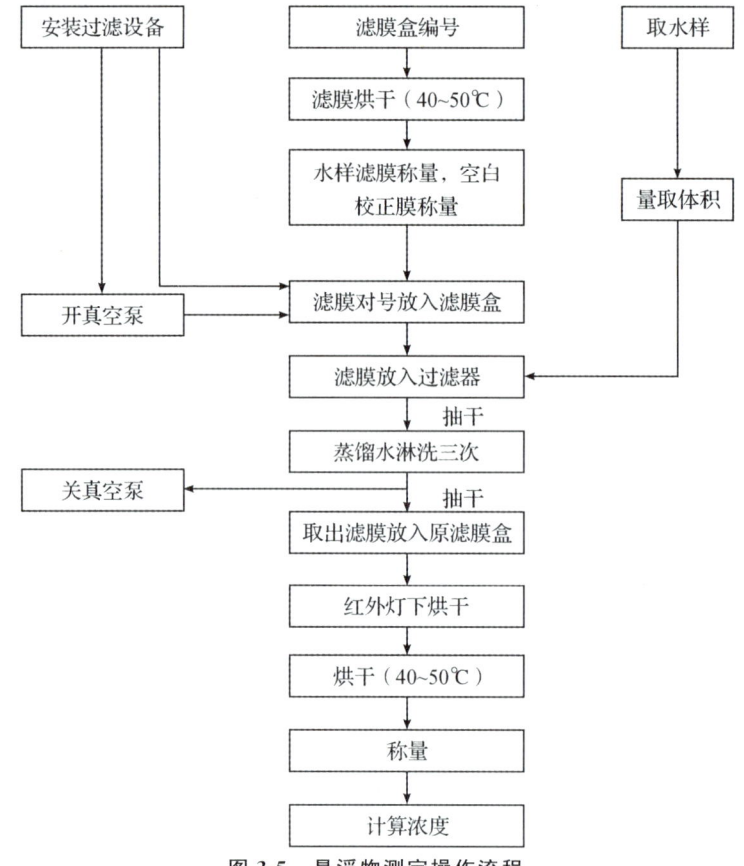

图 3-5　悬浮物测定操作流程

悬浮物(SS)测定具体步骤详见《水质监测与调控技术实训》。

3.3.4　水中悬浮物的去除

水中悬浮物的去除方法要根据悬浮物的状态和粒径来选择。一般对于粒径较大的悬浮物质,可以直接用沉淀的方法,使悬浮物在重力的作用下下沉,再进行过滤或砂滤。但对于粒径较小的悬浮物质,能在水中长期保持分散悬浮状态,可采用高聚的铝盐、铁盐等作为絮凝剂,使细小悬浮物凝聚至一定质量后沉淀,再进行过滤或砂滤。

3.4 任务四 水的浊度

浊度指水中悬浮物对光线透过时所发生的阻碍程度,其大小与水中含有的泥沙、黏土、有机物、无机物、浮游生物和微生物等悬浮物的量及粒径等因素有关。

3.4.1　浊度的测定

常用测定方法有目视比浊法、分光光度法、浊度计法。待测水样中应无碎屑和易沉颗

粒,如所用器皿不清洁,或水中有溶解的气泡和有色物质时干扰测定。

取样后应尽快测定。如需保存,可 4℃冷藏,暗处保存 24 h,测试前要剧烈振摇水样并恢复到室温。

1. 分光光度法测浊度

该方法适用于饮用水、天然水及高浊度水,最低检出浊度为 3 度。

基本原理:一定量的硫酸肼$[(N_2H_4)H_2SO_4]$(致癌)与六次甲基四胺$[(CH_2)_6N_4]$聚合,生成白色高分子聚合物,以此配制浊度标准溶液,分光光度计 680 nm 处的吸光值与浊度成正比。

操作要点:10 mg/mL 硫酸肼溶液(1.000 g 硫酸肼溶于水,定容至 100 mL)和 100 mg/mL 六次甲基四胺溶液(10.00 g 六次甲基四胺溶于水,定容至 100 mL)各 5 mL,于 100 mL 容量瓶中混匀,于(25±3)℃下静置反应 24 h,冷却后用无浊度水稀释至标线,混匀,此液即为浊度为 400 度的浊度标准贮备液。用该浊度贮备液配制系列浊度标准溶液(视水样浊度高低确定浊度范围),于 680 nm 波长处测定各吸光度,绘制吸光度—浊度标准曲线;水样也测定 680 nm 波长处的吸光度,在标准曲线上查出相应浊度。

无浊度水制备:将蒸馏水通过 0.2 μm 滤膜过滤,收集于用滤过水荡洗两次的烧瓶中。

2. 目视比浊法测浊度

该方法适用于饮用水、水源地等低浊度的水,最低检出浊度为 1 度。

基本原理:规定 1 000 mL 水中含 1 mg 一定粒度的硅藻土(或白陶土、高岭土)所产生的浊度为 1 度。将水样与用硅藻土(或白陶土、高岭土)配制的标准浊度溶液进行目视比较。

测定要点:配制浊度标准贮备液和系列浊度标准溶液(视水样浊度高低确定浊度范围)。取与浊度标准溶液等体积的摇匀水样或稀释水样,对照系列浊度标准溶液观察比较,选出与水样产生视觉效果相近的标准溶液,其浊度即为水样的浊度。

3. 浊度计法测浊度

浊度计是依据浑浊液对光进行散射或透射的原理制成的测定水体浊度的专用仪器,即以一定光束照射水样,其透射光的强度与无浊纯水透射光的强度相比较而定值。可用于水体浊度的连续自动测定。

在《海洋监测规范》(GB17378.4-2007)中指定该方法为仲裁方法。

浊度计的使用步骤、方法见《水质监测与调控技术实训》。

要定期用标准浊度溶液进行校正。

该浊度单位为 NTU。

1 NTU＝1 mg/L 白陶土所产生的浑浊度。

3.4.2 浊度的调控

天然水经过絮凝、沉淀、过滤等处理可以降低浊度,变为澄清。常用高聚的铝盐、铁盐为絮凝剂。

由于浊度反映的是悬浮物的含量及粒径,其调控同悬浮物。

3.5 任务五 水的透明度

透明度指水样的澄清程度,测量时以透明度盘在水中的最大可见深度为透明度值。

洁净的水是透明的,水中存在悬浮物和胶体时,透明度降低。透明度与浊度相反,水中悬浮物越多,则浊度就越高,而透明度越低。

在水域生态学中通常用透明度来反映可见光在水中的衰减状况。清澈的海水与湖水,透明度可达十多米;透明度小的池水,透明度只有 $20\sim30$ cm;浑浊的黄河水,透明度只有 $1\sim2$ cm。一般可以粗略认为,在相当于透明度深度处的照度只有表层照度的 15% 左右。

人们把光照充足,光合作用速率大于呼吸作用速率的水层,称为真光层。在这水层中植物光合作用合成的有机物多于呼吸作用消耗的有机物,有机物的净合成大于零。这一水层又叫营养生成层。而光照不足,光合作用速率小于呼吸作用速率的水层,称为营养分解层。这一水层的植物不能正常生活,有机物的分解速率大于合成速率。

有机物的分解速率等于合成速率的水层深度称为补偿深度。粗略地说,补偿深度平均大约位于透明度 $2\sim2.5$ 倍深处。补偿深度为养殖水体的最适水深提供了理论依据。

3.5.1 水体透明度的测量(透明圆盘法——塞氏盘法)

透明度盘:一块漆成白色(图3-6)或黑白相间(图3-7)的木质或金属圆盘,直径30 cm。盘下拴铅锤(约5 kg),盘上系绳索,绳索上标有以米为单位的长度记号。绳索长度可根据水体透明度而定,一般取 $30\sim50$ m。

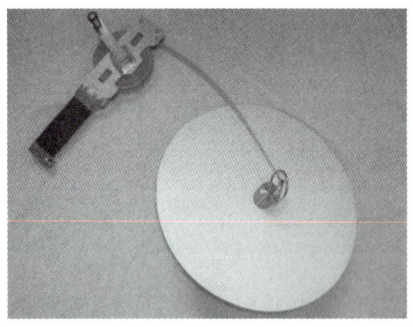

图3-6 透明度盘(白)

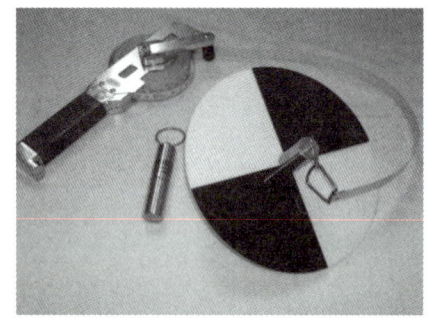

图3-7 透明度盘(塞氏盘)

测量方法:在背阳光处,将透明度盘慢慢放入水中,沉至刚看不见的深度,然后再慢慢提到隐约可见处,读取绳索在水面的标记数值,重复 $2\sim3$ 次,取平均值即为观测的透明度值。

3.5.2 水体透明度的调控

洁净水体要求透明度高,用降低水体悬浮物含量的方法,可增加透明度。

对于养殖水体,由于悬浮泥沙含量少,水体透明度主要取决于浮游生物和有机碎屑的含量,因此并非透明度越高越好,一般要求在 $20\sim40$ cm 为宜。透明度在 20 cm 以下,说明水体中有机碎屑含量高,浮游生物过多,甚至存在污染,易引起水质恶化,可通过换水,或用净水的生物制剂、生石灰或碘制剂,降低有机碎屑及浮游生物含量;透明度在 40 cm 以上,说明浮游植物过少,水体初级生产力不足,一般认为是"瘦水",可适量换水、施肥,并引入藻相较好的藻液,适量施培藻基。

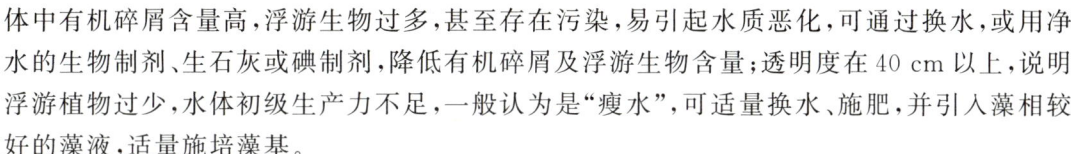

3.6 任务六 水的色度

3.6.1 水的色度来源

纯水或清洁水无色透明。清洁水在水层浅时为无色,当水深较深时,可见光进入水体后,波长较长的波段(红、橙、黄)被水体吸收,而波长较短的波段(绿、蓝)被反射,水体因此而呈现出浅蓝绿色、蓝色甚至深蓝色。

天然水中存在溶解物质、胶态物质及悬浮物质,天然水的水色是水中溶存的这些物质对阳光光谱吸收程度的综合反映。如低铁化合物使水成为淡蓝绿色,高铁化合物及四价锰化物使水呈黄色,而富有钙、铁、镁盐的水呈黄绿色,沼泽水由于含腐殖质而呈黄褐色,含泥沙多的水呈土黄色等。而浮游生物大量繁殖的水,则由于生物体内含有不同的色素细胞而呈现不同的颜色,如黄褐色水的指标生物是隐藻类,绿色水的指标生物是绿藻、蓝藻类,红色水的指标生物是甲藻、裸藻类等。其中,浮游生物的种类和数量是反应大多数天然水水色的主要原因,且随着时间的推移和天气的变化,水生浮游植物的种群的种类和数量亦发生变化,水色也因之而发生变化。

工业废水如纺织、印染、造纸、食品、有机合成工业等废水中含有大量的染料、生物色素和有色悬浮微粒等,且含量较大,使得工业废水常常具有较高的色度。这些工业废水进入环境水体,也会使水体着色。色度不一定都对人体有害,但会使工业品尤其是轻工业品如食品、造纸、纺织、饮料工业等产品质量降低;有色废水排入环境后又使天然水体着色,减弱水体的透光性,影响水生生物的生长。色度是重要的水污染指标之一,许多国家和水质标准都对色度提出了要求。

水色分为"表观颜色"(也叫表色,或虚色、假色)和"真实颜色"(也叫真色)。表色是指没有去除悬浮物的水所具有的颜色,真色是指去除悬浮物后水的颜色。

3.6.2 色度的测定

水的颜色测定通常采用《水质 色度的测定》(GB/T 11903-89)和《生活饮用水标准检验方法》(GB/T 5750-2006)中规定的方法,即铂钴标准比色法和稀释倍数法。两种方法独立使用,没有可比性。

大洋和近岸海水水色采用《海洋监测规范》(GB 17378.4-2007)中规定的比色法测定。

因 pH 值对颜色有较大影响,在测定颜色的同时应测定 pH 值。

1. 铂钴标准比色法

适用于测定较清洁的、带有黄色色调的天然水和饮用水的色度。规定每升水中含 1 mg

铂和 0.5 mg 钴所具有的颜色为 1 度。

用氯铂酸钾（K_2PtCl_6）与氯化钴（$CoCl_2 \cdot 6H_2O$）配成色度为 500 度的铂钴标准溶液，并用该标准溶液配制色度分别为 0、5、10、15、20、25、30、35、40、45、50、60、70 的标准色列（方法详见《水质监测与调控技术实训》，厦门大学出版社，2011.12），石蜡封口保存。

水样装在与色列管相同的 50.0 mL 比色管中，置于白瓷板或白纸上目视比色。选出与水样颜色相同的标准色列管，其色度即为水样的色度。

水样应放置澄清后取上清液测定，也可用离心法或用孔径 0.45 μm 滤膜除去悬浮物，但注意不能用滤纸过滤（滤纸可吸附部分溶解于水的颜色）。

如水样色度较大，可酌情少取水样，用纯水稀释至 50.0 mL。稀释后的水样色度乘以稀释的倍数即为该水样的色度。

若水样为其他颜色，无法与标准色列比较，则可用适当的文字描述，如淡红色、深绿色等。

2. 稀释倍数法

适用于受工业废水污染的地表水和工业废水颜色的测定。

方法：除去树叶、枯枝等杂物后，先用文字描述水样颜色的种类和深浅程度；然后取一定量水样于 50.0 mL 比色管中，用蒸馏水稀释到刚好看不到颜色，根据稀释倍数表示该水样的色度。单位为"倍"。

取样后应尽快测定，否则，于 4℃ 保存并在 48 h 内测定。

3. 比色法

选自《海洋监测规范》（GB 17378.4-2007），适用于大洋和近岸海水水色的测定。

海水水色指位于透明度值一半的深度处，白色透明度盘上所显现的海水颜色。水色的观测只在白天进行，观测地点应选在背阳光处，并避免受船只排出污水的影响。

水色采用水色计（图 3-8）目测确定。水色计由蓝色、黄色和褐色三种溶液按一定比例配成 22 个不同色级，分别密封在 22 支内径 8 mm、长 100 mm 的无色玻璃管内，置于敷有白色衬里的两开盒中。

测定方法：观测透明度后，将透明度盘提到透明度值一半的水层，根据透明度盘上所呈现的海水颜色，在水色计中找出与之最相似的色级号码，即为该海区水色。

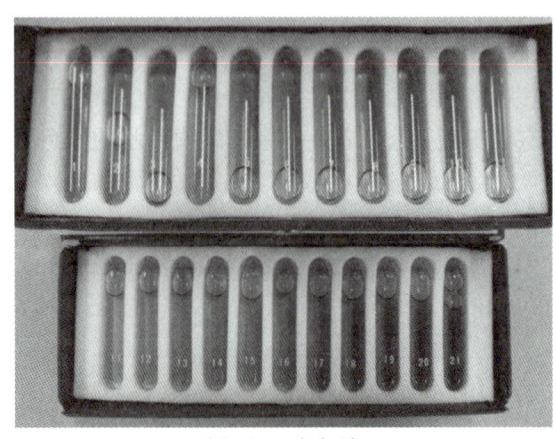

图 3-8　水色计

3.6.3　色度的调控

饮用水需经过沉淀、过滤、絮凝、吸附等步骤使色度低于 15 度。

养殖用水水色主要决定于水中浮游植物种类及生物量。当水中浮游生物的种群和数量不同时,水体就呈现不同的颜色和浓度,通过明辨优劣水色看水质。

养殖优良水色主要有茶褐色、黄绿色、淡绿色和草绿色等。茶褐色水所含的藻类以硅藻门为主,是养殖的最佳水色,但由于硅藻对水体变化适应性弱,该水色不稳定,维持时间短。淡绿色和草绿色水所含的藻类主要以绿藻门为主,绿藻可以大量吸收氮肥,起到净化水体的作用,此种水色较稳定。黄绿色水则兼备了硅藻与绿藻的优势,水色稳定,营养丰富,是养殖者所期望的水色。以上水色的水质都较好,水体中所含有的浮游植物一般都是鱼类易消化的种类。但如果水色太绿(如墨绿色),则说明水色已老,需及时换水,或加注新水,或者用氯制剂全池泼洒来控制池水中绿藻的数量。

养殖不良水色主要有:

(1)蓝绿色或老绿色:是水中蓝绿藻或微囊藻大量繁殖造成的,水质浓浊,透明度在 20 cm 左右,在下风处水表层往往有少量绿色悬浮细末,易变成"铜绿水"。这种水体要开始进行水质调控,否则水质很快老化,藻类易死亡,遇到连续阴雨天气,藻类死亡后在池塘表面会漂浮一层黑色或灰色浮膜。

(2)灰绿、灰蓝或暗绿色:有害藻类浓度大,并开始死亡,水面呈现浮油污状物。

(3)酱红色和黑褐色:这两种水色主要由一些鞭毛藻类(如裸藻、隐藻等)形成。主要原因是投饵量过大,有机物过多导致水体发黑。这种水色底质恶化,极易发生水变而导致养殖动物缺氧和氨氮、亚硝酸盐中毒,必须进行水质调控。

(4)黄色:水体中含甲藻、金藻等鞭毛藻。池中积存太久的有机物,经细菌分解,池中 pH 下降时易产生此水色。

(5)白浊水:水中有害微生物大量繁殖或浮游动物繁殖过剩,藻类被浮游动物消耗致水体缺氧,浮游动物过度活动引起,或水中含纤毛虫、轮虫、桡足类浮游生物及黏土微粒或有机屑较多。此种水色极易得病,需进行水质调控。

(6)澄清水:水质清瘦,透明度很大。造成澄清水的因素很多,比如池底长青苔,水体受到受重金属污染而造成浮游生物无法生长;使用地下水或过滤海水,缺乏藻种;酸性水源流入养殖池,水 pH 值偏低,以及水体中捕食藻类的浮游动物密度太大,或者是过量使用了某种消毒药品。但是最常见的是青苔水,青苔大量消耗水体养料,使池水清瘦,浮游生物无法繁殖。

从以上不良水色产生的原因来看,基本上可归结为某种或某几种因素导致有益藻种缺乏或有害藻种大量繁殖,应根据养殖品种的生长需求,通过培育有益藻种、消杀有害藻种、净化水质等措施来进行水色调控。

3.7 任务七 水的盐度

化学上的盐,是指由金属阳离子(包括铵根)和酸根阴离子组成的化合物。

大多数淡水中的主要离子一般有 4 种阳离子(Ca^{2+}、Mg^{2+}、Na^+、K^+)和 4 种阴离子(HCO_3^-、CO_3^{2-}、SO_4^{2-}、Cl^-)。特殊情况下,可能含有比较多的 NO_3^-、NH_4^+ 或 Fe^{2+} 等离子。构成海水溶解成分的常量元素除 H、O 以外,有 Cl、Na、K、Mg、Ca、S(SO_4^{2-})、C(HCO_3^-)、F、B($H_4BO_4^-$)、Br 和 Sr 11 种。它们的含量高于 50 $\mu mol/kg$。这些成分在海水中大多以离子或离子对形式存在。这些离子和离子对共同组成了水的含盐量。

含盐量是天然水的一项重要水质指标,是天然水中可溶性的各种盐类的总称,它与水的许多其他性质,如化学成分的含量、密度、相对密度、导电性、对光的折射、对声波的传播等都有关系。含盐量也影响到天然水的生态学性质和水的可利用价值。

3.7.1 反应天然水含盐量的参数及含盐量的分布

反映天然水含盐量的参数通常有离子总量、矿化度、盐度和氯度。其中离子总量、矿化度是反应淡水含盐量的参数,盐度和氯度是反应海水含盐量的参数。

1. 离子总量

离子总量指天然水中各种离子的含量总和,常用 mg/L、mmol/L 或者 g/kg、mmol/kg 等单位表示。由于含量微小的成分对离子总量的贡献通常可以忽略,因此在计算离子总量时一般只考虑主要离子成分含量。天然淡水中的主要离子指的是八大离子,包括 K^+、Na^+、Ca^{2+}、Mg^{2+} 四种阳离子和 HCO_3^-、CO_3^{2-}、SO_4^{2-}、Cl^- 四种阴离子,占水中总含盐量的 90% 以上;海水中的主要离子除了八大离子外,还包括 Sr^{2+}、Br^-、F^- 和 $H_4BO_4^-$,占水中总含盐量的 99% 以上。这些离子的含量基本上可代表水中的离子总量。

2. 矿化度

矿化度也是反映水中含盐量的一个指标,但对矿化度概念的解释目前还不统一,一般认为矿化度指"蒸干称重法得到的无机矿物成分的总量"。测定时,用过氧化氢氧化水中可能含有的有机物,再在 105~110℃ 条件下烘干剩余的残渣至恒重,最后称重得到。按照这个定义,将有 50% 的 HCO_3^- 由于发生水解反应而转化为 CO_2,因此,矿化度所表示的含盐量低于离子总量。

3. 氯度

海水样品中的氯度相当于沉淀海水样品中全部卤族元素所需纯标准银的质量与该海水样品质量之比的 0.3285234 倍,以 10^{-3} 为单位,用符号 Cl 表示。

对于海水来说,其水中主要离子之间存在这样一个关系:不论海水中溶解盐类的浓度大小如何,其主要离子浓度之间的比值几乎保持恒定,这一结论称为"海水常量成分恒定性原理"。依据这个原理,过去用氯度来计算海水的盐度,现在海水盐度有了新的独立的定义,与海水氯度没有依赖关系。而内陆水含盐量不满足"海水常量成分恒定性原理",也无法用氯度来表示内陆水的含盐量。因此,氯度的重要性逐渐降低。

4. 盐度

盐度是反映海水含盐量的指标,盐度的最初含义:当海水中的溴和碘被相当量的氯所取代,碳酸盐全部变为氧化物,有机物完全氧化时,海水中所含全部固体物的质量与海水质量之比,以 10^{-3} 或‰为单位,用符号 S‰ 表示。

盐度与氯度有一定关系,在过去,用氯度来表示海水的盐度:S‰＝1.80655Cl‰(1966年经验公式),但由氯度计算盐度的精确度不够高。1978 年,由海洋学常用表及标准联合专家小组提出了实用盐度(S)的定义,即海水的盐度是海水电导率、温度和压力的函数。电导盐度计测定的就是样品的实用盐度,其测定盐度的精度大为提高,超过了由氯度计算盐度的精度。

与海水含盐量有密切关系的水质参数还有许多,如海水的折光率、海水的密度等,因而产生了海水光学盐度计、海水密度计(比重计)等,也可用它们间接反映天然水含盐量,但准确度较电导盐度计差。

5. 天然水含盐量的分布

天然水的含盐量相差悬殊。含盐量低的,离子总量每升只有数十毫克,比如多数雨水及某些潮湿多雨地区的地面水。我国的福建、广东沿海一些河流、水库的离子总量就在 100 mg/L 以下。含盐量高的,离子总量每升水则可达数十克甚至数百克,比如大洋海水离子总量可达 35 g/L,我国新疆、四川一些地下水离子总量可达 300 g/L 以上。死海的盐度表层水可达 300 g/L,下层水可达 332 g/L。

3.7.2　含盐量对水中生物的影响

水生生物对水的含盐量有一定的适应范围,不同种类生物的适应范围不同。水中一定的含盐量是保持生物体液一定渗透压的需要,超过了生物渗透压调节的能力,生物就会"渴死"或"胀死"。

淡水鱼类只能生活在含适量盐分的水中,不同鱼类或同一种鱼类的不同生长阶段所能适应的含盐量的范围是不同的,即耐盐限度不同。例如,鲢、鳙鱼苗的耐盐上限为 2.5 g/L 左右;夏花鱼种为 3.0 g/L 左右;鲢仔鱼期为 5~6 g/L,成鱼为 8~10 g/L;草鱼耐盐性较鲢鱼强,草鱼的仔鱼期耐盐上限为 6~8 g/L,成鱼为 10~12 g/L;鳟成鱼的耐盐限度可达 30 g/L。几种淡水鱼的耐盐能力次序为:草鱼＞团头鲂＞鲢。

海水鱼在盐度过低的水中会死亡。但是有一类广盐性生物,对渗透压的调节能力很强,经过驯化,本来生长在淡水的种类可以在海水中生长,例如罗非鱼;本来生活在海水中的,可以在接近淡水的水中生长,例如花鲈、美国红鱼、中国对虾等。还有一类洄游生物,对盐度的适应有阶段性,如河蟹要在海水中产卵、孵化、发育,到大眼幼体后,到淡水中变成仔蟹,生长、成熟。

关于我国养殖的水生生物对盐度的适应性近年有很多研究。例如鲢、鳙鱼类对盐度的适应上限,根据臧维玲等(1989)的实验,认为与水的 pH 有关,随着 pH 的增大而降低。pH 为 8.00 时,鲢、鳙鱼种对盐度的 96 h TLm 值分别为 6.50 与 9.06。海水贝类的不同发育阶段对盐度的适应性也有所不同,例如,海湾扇贝 D 形幼虫生长的适应盐度范围为22~33,变态最佳盐度为 21~37(何义朝,1990)。对虾育苗对海水盐度也有一定要求,据臧维玲等(2002)研究,日本对虾幼体最适盐度范围为 10.2~26.9,盐度 20.3 时增长率与

增重率最大。中华绒螯蟹育苗的适宜盐度为12～29,过高过低也都使出苗率迅速下降。南美白对虾最适生长盐度为6‰～6.17‰(对应 $\rho=1.003$)。

黎道丰等(2000)通过对内陆15个盐度、碱度不同的典型水体中鱼类区系结构和主要经济鱼类生长的比较和分析表明,鱼类的区系结构、种类数量和生长速度与水体盐碱度的高低有着密切关系,盐碱度高的水体鱼类土著的种类数较少,生长速度较慢。

必须注意,鱼的耐盐限度还同盐分的组成有关。例如含 HCO_3^-、CO_3^{2-} 较多的水,含 K^+ 较多的水,鱼和多种其他生物对这类水的盐度耐受极限将显著降低。许多耐盐试验是用低盐海水或淡水添加 NaCl 进行的,这些试验结果不能随意推广应用到 HCO_3^-、CO_3^{2-} 及 K^+ 含量高的半咸水。对这类水的适宜养殖品种应通过实验确定。

河蟹与罗氏沼虾育苗是在海水中进行。为防止病害传播,人们常使用盐卤或地下水配制人工海水。这时仅满足总盐量的要求是远远不够的,还需要使 Ca^{2+}、Mg^{2+} 含量符合下列要求,育苗效果才比较好(臧维玲等,1998)。

河蟹: $\rho(Mg^{2+})=484\sim816$ mg/L, $\rho(Ca^{2+})=178\sim340$ mg/L, $R(Mg^{2+}/Ca^{2+},\rho)=2.3\sim3.0$;

罗氏沼虾: $\rho(Mg^{2+})=300\sim440$ mg/L, $\rho(Ca^{2+})=170\sim244$ mg/L, $R(Mg^{2+}/Ca^{2+},\rho)=1.8\sim2.2$。

3.7.3 盐度的测量

使用电导盐度计测量,可以直接给出样品的实用盐度。

通过海水的折光率而设计生产的海水光学盐度计,简便易用,方便携带。其使用方法详见《水质监测与调控技术实训》。

3.7.4 盐度的调控

盐度过高:引淡排咸,施有机肥等,并与底质改造同步进行。

盐度过低:排出盐度低的水,引入盐度高的水。

各种水生生物对盐度的适应性不同,有些对盐度的组成亦有要求,因此在引入咸水或人工配制海水时还要考虑盐分的组成,通过实验确定其组成及比例。

3.8 任务八 水的密度

3.8.1 天然水的密度

1. 纯水的密度

纯水的密度是温度和压力的函数。在压力为 1 atm 时(101.325 kPa),纯水的密度如表3-4所示。

表 3-4 纯水的密度

$t/℃$	$\rho/(g/cm^3)$	$t/℃$	$\rho/(g/cm^3)$	$t/℃$	$\rho/(g/cm^3)$
0	0.999 868	11	0.999 633	21	0.998 019
1	0.999 927	12	0.999 525	22	0.997 797
2	0.999 968	13	0.999 404	23	0.997 565
3	0.999 992	14	0.999 271	24	0.997 323
4	1.000 000	15	0.999 126	25	0.997 071
5	0.999 992	16	0.998 970	26	0.996 810
6	0.999 968	17	0.998 801	27	0.996 539
7	0.999 929	17.5	0.998 713	28	0.996 259
8	0.999 876	18	0.998 622	29	0.995 971
9	0.999 809	19	0.998 432	30	0.995 673

纯水在 4℃ 时密度最大。天然水的密度是温度、含盐量、盐分组成、压力的函数。对于淡水可以近似比照纯水的参数看待,以 4℃ 密度最大。

2. 海水的密度

海水的密度是温度、压力和盐度的函数。表 3-5 所示为不同温度、盐度时海水的密度。海水密度一般都大于 1 g/cm^3,小于 1.03 g/cm^3。

表 3-5 海水的密度　　　　　　　　　　　　　　　　　单位:g/cm^3

$t/℃$	S					
	5	10	20	30	35	40
0	1.003 970	1.008 014	1.016 065	1.024 101	1.028 126	1.032 163
5	1.004 006	1.007 967	1.015 858	1.023 744	1.027 697	1.031 663
10	1.003 670	1.007 562	1.015 321	1.023 080	1.026 971	1.030 878
15	1.003 012	1.006 347	1.014 496	1.022 150	1.025 990	1.029 846
20	1.002 068	1.005 857	1.013 416	1.020 983	1.024 781	1.028 595
25	1.000 867	1.004 617	1.012 102	1.019 598	1.023 362	1.027 144
30	0.999 433	1.003 147	1.010 568	1.018 003	1.021 746	1.025 504

分析比较表 3-5 中的数据可以发现,盐度变化 1 个单位引起密度的变化值,比温度变化 1℃ 引起的密度变化值大许多,这对我们研究和控制海水池塘冬天的温度分布有指导意义。

3.8.2 密度的测定

水的密度用密度计直接测定:使密度计悬浮于待测水样中(不可触底),待密度计静止后读取水面与密度计相切处的读数。需同时记录水温等参数。

3.8.3 密度的调控

水的密度调控同盐度调控。

3.8.4 盐度与密度换算的经验公式

水温高于 17.5℃时：$S(‰) = 1305(密度-1) + (t-17.5) \times 0.3$；

水温低于 17.5℃时：$S(‰) = 1305(密度-1) - (17.5-t) \times 0.2$。

3.9 任务九 水的电导率

3.9.1 电导率的定义

电解质溶液也能像金属一样具有导电能力，不过金属的导电能力一般用电阻(R)表示，而电解质溶液的导电能力通常用电导(L)来表示。电导是电阻的倒数，即 $L = 1/R$。

根据电阻定律，均匀导体的电阻可用下式表示：

$$R = \frac{1}{L} = \rho \cdot Q = \rho \cdot \frac{l}{A}$$

式中，R—电阻，Ω；

L—电导，S(西门子)；

ρ—电阻率(等于长 1 cm，截面积为 1 cm^2 的导体之电阻)；

Q—电极常数或电导池常数，cm^{-1}；

l—导体的长度，cm；

A—导体的截面积，cm^2；

对于电解质溶液，电导率(K)是指相距 1 cm 的两平行电极间充以 1 cm^3 溶液所具有的电导。

$$K = \frac{1}{\rho} = L \cdot Q = \frac{Q}{R}$$

式中：K—电导率(数值上为电阻率的倒数)，S/cm。

电导率与溶液中的离子含量大致成比例地变化，因此，测定电导率可间接地推测解离物质的总浓度，其数值与阴离子、阳离子的含量有关。而水中的有机物不离解或离解极微弱，导电也很微弱，因此，电导率是不能反映有机物污染情况的。

电导率随温度变化而变化，温度每提高 1℃，电导率约增加 2%。通常规定 25℃为测定电导率的标准温度。

3.9.2 天然水的电导率

天然水的电导率与其所含无机酸、碱、盐的量有一定关系。当它们浓度较低时，电导率随浓度的增大而增大，因此，该指标常用于推测水中离子的总浓度或含盐量。

不同类型的水有不同的电导率。新鲜蒸馏水的电导率为 0.5～2 $\mu S/cm$，但放置一段时间后，因吸收了 CO_2，电导率增加到 2～4 $\mu S/cm$；超纯水的电导率小于 0.1 $\mu S/cm$；天然水的电导率多在 50～500 $\mu S/cm$ 之间，矿化水可达 500～1 000 $\mu S/cm$；含酸、碱、盐的工业废水电导率往往超过 10 000 $\mu S/cm$；海水的电导率约为 30 000 $\mu S/cm$。

3.9.3　电导率的测定

水的电导率用电导仪或电导率仪测定。测量电导率用的导电池由两块平行的铂黑电极片或铂片组成。对于给定的电导池,Q 为常数。根据上式可知,只要测出水样的电阻值,即可计算出 K 值。

测定电导池常数 Q,可选用一种电导率已知的标准溶液,利用该电导池测其电阻,然后计算出电导池常数。常用的标准溶液为 KCl 溶液。不同浓度 KCl 溶液的电导率(25℃)如表 3-6 所示。

表 3-6　不同浓度 KCl 溶液的电导率

浓度/(mol/L)	电导率/(μS/cm)
0.000 1	14.94
0.000 5	73.90
0.001	147.0
0.005	717.8
0.01	1 413
0.02	2 767
0.05	6 668
0.1	12 900

《生活饮用水标准检验方法》(GB/T 5750-2006)中提供的水样电导率分析测定步骤如下:

(1)取 6 支试管,1~4 号各注入 0.010 00 mol/L 的氯化钾标准溶液,5~6 号注入水样。6 支试管同时放入(25±0.1)℃的恒温水浴中恒温 30 min,使试管内溶液温度达到 25℃。

(2)用其中 3 管 KCl 溶液依次冲洗电导电极和和电导池,然后将第 4 管 KCl 溶液倒入电导池中,插入电导电极测量 KCl 的电导 L_{KCl}(单位:μS)或电阻 R_{KCl}(单位:Ω)。

(3)用 1 管水样充分冲洗电极,测量另 1 管水样的电导 L_S(单位:μS)或电阻 R_S(单位:Ω)。

(4)计算

①电导池常数 Q

从表 3-4 可知,25℃时 0.010 00 mol/L 氯化钾标准溶液的电导率为 1 413 μS/cm,则

$$Q = 1\ 413 / L_{KCl}$$

②水样的电导率 K_S(单位:μS/cm)

$$K_S = Q \times L_S = \frac{Q}{RS} \times 10^6$$

3.9.4　电导率的调控

一些光电、半导体、制药等企业对生产用水的"纯度"要求很高,实验室的实验用水也要求水中的离子含量低。这些用水都要求去除水中的离子,降低电导率。

在过滤除去水中的悬浮物后,一般可用离子交换树脂、反渗透、超滤、电渗析等方法单独或组合使用,以去除水中的离子。以下是常见的几种工艺流程:

(1)离子交换树脂制取去离子水的传统水处理方式的基本工艺流程为:原水→多介质过

55

滤器→活性炭过滤器→精密过滤器→阳床→阴床→混床→后置保安过滤器→用水点。

（2）反渗透水处理设备与离子交换设备进行组合制取去离子水的基本工艺流程为：原水→多介质过滤器→活性炭过滤器→精密过滤器→反渗透设备→混床→超纯水箱→超纯水泵→后置保安过滤器→用水点。

（3）反渗透设备与电去离子（EDI）设备进行搭配制取去离子水的方式是一种制取超纯水的最新工艺，也是一种环保、经济、发展潜力巨大的超纯水制备工艺。其基本工艺流程为：原水→多介质过滤器→活性炭过滤器→精密过滤器→反渗透设备→电去离子（EDI）→超纯水箱→超纯水泵→后置保安过滤器→用水点。

现在实验室常用的纯水设备主要用反渗透法（RO法），其制取的水分为一级RO出水和二级RO出水，一级RO出水电导率一般为 $20\ \mu S/cm$，二级RO出水电导率一般为 $1\sim1.5\ \mu S/cm$。若再进行进一步的处理，如EDI处理或离子交换处理，出水电导率可达到接近理想纯水（$0.055\ \mu S/cm$，25℃），对应的电阻率为18兆欧。

> **本章小结**
>
> 　　本章主要介绍了水的温度、色度、臭和味、浊度、透明度、悬浮物、盐度、密度和电导率等物理指标的含义、在天然水体中的变化或影响因素、对水中生物的影响、监测方法、调控措施等。这些指标对于不同用途的水意义可能不同，需要了解的侧重点也不同，应根据具体用途确定。

思考题

1. 可以把待测水样带回实验室再测定水温吗？

2. 用铂钴比色法测定水的色度时，水样可否用滤纸过滤？为什么？

3. 用铂钴比色法测定水的色度时配制的标准色列可否长期使用？如何保存？

4. 什么是真色？什么是表色？

5. 如何制备无浊度的水？

6. 悬浮物的定义是什么？

7. 含盐量对水中生物有何影响？厦门的筼筜湖水主要来自大海，每当暴雨过后，湖面常常泛起很多死鱼，分析可能的原因。

8. 水的密度与含盐量有何关系？

9. 电导率与电阻率有何关系？

10. 实验室使用的RO水是如何制备的？其电导率范围是多少？

11. 工业上的"18兆欧"理想纯水，"18兆欧"是指什么？其电导率是多少？

可扫码获取本模块课件资源：

模块四　水中的主要离子及其监测与调控技术

大多数天然淡水中的主要离子一般有 4 种阳离子（Ca^{2+}、Mg^{2+}、Na^+、K^+）和 4 种阴离子（HCO_3^-，CO_3^{2-}，SO_4^{2-}，Cl^-）。特殊情况下，可能含有比较多的 NO_3^-、NH_4^+ 或 Fe^{2+} 等离子。构成海水溶解成分的常量元素除 H、O 以外，有 Cl、Na、K、Mg、Ca、S（SO_4^{2-}）、C（HCO_3^-）、F、B（$H_4BO_4^-$）、Br 和 Sr 11 种。离子的总量构成了"含盐量"，但不同的离子对水的理化性质及对水中生物的影响是不同的，本章选取对水质影响较大的相关离子进行介绍。

4.1 任务一　水中的 Ca^{2+}、Mg^{2+} 及水的硬度

4.1.1　水中的 Ca^{2+}、Mg^{2+}

1. 钙

钙在天然水中主要以 Ca^{2+} 离子形式存在，是天然水中重要的离子。钙的来源主要有石膏 $CaSO_4 \cdot 2H_2O$ 的溶解，白云石（$CaCO_3 \cdot MgCO_3$）、方解石（$CaCO_3$）在水和 CO_2 作用下的溶解等。因此，不同条件下的天然水中的钙含量差别很大。潮湿多雨地区的地面水含钙少（含盐量也少）；干旱地区，尤其流经富含石膏地层的地下水，及富含石灰石地层的地下水中含 Ca^{2+} 均较多。受海潮影响地区的地下水含钙也很多。

地面水中，含量少的只有每升数毫克，例如我国广东、广西、福建等地区的许多河流与湖泊含钙量较少。

海水含 Ca^{2+} 较多，盐度 35 的大洋水 Ca^{2+} 含量达 400 mg/kg。

钙是多数淡水中含量最多的阳离子。随着含盐量的增加，其含量也增加，但由于其易生成 $CaCO_3$ 沉淀，使积累减慢，以致钠、镁的含量在盐度高的水中就大大超过钙。

2. 镁

镁存在于所有的天然水中，并且其含量仅次于 Na^+ 或 Ca^{2+}，常居阳离子的第二位。一般很少见到以 Mg^{2+} 含量最多的天然水（淡水中阳离子通常以 Ca^{2+} 为主，咸水中阳离子则以 Na^+ 为主）。在大多数淡水中 Mg^{2+} 的含量介于 $1\sim40$ mg/L 之间，天然水中 Ca^{2+} 与 Mg^{2+} 含量的比例关系有一个大致规律：在溶解性固体总量低于 500 mg/L 的水中，Ca^{2+} 与 Mg^{2+}

物质的量的比值变化范围较大,从 4:1 到 2:1。当水中溶解性固体总量大于 1 000 mg/L 时,其比值在 2:1 到 1:1 之间。水中溶解性固体总量进一步增大时,Mg^{2+} 一般超过 Ca^{2+} 很多倍。海水中 Mg^{2+} 与 Ca^{2+} 的物质的量的比值为 5.2。淡水中 Ca^{2+} 显著地多于 Mg^{2+},这与地壳中钙的丰度大于镁有关。在咸水中 Mg^{2+} 的含量一般大于 Ca^{2+},因为镁的碳酸盐和硫酸盐的溶解度比钙的高很多,镁不如钙那么容易沉积。

4.1.2 水的硬度与 Ca^{2+}、Mg^{2+}

1. 水硬度的概念及单位

硬度(H_T)是指水中二价及多价金属离子含量的总和。这些离子包括 Ca^{2+}、Mg^{2+}、Fe^{2+}、Mn^{2+}、Fe^{3+}、Al^{3+} 等。水中这些离子有一个共性——含量偏高可使肥皂失去去污能力,使锅炉结垢,使水在工业上的许多部门不能使用。

构成天然水硬度的主要离子是 Ca^{2+} 和 Mg^{2+},其他离子在一般天然水中含量都很少,在构成水硬度上可以忽略。因此,一般都以 Ca^{2+} 和 Mg^{2+} 离子的含量来计算硬度。

表示水硬度的单位有很多种。目前在文献中使用较多的有以下三种:

(1)毫摩尔/升(mmol/L):这个单位以 1 L 水中含有的形成硬度离子的物质的量之和来表示。物质的量的基本单元以单位电荷形式 $\frac{1}{n}Me^{n+}$ 计,即以 $\frac{1}{2}Ca^{2+}$、$\frac{1}{2}Mg^{2+}$ 作为基本单元。为常用硬度单位。

(2)毫克/升(CaCO₃):以 1 L 水中所含有的与形成硬度离子的量所相当的 $CaCO_3$ 的质量表示,符号为 mg/L(CaCO₃)。这种表示单位在后面一般应加括号注明是指 $CaCO_3$ 的质量。不加说明时,也应理解为是指 $CaCO_3$ 的质量,而不是 Ca^{2+} 与 Mg^{2+} 的质量。这个水硬度单位美国常用,在英文文献中比较常出现。

(3)德国度(°H_G):此单位是将水中的 Ca^{2+} 和 Mg^{2+} 含量换算为相当的 CaO 量后,以 1 L 水中含 10 mg CaO 为 1 德国度(°H_G)。德国、原苏联和我国常采用。

以上三个水硬度单位的换算关系为:

$$1 \text{ mmol/L} = 2.804 \text{ °}H_G = 50.05 \text{ mg/L(CaCO}_3\text{)}$$

2. 天然水的硬度

天然水的硬度主要是由 Ca^{2+}、Mg^{2+} 形成的。某些缺氧地下水(深井水)中可能含有较多的 Fe^{2+},也形成水硬度。根据形成硬度的离子不同,可分为钙硬度、镁硬度、铁硬度等。考虑到水中与硬度共存的阴离子的组成,又可将硬度分为碳酸盐硬度与非碳酸盐硬度。碳酸盐硬度是指水中 HCO_3^- 及 CO_3^{2-} 所对应的硬度。这种硬度在水加热煮沸后,绝大部分可以因生成 $CaCO_3$ 沉淀而除去,故又称为暂时硬度。非碳酸盐硬度是对应于硫酸盐和氯化物的硬度,即由钙镁的硫酸盐、氯化物形成的硬度。它们用一般煮沸的方法不能从水中除去,所以又称为永久硬度。其实,"永久硬度"用强阳性离子交换树脂或磺化煤等处理也可以从水中除去。这种分类方法只不过反映水中钙、镁阳离子同阴离子组成间数量的对比关系,不可认为水中固定地含有这些盐类。

天然水的硬度差别很大,雨水的硬度一般很低,靠雨水或融化雪水补给的河流,水硬度都比较低。我国南方多雨地区的河流,水硬度很低;干旱半干旱地区的盐碱、涝洼地的地面水与地下水,硬度多数都比较高。一般来说,随着含盐量的增加,水硬度也增大。在一些特殊水文地质条件下形成的苏打湖,水硬度则相对较低。

为了便于对水的利用,一般把天然水按硬度分成五类,具体划分见表4-1。

表 4-1　天然水硬度分类

类别	德国度($^\circ H_G$)	mmol/L $\left(\frac{1}{2}Ca^{2+}, \frac{1}{2}Mg^{2+}\right)$
极软水	0～4	1.4 以下
软水	4～8	1.4～2.8
中等软水	8～16	2.8～5.7
硬水	16～30	5.7～11.4
极硬水	30 以上	11.4 以上

海水的硬度很大,以镁离子为主。盐度为 35 的大洋水,总硬度高达 124 mmol/L(约 350 $^\circ H_G$)。

3. 养殖池硬度的变化

Ca^{2+} 在水中比较活跃,参与水中的溶解平衡与吸附平衡,含量处在不停的变化之中。水中的光合作用和呼吸作用就可以使池水硬度发生昼夜变化。这是因为一般养殖池水中均存在以下的重要平衡:

$$Ca^{2+} + 2HCO_3^- \rightleftharpoons CaCO_3(s) + H_2O + CO_2 \uparrow$$

当水中的光合作用速率超过呼吸作用速率时,就有 CO_2 的净消耗,促使平衡向右移动,水的硬度下降;当呼吸作用速率超过光合作用速率时,就有 CO_2 的净补充,促使平衡向左移动,水的硬度上升。

养殖池水的硬度首先决定于所采用的水源水的硬度,其次与池塘土质有关。新修建的养殖池,土壤中的可溶性钙、镁也会转入池水中,使水硬度增高。修建在盐碱地上灌注淡水的养殖池,随着塘龄的增加,土壤中的钙、镁因淋溶而减少,致使池水的总硬度也逐年降低。对盐碱地进行渔业开发时,应注意这种变化。在开发初期,注水后水的盐度、硬度、碱度会增加。必要时,应更换池水。

对淡水养殖池,生产管理上的操作及水中生物代谢活动也可使池水硬度发生变化。比如施用过磷酸钙,泼洒石灰浆水,都能使池水硬度变化。池水中生物的光合作用和呼吸作用能促使碳酸钙的沉积和溶解,可以使池水的碱度、硬度发生昼夜变化。

海水养殖池,由于总硬度很高,这种变化的相对值很小,不容易测定出来。

4. Ca^{2+}、Mg^{2+} 对水生生物的意义

淡水中生物的生长要求水有一定的硬度,即要求水中有一定的钙、镁含量。海水中生物的生长虽然对水硬度没有提出要求,但在使用地下井盐水进行海水鱼、虾、贝类繁殖时,就必须重视水的硬度,尤其是钙、镁离子含量的比例,否则可能引起养殖失败。这表明钙、镁离子对水生生物有着十分重要的意义。

(1)钙、镁是生物生命过程所必需的营养元素,它们不仅是生物体液及骨骼的组成成分,还参与体内新陈代谢的调节。

钙是动物骨骼、介壳及植物细胞壁的重要组成元素,而且对蛋白质的合成与代谢、碳水化合物的转化、细胞的通透性以及氮、磷的吸收转化等均有重要影响。缺钙会引起动植物的生长发育不良。虽然不同的藻类对钙的需要情况相差甚大,但钙是水体初级生产不可缺少的因子。藻类细胞必需钙,硅藻大都喜欢在硬水中生长,水中钙含量过少会限制藻类的繁殖。从湖泊中藻类现存量与水中钙含量之间关系的一个调查实例来看,钙含量会影响藻类现存生物量。钙含量低于 0.2 mmol/L(1/2 Ca^{2+}),藻类的繁殖便会受到限制。

镁是叶绿素中的成分,各种藻类都需要镁。镁在糖代谢中起着重要的作用。植物在结果实的过程中需要较多的镁。镁不足,核糖核酸(RNA)的净合成将停止,氨代谢混乱,细胞内积累碳水化合物及不稳定的磷脂。缺镁还会影响对钙的吸收。

有调查发现,池水总硬度小于 10 mg/L(约 0.2 mmol/L),即使施用无机肥料,浮游植物也生长不好。总硬度为 10～20 mg/L(约 0.2～0.4 mmol/L)时,施无机肥料的效果不稳定。仅在总硬度大于 20 mg/L 时,施用无机肥料后浮游植物才大量生长。美国有人在软水池塘进行施生石灰的实验,当总硬度由 7.8 mg/L 增至 32 mg/L 后,水中碱度增大至原来的 4 倍,罗非鱼的产量增加约 25%。

(2)钙离子可降低重金属离子和一价金属离子的毒性。有人用硬头鳟做实验,当水的硬度从 10 mg/L 增加到 100 mg/L 时,铜和锌的毒性大约降低了 3/4。许多重金属离子在硬水中的毒性都比在软水中的要小很多,这可能是由于钙可减少生物对重金属的吸收。表 4-2 列举了部分金属离子在硬水中的毒性与软水中的毒性比。

表 4-2 部分金属离子在硬水与软水中的毒性比*

金属离子	钛	铬	铁	镍	铜	锌	镉	铅
毒性比	14.6	15	77	24	15～500	3～67	5.5	33

*毒性比是指硬水中的有毒浓度与软水中的有毒浓度的比值。

一价金属离子浓度过高时对许多水生生物有毒害作用,增加钙含量可以降低一价金属离子的毒性。

(3)钙、镁离子可增加水的缓冲性,故一定的硬度可以使水具有较好的缓冲性,即具有较好的保持 pH 的能力。

(4)水中钙、镁离子比例,对海水鱼、虾、贝的存活有重要影响。比例不合适,会引起养殖种类的大批死亡。例如,根据臧维玲(1995,1998)研究的结果,在罗氏沼虾育苗中配制人工海水时,不仅要注意盐度符合要求,还要注意 Ca^{2+}、Mg^{2+} 的含量及 Mg^{2+}/Ca^{2+} 比例,出苗率较高的条件是满足 Ca^{2+} 含量 170～244 mg/L,Mg^{2+} 含量 324～440 mg/L 及 Mg^{2+}/Ca^{2+} 质量比 $R=1.8～2.2$。中华绒螯蟹育苗用水要求 Ca^{2+} 含量 178～340 mg/L,Mg^{2+} 含量 484～816 mg/L,Mg^{2+}/Ca^{2+} 质量比 $R=2.0～3.0$(实验在 $S=15～16$ 的条件下进行)。王慧等(2000)通过急性毒性试验得出中国对虾在水环境中能够生存的 Ca^{2+} 和 Mg^{2+} 质量浓度范围分别为 24.92～280.66 mg/L 和 34.5～344.9 mg/L,$\rho(Mg^{2+})/\rho(Ca^{2+})$ 比在 1～3 为最好。Ca^{2+} 含量过高或过低都影响中国对虾的生长。但 Mg^{2+} 含量降为正常海水的一半时也能正常生长。质量比 Ca:K=1:1,Mg:Ca=3.4:1,Na:K=28:1,养虾最适。

4.1.3 水硬度的测定

总硬度(H_T)测定常采用 EDTA 络合滴定法。

基本原理:水样中的 Ca^{2+}、Mg^{2+} 与铬黑 T 指示剂形成紫红色螯合物,这些螯合物的不稳定常数大于 EDTA 钙和镁的不稳定常数。当 pH = 10 时,Na_2 EDTA 先与 Ca^{2+} 再与 Mg^{2+} 形成螯合物,水中 Ca^{2+}、Mg^{2+} 全被螯合时铬黑 T 指示剂被释放,达到滴定终点,溶液呈现出铬黑 T 指示剂的纯蓝色。

测定的最低浓度为 0.05 mmol/L,过高则需稀释后测定。测定方法详见《水质监测与调控技术实训》。

4.1.4　水硬度的调控

水硬度,特别是钙、镁离子对水中生物有着十分重要的意义。

工业用水如果硬度过高,一般由 HCO_3^- 及 CO_3^{2-} 所对应的暂时硬度可通过加热煮沸沉淀去除,由硫酸盐和氯化物对应的永久硬度,则需经过离子交换等方法除去。养殖用水如果硬度过高,可通过加注低硬度的水来降低。

需要增加硬度,则可施生石灰、过磷酸钙等。对于养殖生物用水,在调节硬度时还应特别注意钙、镁离子的比例。

4.2 任务二　水中的 Na^+ 和 K^+

4.2.1　天然水中的 Na^+ 和 K^+

各种天然水中普遍存在有 Na^+。Na^+ 在天然水中最重要的特点是,不同条件下的含量差别很大。大多数河水每升在几毫克至几十毫克之间,但在卤水中可达 100 g/L 以上。含盐量高的水中,Na^+ 是比例最大的阳离子,在海水中 Na^+ 的含量为 10.5 g/kg 左右(当海水盐度为 35 左右时),约占全部阳离子质量的 84%。

K^+ 和 Na^+ 在地壳中的丰度相近,分别为 2.60% 和 2.64%。两者具有相近的化学性质,但在天然水中 K^+ 的含量一般远比 Na^+ 低。在 Na^+ 含量低于 10 mg/L 的淡水中,K^+ 的含量只及 Na^+ 的 10%～50%,随着水含盐量的增加,K^+、Na^+ 的含量也增加,但 Na^+ 比 K^+ 含量增加快,K^+/Na^+ 的含量比下降为 10%～4%。海水中的 K^+/Na^+ 质量比为 0.036,物质的量比为 0.029。

形成水中这种 K^+/Na^+ 质量比的原因,一方面是 K^+ 容易被土壤胶粒吸附,移动性不如 Na^+,另一原因是被植物吸收利用。

4.2.2　Na^+ 和 K^+ 对生物的作用

生物对于 K^+、Na^+ 的需求量有差异,动物较多需要 Na^+,植物较多需要 K^+。水中 K^+、Na^+ 含量通常不会有限制作用。水中一价金属离子含量过多,对许多淡水动物有毒,K^+ 的毒性强于 Na^+。水中含量过多的 K^+ 会进入动物体内,使动物神经活动失常,引起死亡。当水中 Ca^{2+} 含量为 11.0～15.6 mg/L 时,用添加 KCl 的方法在室内试验得出,鲤夏花鱼种对 K^+ 24 h 的半致死浓度为 237～362 mg/L。在 K^+ 含量高的水中,鱼种中毒症状是,体色渐渐加深,失去平衡;时而仰浮于水面,时而侧卧于水底;有时狂游,有时又显正常的平静,如此持续较长时间至最后死去。曾有人用 KNO_3、$NaNO_3$ 进行实验,结果发现,K^+、Na^+ 对白鲢的安全浓度分别为 180 mg/L 与 1 000 mg/L。增加二价金属离子的含量,尤其是 Ca^{2+} 的含量,可以降低一价金属离子的毒性。

在利用井盐水进行海水养殖时要注意水中 K^+ 的含量。有些井盐水中含钾量比较低,对养殖生物尤其是育苗不利。

4.2.3　Na^+ 和 K^+ 的测定

1. K^+ 的测定——基于四苯硼钠的容量分析法

基本原理是:在水溶液中,K^+ 与一定量过量的四苯硼钠反应,生成四苯硼钾沉淀。剩余的四苯硼钠以溴酚蓝为指示剂,用季铵盐标准溶液滴定,反应生成难溶的四苯硼季铵盐沉淀。达到反应计量点后,过量的季铵盐与指示剂溴酚蓝结合,生成蓝色盐,溶液由黄绿色变成蓝色,表示达到滴定终点。

测定操作详见《水质监测与调控技术实训》。

Na^+ 一般不直接测定,可以采用主要阴离子总量与 Ca^{2+}、Mg^{2+} 总量之差值计算。

2. 火焰原子吸收分光光度法测定水中的钠和钾

《生活饮用水标准检验方法》(GB/T 5750.6-2006)中推荐该方法。

方法原理:钠、钾基态原子能吸收来自同种金属元素空心阴极灯发射的共振线,且其吸收强度与钠、钾原子的浓度成正比。

3. 离子色谱法测定水中的 Li^+、Na^+、K^+、Ca^{2+}、Mg^{2+}

《生活饮用水标准检验方法》(GB/T 5750.6-2006)中推荐该方法。

方法原理:水样中的阳离子 Li^+、Na^+、K^+、NH_4^+、Ca^{2+}、Mg^{2+} 随盐酸淋洗液进入阳离子分离柱,根据离子交换树脂对各阳离子的不同亲和程度进行分离。分离后的各组分流经抑制系统,将强电解质的淋洗液转换为弱电解质溶液,降低了背景电导。流经电导检测器系统,测量各离子组分的电导率。以相对保留时间和色谱峰(面积)定性和定量。

4.3 任务三　水中的 HCO_3^-、CO_3^{2-} 与水的碱度

4.3.1　碱度的含义

1. 碱度的组成

碱度反映水结合质子的能力,也就是水与强酸中和能力的一个量,水中能结合质子的各种物质共同形成碱度。天然水中这些物质有 HCO_3^-、CO_3^{2-}、OH^-、$H_4BO_4^-$,以及 $H_2PO_4^-$、HPO_4^{2-}、NH_3 等。对于大多数天然水,以前面 4 种离子的含量为主,其余的物质含量一般很小。前 4 种离子中,一般又以 HCO_3^- 为主,其他 3 种离子含量相对少很多。

根据以上的讨论,一般天然水的碱度可以用下列表达式来定义:

$$A_{\mathrm{T}} = [HCO_3^-] + 2[CO_3^{2-}] + [H_4BO_4^-] + [OH^-] - [H^+]$$
$$\approx [HCO_3^-] + 2[CO_3^{2-}] + [H_4BO_4^-]$$

A_{T} 称为总碱度,它由碳酸氢根碱度、碳酸根碱度、硼酸盐碱度及氢氧根碱度等组成。对于一般天然水,氢氧根碱度很小,可以将式中"$[OH^-]-[H^+]$"项忽略。硼酸盐碱度在海水碱度中占有一定分量,淡水一船含硼很少,在形成碱度方面还不如氢氧根碱度重要,一般可以忽略。对于淡水碱度的定义式可写成:

$$A_{\mathrm{T淡水}} = [HCO_3^-] + 2[CO_3^{2-}] + [OH^-] - [H^+]$$

在无机化学、分析化学中提到的水的酸碱度概念,是指用 pH(氢离子浓度的负对数)来度量的量,与我们此处讲的碱度,以及后面将提到的酸度的概念不同。前者反映的是水中氢离子活度的大小,碱度反映的则是水中能结合质子物质的总量,也就是水中氢氧根离子与弱酸根离子的总量。所以,有的文献又把碱度称为碱储量。

碱度指标常用于评价水体的缓冲能力及金属在其中的溶解性和毒性,是对水和废水处理过程控制的判断性指标。若碱度由过量的碱金属盐类所形成,则碱度又是确定这种水是否适宜于灌溉的重要依据。

2. 碱度的表示单位

碱度有 3 种表示单位,与硬度的单位形式完全相同,只是含义有所差异。

(1)毫摩尔/升(mmol/L)

用 1 L 水能结合质子的物质的量表示,一般用 mmol/L 作单位。

(2)毫克/升(mg/L)

用 1 L 水中能结合 H^+ 的物质所相当的 $CaCO_3$ 的质量(以 mg 作单位)来表示。由于 1 个 $CaCO_3$ 可以结合 2 个 H^+,所以,对于碱度 1 mmol/L=50.05 mg/L($CaCO_3$)。也可以把这个单位理解为从硬度移用过来的单位。

(3)德国度($°H_G$)

也是从硬度移用过来的单位,以 10 mg/L 氧化钙(CaO)为 1 $°H_G$。1 mmol/L=2.804 $°H_G$。

4.3.2　水的碱度及其对水中生物的影响

1. 天然水的碱度

天然水碱度主要来自集雨区岩石、土壤中碳酸盐的溶解。

由于水文、地质和气候条件不同,我国地面水的总碱度具有一定的区域性。东南沿海、珠江水系、长江水系的碱度较低。例如珠江水系碱度一般在 1.5～2.3 mmol/L 范围,最低的东江碱度仅 0.4 mmol/L。广东显岗水库碱度仅 0.33 mmol/L。长江干流武汉段水的碱度平均值,丰水期 1.93 mmol/L,枯水期 2.46 mmol/L,年平均 2.1 mmol/L。黄河流域水的碱度一般均高于 2 mmol/L。黄河干流的碱度在 2.21～5.00 mmol/L 范围,平均 3.25 mmol/L。

内陆干旱、半干旱地区的湖泊可能会积聚较多的碱度。例如,在我国西北、华北地区的一些盐碱泡沼,水的碱度能达到 100 mmol/L 以上,失去了渔业利用价值。我国还有一批天然碱湖,可以生产天然碱($Na_2CO_3 \cdot NaHCO_3$)。例如松嫩平原上的大布苏碱湖,卤水的碱度高达 17 mmol/L。还有许多水体碱度在 10～50 mmol/L 范围。例如内蒙古的达里诺尔(湖泊),碱度为 44.5 mmol/L,主要经济鱼类有鲫和瓦氏雅罗鱼,其他许多鱼类在其中都难以存活,鱼产量很低。这类水体的渔业如何开发,还有待进一步研究。

海水中碱度一般较为稳定,通常在 $2 \sim 2.5$ mmol/L 范围。在海洋学中常常利用碱度 A 与盐度 S 比值(称为碱盐系数)作为区分水团或水系的化学指标之一。海水中碱盐系数的变化范围为 $0.065\ 9 \sim 0.072\ 0$。在高纬度海区,由于海水中不含或仅含有少量钙质介壳生物,并且由于垂直混合作用,碱盐系数的分布较为均匀。但在大洋水中不同水团的碱盐系数有一定差异,在河口滨海区则变化更大,因此它是区分鉴别不同水团或水系的良好化学指标。表层海水由于部分 $CaCO_3$ 为某些钙质介壳的生物所摄取,以及当海水受热蒸发时可能产生 $CaCO_3$ 沉淀,因此 A/S 较低;在深水层中,由于生物化学的氧化作用所产生的 CO_2 有利于 $CaCO_3$ 溶解,因此 A/S 升高。由于河水的碱盐系数比海水高得多,因此在河口滨海区海水的 A/S 比较高。

地下水由于溶解了土壤中较高的 CO_2,使 $CaCO_3$ 等溶解度增加,水中碱度、硬度一般比较高(注意,pH 此时不一定高,可能反而较低)。

废水及其他复杂体系的水体中,还含有有机碱类、金属水解性盐类等,均为碱度组成部分,在这些情况下,碱度就成为一种水的综合性指标,代表能被强酸滴定物质的总和。

2. 碱度的变化

水的碱度受水中光合作用和呼吸作用的影响,会发生变化。对于生物密度很大的室外养鱼池,还会有周期性的昼夜变化,与总硬度的昼夜变化类似。变化的原因是水中存在以下两个化学平衡:

$$2HCO_3^- \rightleftharpoons CO_3^{2-} + H_2O + CO_2 \uparrow \qquad (1)$$

$$Ca^{2+} + CO_3^{2-} \rightleftharpoons CaCO_3 \downarrow \qquad (2)$$

当光合作用速率超过呼吸作用速率时,CO_2 不断被吸收利用,平衡(1)向右移动,(1)式移动的结果是 CO_3^{2-} 含量增加,使平衡(2)也向右移动,有 $CaCO_3$ 沉淀生成。两个平衡右移的总的结果是水的碱度、硬度下降,pH 上升。当呼吸作用速率超过光合作用速率时,不断有 CO_2 产生,促使平衡(1)、(2)均向左移动,结果是碱度、硬度都上升,pH 下降。

如果水中 CO_2 含量不足,(2)式的平衡尚未建立,仅有平衡(1)存在。这时光合作用和呼吸作用不会引起碱度、硬度的变化,只是碱度的组成及 pH 有相应的改变。

夏季碱度变化的幅度可以作为反映湖泊富营养化程度的一项指标:特贫营养湖,夏季碱度变化 $\Delta A_T < 0.2$ mmol/L,中富营养湖 ΔA_T 为 $0.6 \sim 1.0$ mmol/L,超富营养湖 $\Delta A_T > 1.0$ mmol/L。

表 4-3 列举了水域中常发生的典型生物学过程对碱度的影响。表中的"碳同化"与"呼吸作用"中的示意反应(2)表达的是存在 $CaCO_3$ 溶解沉淀平衡的次级反应时的情况,其余均只反映生物学过程本身对碱度的影响。了解这种变化对我们在养鱼池水质调控及污水生物处理中认识碱度、pH 的变化,碳源的补充很有帮助。比如在利用硝化作用转化水中污染的 NH_4^+ 时,就要考虑向水中补充碳源,否则碱度和 pH 会不断降低。

3. 碱度对水中生物的影响

水的碱度对水中生物,主要是养殖生物有重要作用。养殖用水需要有一定的碱度,碱度过高又有害。碱度对水中生物的影响体现在以下三个方面:

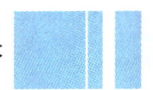

（1）降低重金属的毒性

重金属一般是游离的离子态，毒性较大。重金属离子能与水中的碳酸盐形成络离子，甚至生成沉淀，使游离金属离子的浓度降低。

表 4-3　生物学过程对碱度的影响

生物学过程	反应示意	对碱度的影响
碳同化	(1)$2HCO_3^- \rightarrow CO_2 + CO_3^{2-} +$有机碳$+ CO_3^{2-} + O_2$ (2)$Ca^{2+} + 2HCO_3^- \rightarrow$有机碳$+ CaCO_3(s) + O_2$	A_T不变 A_T降低
呼吸作用	(1)有机碳$+ O_2 \rightarrow CO_2 \rightarrow HCO_3^- + H^+$ (2)有机碳$+ O_2 + CaCO_3(s) \rightarrow Ca^{2+} + HCO_3^-$	A_T不变 A_T增加
NH_4^+同化	$NH_4^+ \rightarrow$有机氮$+ H^+$	A_T降低*
NO_3^-同化	$NO_3^- \rightarrow$有机氮$+ OH^-$	A_T增大*
氨化作用	有机氮$+ O_2 \rightarrow NH_4^+ + OH^-$	A_T增大*
硝化作用	$NH_4^+ \rightarrow NO_3^- + 2H^+$	A_T减少*
脱氮作用	$NO_3^- \rightarrow N_2\uparrow + OH^-$	A_T增大*

* 此处只反映了过程本身对碱度的影响。如有次级反应（后续过程）存在，情况就比较复杂，可参考"碳同化"和"呼吸作用"。

例如 R.W.Andrew 等（1977）在研究铜对大型溞的毒性时证实，铜的有毒形式是 Cu^{2+}、$CuOH^+$。可是当湖水的碱度足够大时[42～511 mg/L($CaCO_3$)，pH＝7.8～8.0]，加进水中的铜约有 90% 转化为碳酸盐络合物，以 Cu^{2+}、$CuOH^+$ 形式存在的实际浓度很低，因而表现出的铜的毒性也就小。在用重金属防治鱼病时要注意重金属的用量（剂量）与水体的碱度有关。碱度大，重金属的药效就会降低。

（2）调节 CO_2 的产耗关系，稳定水的 pH

由于水中存在以下化学平衡：

$$Ca^{2+} + 2HCO_3^- \Longrightarrow CaCO_3(s) + H_2O + CO_2\uparrow$$

光合作用强烈时，上述平衡将向右移动，补充被光合作用消耗的 CO_2。当呼吸作用较强时，多余的 CO_2 可以通过平衡向左移动转变为 HCO_3^- 而储备起来。碱度较大可以使水 pH 相对稳定。

（3）碱度过高对水中生物的毒害作用

在我国干旱与半干旱地区有一些水域碱度偏大，水中经济水生生物的种类就明显减少，有的甚至没有经济种类生存，移植驯化耐盐种类也未能成功。例如内蒙古的达里诺尔，离子总量 5.6 g/L，总碱度 44.5 mmol/L，Ca^{2+} 为 0.14 mmol/L，Mg^{2+} 为 1.0 mmol/L，pH 9.5，在湖内的经济鱼类只有瓦氏雅罗鱼及鲫。鲤在这种水中仅能存活数天，梭鱼和花鲢、白鲢只能存活数小时。黎道丰等（2000）通过对内陆 15 个盐碱度不同的典型水体中鱼类区系结构和主要经济鱼类生长的比较和分析表明，鱼类的区系结构、种类数量和生长速度与水体盐碱度的高低有着密切关系，盐碱度高的水体鱼类土著的种类数较少，生长速度较慢。

关于碳酸盐碱度过高对鱼类毒性的实验研究，比较早的有史为良（1981）、雷衍之等（1985）的一些工作。根据雷衍之的报道，碳酸盐碱度对鱼的毒性随着 pH 的升高而增加。对鲢鱼种碱度的 24 h LC_{50} 与 pH 有如下回归关系：

$$pH_{24\,h\,LC_{50}} = 10.00 - 0.0149\{A_{24\,h\,LC_{50}}\}_{mmol/L} \quad (n=25, r=-0.976)$$

pH 越高，碱度对白鲢鱼种的 24 h LC_{50} 的值越小，即碱度的毒性越大。

水的盐度也会使碱度的毒性增加。根据章征忠等(1999)的研究,盐度对鲢幼鱼的 24 h LC_{50} 为 11.2 g/L(pH = 8.60±0.18);碱度对鲢幼鱼的 24 h LC_{50} 为 51.4 mmol/L(pH = 8.74±0.34)。碱度和盐度共同作用时,两者的 24 h LC_{50} 大致符合如下关系[pH = 8.76±0.23, T = (23±2)℃]:

$$\{A_{T, 24\ h\ LC_{50}}\}_{mmol/L} = 34.17 - 1.78\{S_{24\ h\ LC_{50}}\}_{g/L} \quad (n = 6, r = -0.871)$$

综合史为良(1981)、雷衍之(1985)的实验研究结果,一些经济鱼类对高碱度的耐受能力大致有如下顺序:

青海湖裸鲤＞瓦氏雅罗鱼＞鲫＞丁鲅＞尼罗罗非鱼＞鲤＞草鱼＞鳙、鲢

青海湖裸鲤和瓦氏雅罗鱼在碱度高达 70 mmol/L(pH 9.6)的水体中还能存活。表 4-4 中列出了我国对碱度的急性毒性实验研究的部分结果。碱度的致毒原理现在还不很清楚,可能是影响了生物体内的酸碱平衡,对鳃和表皮也有腐蚀作用,详细情况有待进一步研究。

表 4-4　碳酸盐碱度急性毒性的部分研究结果(A_T, mmol/L)

生物种类	LC_{50}				参考文献	备注
	20 h	48 h	72 h	96 h		
罗氏沼虾	51.02	32.07	27.19	21.54	王贵春等(2001)	pH = 8.59±0.31,23.5℃
中国对虾	20.0	—	—	—	房文红等(2001)	pH = 8.6,19～21℃
中国对虾	6.57	—	—	—	房文红等(2001)	pH = 9.3,19～21℃
鲢幼鱼	51.4	27.1	23.7	15.7	章征忠等(1999)	pH = 8.74±0.34,(23±2)℃
鲢幼鱼	44.3	42.5	40.0	38.9	雷衍之等(1985)	pH = 9.40,(25±1)℃
淡水白鲳	93.25	56.99	53.43	45.70	章征忠等(1998)	pH = 8.85±0.18,(23±1)℃
麦穗鱼	78.8	73.9	—	69.2	史为良(1981)	pH = 9.3,S = 5.5
雅罗鱼	73.9	73.9	—	72.2	史为良(1981)	pH = 9.3,S = 5.5
鲫	73.9	73.9	—	72.2	史为良(1981)	pH = 9.3,S = 5.5

碳酸盐碱度的毒性在盐碱地的渔业开发利用中要特别注意。因为这类地区水的碱度容易升高,对水生生物产生危害。我国有约 $20×10^6$ hm² 的低洼盐碱荒地,低洼盐碱地的水质组成比较复杂,有的属硫酸盐类型,有的属氯化物类型。水的盐度、碱度有不同程度的偏高,是这类地区水质的共同特点。

养殖用水碱度的适宜量以 1～3 mmol/L 较好。美国环保局《水质评价标准》中提出:"除天然浓度较低者外,为了保护淡水生物,以 $CaCO_3$ 表示的碱度应不小于 20 mg/L。"

雷衍之等提出,四大家鱼养殖用水的碱度的危险指标值是 10 mmol/L。所谓危险指标是指碱度达到这个值的水用于养鱼应特别小心,pH 升高就会引起养殖鱼类大批死亡。增加水中钙的含量可以降低水的碱度。

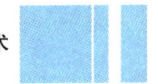

4.3.3　碱度的测定

碱度的测定值因使用的指示剂终点 pH 值不同而有很大的差异,只有当试样中的化学组成已知时,才能解释为具体的物质。对于天然水和未污染的地表水,可直接以酸滴定至 pH 8.3 时消耗的量为酚酞碱度,以酸滴定至 pH 为 4.4～4.5 时消耗的量为甲基橙碱度。通过计算,可求出相应的碳酸盐、重碳酸盐和氢氧根离子的含量。对于废水、污水,由于组分复杂,这种计算无实际意义。

以下介绍两种碱度测定方法的基本原理,其具体的测定步骤详见《水和废水监测分析方法》(第四版)。

1. 酸碱指示剂滴定法测碱度

水样用标准酸溶液滴定至规定的 pH 值,其终点可由加入的酸碱指示剂在该 pH 值时的颜色变化来判断。

当滴定至酚酞指示剂由红色变为无色时,溶液 pH 值即为 8.3,指示水中 OH^- 已被中和,CO_3^{2-} 均被转为 HCO_3^-,反应如下:

$$OH^- + H^+ \rightarrow H_2O$$
$$CO_3^{2-} + H^+ \rightarrow HCO_3^-$$

当滴定至甲基橙指示剂由橘黄色变成橘红色时,溶液的 pH 为 4.4～4.5,指示水中的 HCO_3^-(包括原有的和由 CO_3^{2-} 转化成的)已被中和,反应如下:

$$HCO_3^- + H^+ \rightarrow H_2O + CO_2\uparrow$$

根据上述两个终点到达时所消耗的盐酸标准滴定溶液的量可以计算出水中碳酸盐(CO_3^{2-})、重碳酸盐(HCO_3^-)及总碱度。

本方法不适用于污水及复杂体系中碳酸盐和重碳酸盐的计算。

2. 电位滴定法测碱度

以玻璃电极为指示电极、甘汞电极为参比电极,用酸标准溶液滴定,其终点通过 pH 计或电位滴定仪指示。

以 pH=8.3 表示水样中 OH^- 被中和及 CO_3^{2-} 转化为 HCO_3^- 时的终点,与酚酞指示剂刚刚褪色时的 pH 值相当。以 pH=4.4～4.5 表示水中 HCO_3^-(包括原有的和由 CO_3^{2-} 转化成的)被中和的终点,与甲基橙刚刚变为橘红色的 pH 值相当。对于工业废水或含复杂组分的水,可以 pH=3.7 指示总碱度的滴定终点。

电位滴定法可以绘制成滴定时 pH 值对酸标准滴定液用量的滴定曲线,然后计算出相应组分的含量或直接滴定到指定的终点。

4.4 任务四　水中的 $S(SO_4^{2-})$

4.4.1　天然水中的 SO_4^{2-}

硫酸根离子是天然水中普遍存在的阴离子,含量一般居中。在淡水中的离子含量一般

为 $HCO_3^- > SO_4^{2-} > Cl^-$，咸水中则是 $Cl^- > SO_4^{2-} > HCO_3^-$。部分流经富含石膏地层的微咸水，阴离子可能以 SO_4^{2-} 最多。

水中 SO_4^{2-} 的重要来源是沉积岩中的石膏($CaSO_4 \cdot 2H_2O$)和无水石膏。自然硫和一些含硫矿物在生物作用下氧化后也能生成可溶性硫酸盐：

$$2FeS_2 + 7O_2 + 2H_2O = 2FeSO_4 + 2H_2SO_4$$
（黄铁矿）
$$H_2SO_4 + CaCO_3 = CaSO_4 + H_2O + CO_2 \uparrow$$

火山喷气中的 SO_2 及一些泉水中的 H_2S 也可被氧化为 SO_4^{2-}；含硫的动、植物残体分解也影响着天然水中 SO_4^{2-} 的含量；蛋白质的氧化分解产物中含有 SO_4^{2-}。含盐量较高的水中，由于盐效应，$CaSO_4$ 的溶解度会增大。

天然水 SO_4^{2-} 的含量取决于各类硫酸盐的溶解度，特别是受到 Ca^{2+} 含量的限制。SO_4^{2-} 的浓度较高时，将与 Ca^{2+} 生成难溶盐 $CaSO_4$。据 $CaSO_4$ 溶度积常数(2.5×10^{-5})可以算出，当水中 Ca^{2+} 与 SO_4^{2-} 的物质的量相等并处于溶解平衡时，SO_4^{2-} 的含量只能达到 480 mg/L（25℃），如果水中 Ca^{2+} 含量较低，SO_4^{2-} 的含量则可高一些。内陆河水或井水中 SO_4^{2-} 的含量一般为 10～50 mg/L，我国淮河水含 SO_4^{2-} 为 16.3 mg/L，乌苏里江水为 5.3 mg/L，而钱塘江水仅 1.9 mg/L。在某些干旱地区的地下水中，SO_4^{2-} 的含量可达到每升数克到数十克。沿海地区因受海潮影响，水中 SO_4^{2-} 的含量常较高。海水中 SO_4^{2-} 的含量约达 2.6 g/kg，但通常海水中并无硫酸盐沉淀生成，这主要因为与某些金属阳离子生成络合物和离子对，其中常见的有 $NaSO_4^-$ 和 $CaSO_4$ 等离子对，因此使 SO_4^{2-} 在海水中的含量有所增高。

在油田水中，由于 SO_4^{2-} 被还原，使 SO_4^{2-} 含量减少，甚至没有 SO_4^{2-} 存在。

某些工业废水如酸性矿水中有大量 SO_4^{2-}，生活污水中的 SO_4^{2-} 含量也比较高。这些都可以对天然水造成污染。

植物需要吸收 SO_4^{2-} 而获得生命活动中所必需的硫，但需要量并不大，天然水中又普遍含有 SO_4^{2-}，故一般不会出现缺乏 SO_4^{2-} 的情况。SO_4^{2-} 无毒，但超过 250 mg/L 时有致泄作用，故生活饮用水中一般规定不得超过 250 mg/L。用 Na_2SO_4 做试验得出，SO_4^{2-} 对白鲢鱼种的安全浓度为 5 600 mg/L。

4.4.2　S在水中的转化

硫在水中存在的价态主要有 +6 价及 -2 价，以 SO_4^{2-}、HS^-、H_2S、含硫蛋白质等形式存在。也有以其他价态形式存在的，比如 SO_3^{2-}、$S_2O_3^{2-}$、单质硫等。但在天然水中的含量很少。在不同氧化还原条件下，硫的稳定形态不同。各种形态能互相转化，这种转化一般有微生物参与。

1. 蛋白质分解作用

蛋白质中含硫。在微生物作用下，无论有氧或无氧环境，蛋白质中的硫首先分解为 -2 价硫（H_2S、HS^- 等）。在无游离氧气的环境中 H_2S、HS^- 可稳定存在，有游离氧时 H_2S、HS^- 能迅速被氧化为高价形态。

2. 氧化作用

在有氧气的环境中，硫黄细菌和硫细菌可把还原态的硫（包括硫化物、硫代硫酸盐等）氧

化为元素硫或进一步氧化为 SO_4^{2-}：

$$2H_2S+O_2 \xrightarrow{\text{硫细菌}} 2S+2H_2O \qquad H_2S+2O_2 \xrightarrow{\text{细菌}} SO_4^{2-}+2H^+$$

H_2S 也可发生化学氧化作用,但在水环境中更重要的是生物氧化。

3. 还原作用

在缺氧环境中,各种硫酸盐还原菌可以把 SO_4^{2-} 作为受氢体而还原为硫化物。硫酸盐还原作用的条件:

(1)缺乏溶氧。调查发现,当溶氧量超过 0.16 mg/L 时,硫酸盐还原作用便停止。

(2)含有丰富的有机物。硫酸盐还原菌利用 SO_4^{2-} 氧化有机物而获得其生命活动所需能量(SO_4^{2-} 被还原 H_2S)。在其他条件相同时,有机物增多,被还原产生的 H_2S 的量也就增多。

(3)有微生物参与。水中应没有阻碍微生物增殖的物质存在,这在天然水体中一般是满足的。

(4)硫酸根离子的含量。在其他条件满足时,硫酸根离子含量多,还原作用就活跃,产生硫化氢的量就多。

后 3 个条件在养鱼水体中通常都存在。鉴于 H_2S 对养殖生物的强烈毒性,为防止发生 SO_4^{2-} 的还原作用,应注意保持水中丰富的溶氧。养鱼池要促进池水的上下流转,防止分层。尤其是 SO_4^{2-} 含量丰富的半咸水或海水鱼虾养殖池塘更应注意。一旦有温跃层形成,下层水很易缺氧,就会大量发生硫酸盐还原作用,造成危害。

4. 沉淀与吸附作用

Fe^{2+} 可限制水中 H_2S 含量,降低硫化物的毒性,因为有下列反应:

$$Fe^{2+}+H_2S=FeS\downarrow+2H^+$$

Fe^{3+} 也可以与 H_2S 反应:

$$2Fe^{3+}+3H_2S=2FeS\downarrow+S\downarrow+6H^+$$

当水质恶化,有 H_2S 产生时,泼洒含铁药剂可以起到解毒作用。

SO_4^{2-} 也可以被 $CaCO_3$、黏土矿物等以 $CaSO_4$ 形式吸附共沉淀。

5. 同化作用

硫是合成蛋白质必需的元素,许多植物、藻类、细菌可以吸收利用 SO_4^{2-} 中的硫合成蛋白质。H_2S 不被吸收,只有某些特殊细菌可以利用 H_2S 进行光合作用,将 H_2S 转变成 S 或 SO_4^{2-},同时合成有机物,类似绿色植物的光合作用,只是前者不释放 O_2。

4.4.3　SO_4^{2-} 和硫化物的测定

1. SO_4^{2-} 的测定

《水和废水监测分析方法》(第四版)中,SO_4^{2-} 的测定有多种方法可选。其中硫酸钡重量法是经典方法,准确度高,但操作较繁琐;铬酸钡光度法与铬酸钡间接原子吸收法适用于清洁环境水样的分析,精密度和准确度均较好;EDTA 容量法操作比较简单;离子色谱法则是一种新技术,需要离子色谱仪等分析仪器,可同时测定清洁水样中包括 SO_4^{2-} 在内的多种阴离子。《生活饮用水标准检验方法》(GB/T 5750.5-2006)中还增加了"硫酸钡比浊法"。

(1)离子色谱法

利用离子交换的原理连续对多种阴离子进行定性和定量分析。水样注入碳酸盐—碳酸

氢盐溶液并流经系列的离子交换树脂,基于待测阴离子对低容量强碱性阴离子树脂(分离柱)的相对亲和力不同而彼此分开。被分开的阴离子在流经强酸性阳离子树脂(抑制柱)时,被转换为高电导的酸型,碳酸盐—碳酸氢盐则转变成弱电导的碳酸(清除背景电导)。用电导检测器测量被转变为相应酸型的阴离子,与标准进行比较,根据保留时间定性,峰高或峰面积定量。一次进样可连续测定6种无机阴离子(F^-、Cl^-、NO_2^-、NO_3^-、HPO_4^{2-}和SO_4^{2-})。

(2)重量法

硫酸盐在盐酸溶液中与加入的氯化钡形成硫酸钡沉淀。在接近沸腾的温度下进行沉淀,并至少煮沸20 min,使沉淀陈化之后过滤,洗沉淀至无氯离子为止。烘干或者灼烧沉淀,冷却后称硫酸钡的重量。

(3)铬酸钡光度法

在酸性溶液中,铬酸钡与硫酸盐生成硫酸钡沉淀,并释放出铬酸根离子。溶液中和后,多余的铬酸钡及生成的硫酸钡仍是沉淀状态,经过滤除去沉淀。在碱性条件下,铬酸根离子呈现黄色,测定其吸光度可知硫酸盐的含量。

(4)铬酸钡间接原子吸收法

在弱酸性介质中,硫酸根与铬酸钡反应,释放出铬酸根:

$$SO_4^{2-} + BaCrO_4 = BaSO_4 \downarrow + CrO_4^{2-}$$

往试液中加入氨水和乙醇,进一步降低硫酸钡的溶解度。用 0.45 μm 微孔滤膜过滤,取滤液用火焰原子吸收法测定铬,可间接求算硫酸根的含量。

(5)硫酸钡比浊法

水中 SO_4^{2-} 和 Ba^{2+} 生成 $BaSO_4$ 沉淀,形成浑浊,其浑浊程度与水样中 SO_4^{2-} 的含量成正比。该浑浊程度可以用浊度仪测量,也可以用分光光度计在 420 nm 处比色。

该方法适用于生活饮用水及其水源水中可溶性硫酸盐的测定。最低检测质量为 0.25 mg;若取 50 mL 水样测定,则最低检测质量浓度为 5.0 mg/L。

2. 硫化物的测定

(1)亚甲基蓝分光光度法

本方法是《海洋监测规范》(GB17378.4-2007)中的仲裁方法。适用于大洋、近岸、河口水体中硫化物浓度为 10 $\mu g/L$ 以下的水样。

基本原理:水样中的硫化物同盐酸反应,生成的硫化氢随氮气进入乙酸锌—乙酸钠混合溶液中被吸收。吸收液中的硫离子在酸性条件和三价铁离子存在下,同对氨基二甲基苯胺二盐酸盐反应,生成亚甲基蓝,在 650 nm 波长测定其吸光值。

《生活饮用水标准检验方法》(GB/T 5750.5-2006)中的"N,N-二乙基对苯二胺分光光度法"测定水中的硫化物的原理与本方法相似,即硫化物与 N,N-二乙基对苯二胺 $[(C_2H_5)_2NC_6H_4NH_2 \cdot H_2SO_4,$ 简称 DPD]及氯化铁作用,生成稳定的蓝色,在 665 nm 波长下比色定量。

(2)离子选择电极法

选自《海洋监测规范》(GB17378.4-2007),适用于大洋近岸海水中硫化物的测定。

基本原理:硫离子选择电极以硫化银为敏感膜,它对 Ag^+ 和 S^{2-} 均有响应,其电极电势与被测溶液中银离子活度呈正相关。银离子活度和硫离子活度由硫化银溶度积决定,即电极对 S^{2-} 的响应是通过 Ag_2S 的溶度积 K_{sp} 间接实现的,因而测定的电极电势值与硫离子活

度的负对数呈线性关系。当标准系列溶液与被测液离子强度相近,两者电极电势相等时,其S^{2-}浓度也相等。加入抗坏血酸做抗氧化剂,防止S^{2-}被溶解氧所氧化。海水中硫含量大于160 $\mu g/L$时可直接取样测定;小于160 $\mu g/L$时,可加入乙酸锌溶液使硫离子形成硫化锌随氢氧化锌共沉淀,再将沉淀溶解于碱性EDTA-抗坏血酸抗氧络合溶液后进行测定。

（3）碘量法

选自《水和废水监测分析方法》(第四版),适用于含硫化物在1 mg/L以上的水和废水的测定。

基本原理:水样采样时用乙酸锌和碱固定硫化物。测定时,硫化物在酸性条件下与过量的碘作用,剩余的碘用硫代硫酸钠溶液滴定,由硫代硫酸钠溶液所消耗的量间接求出硫化物的含量。

（4）间接火焰原子吸收法

选自《水和废水监测分析方法》(第四版),适用于水和污水中硫化物的测定。

基本原理:水和废水中的硫化物,是指水体中可溶解的氢硫酸盐、硫化物、酸可溶性的金属硫化物以及非离解的硫化氢。将水样酸化后转化成硫化氢,用氮气带出,被含有定量且过量的铜离子吸收液吸收。分离沉淀后,通过测定上清液中剩余的铜离子,对硫进行间接定量。

铜离子与硫化氢反应如下:

$$Cu^{2+} + H_2S \rightarrow CuS(黑色)\downarrow + 2H^+$$

在反应中加适量的醋酸—醋酸钠缓冲溶液,以调节吸收液的酸度;加适量乙醇调节吸收液的表面张力,改善吸收液中气泡的均匀性,从而可以提高该方法的回收率。

（5）气相分子吸收光谱法

选自《水和废水监测分析方法》(第四版),适用于各种水中硫化物的测定。最低检出浓度为0.005 mg/L,测定上限为10 mg/L。

基本原理:水中硫化物包括溶解性的H_2S、HS^-、S^{2-}和存在于悬浮物中的可溶性硫化物、酸可溶性金属硫化物以及未电离的有机和无机硫化物。这些硫化物可被较强的酸(5%～10%磷酸)酸化分解,生成挥发性的H_2S气体,用空气将其载入气相分子吸收光谱仪的测量系统,在200 nm附近测定吸光度来进行水和污水中硫化物的快速测定。若水样基体复杂,含干扰成分多,则采用快速沉淀过滤与吹气分离的双重去除干扰手段来进行测定。

4.4.4　硫化物的去除

一般情况下SO_4^{2-}无毒,在缺氧环境中,SO_4^{2-}可能被还原为有毒的硫化物。因此,应当始终保持水中有充足的溶解氧。当水质恶化,有H_2S产生时,泼洒含铁药剂可以起到解毒作用。

4.5 任务五　水中的Cl^-

4.5.1　Cl^-的存在及作用

Cl^-在天然水中有广泛的分布,几乎所有的水中都存在Cl^-,但含量差别很大。某些河

水中的 Cl^- 含量为每升几毫克,海水中 Cl^- 含量甚多,盐度为 35 左右的海水,其 Cl^- 含量约为 19 g/L;有的咸水湖中 Cl^- 含量达到 150 g/L;一般陆地上的淡水中每升只含数毫克到数百毫克。通常,当天然水含盐量高时,Cl^- 则是阴离子中含量最多的离子。潮湿多雨地区,水中含 Cl^- 较低,干旱和滨海地区水中 Cl^- 含量较高。沉积岩中巨大的食盐矿床是水中 Cl^- 的主要来源。此外,还来自火成岩的风化和火山喷发。许多工业废水中含大量氯化物,特别是生活污水中由于人尿的排入而含 Cl^- 较高,每人每日排出的 Cl^- 大约有 $5\sim9$ g。因此,当天然水中 Cl^- 突然升高时,常可能是受到了生活污水或工业废水的污染。因此,Cl^- 含量常被用作水体受到污染的间接指标。在盐碱地、沿海滩涂上所建的鱼塘,其池水 Cl^- 含量本来就相当高,常为主要离子中的最高者,这与土壤中盐分的渗出,地下水及海水潮汐的影响有关。这时不能用 Cl^- 含量的增加来判断水体是否受到生活污水的污染。对这类水体,在建塘养淡水鱼时,必须注意设法淡化水质。例如养鱼前池塘土质的充分浸泡,养殖过程中力求排出咸水,引入淡水,施放绿肥,以及池塘周围适当种植植物等,这些措施可以有效地降低池水的盐碱化程度。

Cl^- 无毒,渔业用水一般不做限定。对养鲤池,Cl^- 含量<4 g/L 的水都可以使用。超过此值,鲤的孵化率降低;含量超过 7 g/L,则不能孵化。

Cl^- 是水体中最保守的成分,含量一般不易变化。它又是工业废水和生活污水中含量普遍比较高的组分,尤其在 Cl^- 的本底值很低的天然水体,水中 Cl^- 的明显增加,指示着水体可能受到污染,应该引起密切注意。

水中 Cl^- 含量增加,由于 Cl^- 的络合作用,可以大大增加一些金属盐类的溶解度。例如 HgS 在 Cl^- 含量为 350 mg/L 的水中,溶解度是纯水中的 4.7 万倍,可见其影响之大。

在人类的生存活动中,氯化物有很重要的生理作用及工业用途。若饮水中 Cl^- 含量达到 250 mg/L,相应的阳离子为钠时,会感觉到咸味;水中氯化物含量高时,会损害金属管道和构筑物,并妨碍植物的生长。

4.5.2　Cl^- 的测定

氯化物的测定方法较多,其中离子色谱法是较为通用的方法,简便快速;银量滴定法所需仪器设备简单,是《海洋监测规范》(GB 17378.4-2007)中的仲裁方法,适用于海水和清洁水;电位滴定法和电极流动法适用于测定带色或污染的水样,在污染源监测中使用较多。

1. 银量滴定法(硝酸银容量法)

在中性或弱碱性溶液中,Cl^- 与硝酸银反应生成难溶的 $AgCl$ 沉淀,以铬酸钾指示终点,当 Cl^- 全量生成 $AgCl$ 时,过量的银生成红色的铬酸银。

$$Ag^+ + Cl^- \rightarrow AgCl\downarrow$$
$$2Ag^+ + CrO_4^{2-} \rightarrow Ag_2CrO_4\downarrow$$

应用本法测定时,溴化物、碘化物和氰化物亦表现为定比的氯化物浓度。硫化物、硫代硫酸盐产生的干扰可用过氧化氢予以消除。耗氧量较高的水样可用高锰酸钾处理或蒸干后灰化处理。

测定方法详见《水质监测与调控技术实训》。

2. 离子色谱法

选自《水和废水监测分析方法》(第四版)。

见硫酸盐的测定方法(1)。

3.硝酸汞容量法

选自《生活饮用水标准检验方法》(GB/T 5750.5-2006)。

氯化物与硝酸汞生成离解度极小的氯化汞,滴定到达终点时,过量的硝酸汞与二苯卡巴腙生成紫色的络合物。

由于硝酸汞的剧毒性,该方法一般不推荐。

4.电位滴定法

选自《水和废水监测分析方法》(第四版)。

以氯电极为指示电极,以玻璃电极或双液接参比电极为参比,用硝酸银标准溶液滴定,用毫伏计测定两电极之间的电位变化。在恒定地加入少量硝酸银的过程中,电位变化最大时仪器的读数即为滴定终点。

4.5.3　游离氯和总氯

游离氯又称为游离余氯(活性游离氯、潜在游离氯),以次氯酸、次氯酸盐离子和单质氯的形式存在于水体中。总氯又称为总余氯,即游离氯和氯胺、有机氯胺类等化合氯的总称。

氯以单质或次氯酸盐形式加入水中后,经水解生成游离氯,包括含水分子氯、次氯酸和次氯酸盐离子等形式,其相对比例决定于水的 pH 和温度,在一般水体的 pH 下,主要是次氯酸和次氯酸盐离子。

游离氯与铵和某些含氮化合物起反应,生成化合氯。氯与铵反应生成氯胺:一氯胺、二氯胺和三氯化氮。游离氯与化合氯二者能同时存在于水中。经氯化过的污水和某些工业废水的出水通常只含有化合氯。

水中氯的来源主要是饮用水或污水中加氯以杀灭或抑制微生物,电镀废水中加氯分解有毒的氰化物。

氯化作用产生不利的影响是可使含酚的水产生氯酚,还可生成有机氯化合物,对人体十分有害,并可因存在化合氯而对某些水生物产生有害作用。

游离氯和总氯的常见测定方法有以下几种,其具体操作见《水和废水监测分析方法》(第四版)及《生活饮用水标准检验方法》(GB/T 5750-2006)。

1.碘量法测定总余氯

氯在酸性溶液中与碘化钾作用,释放出定量的碘,用硫代硫酸钠标准溶液滴定。

$$KI + CH_3COOH \rightarrow CH_3COOK + HI$$
$$2HI + HOCl \rightarrow I_2 + HCl + H_2O(或者 2HI + Cl_2 \rightarrow 2HCl + I_2)$$
$$I_2 + 2Na_2S_2O_3 \rightarrow 2NaI + Na_2S_4O_6$$

本方法适用于测定总余氯含量大于 1 mg/L 的水样。

2.DPD-硫酸亚铁铵滴定法测定游离余氯和总余氯

游离余氯在 pH 6.2~6.5 与 N,N-二乙基-1,4-苯二胺(DPD)直接反应生成红色化合物,用硫酸亚铁铵标准滴定液滴定至红色消失。

本方法可应用的含游离氯浓度范围为 0.03~5 mg/L,在较高浓度时需稀释样品。若测定总余氯可在过量碘化钾存在时进行滴定。

本方法适用于经加氯(或漂白粉等)处理的饮用水、医院污水、造纸废水、印染废水等的测定。

3. DPD 光度法测定游离余氯

游离余氯在 pH 6.2～6.5 与 N,N-二乙基-1,4-苯二胺(DPD)直接反应生成红色化合物,在 510 nm 处比色定量。

本法可以测定的含氯浓度范围为 0.05～1.5 mg/L 游离氯,超过上限浓度的样品可稀释后测定。适用于经加氯(或漂白粉等)处理的饮用水、医院污水、造纸废水、印染废水等的测定。

4.6 任务六 水中阴阳离子的去除

一些特殊工业用水、实验室用水要求去除水中的大部分离子。去除水中的阴阳离子一般可用离子交换树脂、反渗透、超滤、电渗析等方法单独或组合使用,具体见本书"3.9.4 电导率的调控"部分的内容。

> **本章小结**
>
> 本章主要介绍水中常见的 4 种阳离子(Ca^{2+}、Mg^{2+}、Na^+、K^+)和 4 种阴离子(HCO_3^-、CO_3^{2-}、SO_4^{2-}、Cl^-)的存在及作用、对水中生物的毒性、监测与调控方法,及与这些离子相关的水质指标硬度、碱度、余氯、电导率等的含义、测定方法。

思考题

1. 在天然淡水中,阳离子按含量多少的排序是什么? 在海水中,阳离子按含量多少的排序是什么?

2. 构成水的硬度的离子有哪些? 硬度对渔业用水及工业用水有何影响? 如何使硬水软化?

3. 水的硬度如何测定? 几种硬度单位间如何换算?

4. 我国对生活饮用水硬度要求为多少?

5. Na^+ 和 K^+ 对生物有何影响?

6. 碱度如何构成? 对水中生物有何影响?

7. 碱度对渔业用水有何影响? 碱度的毒性与哪些因素有关?

8. 为什么 Fe^{3+}、Fe^{2+}、石灰水、黄泥水可降低渔业用水中硫化物的毒性?

9. 水中 Cl^- 如何测定?

10. 亚甲基蓝分光光度法测定水中的硫化物的基本原理是什么?

可扫码获取本模块课件资源:

模块五　水中的溶解氧气及其监测与调控技术

5.1 气体在水中的溶解

5.1.1　气体在水中的溶解度

在一定条件下,某气体在水中的溶解达到平衡以后,一定量的水中溶解气体的量,称为该气体在所指定条件下的溶解度。一般用 100 g 水中溶解气体的克数来表示易溶气体的溶解度,即 g/100 g;而用 1 L 水中溶解气体的毫克数(或毫升数)来表示难溶气体的溶解度,即 mg/L 或 mL/L。用毫升来表示时是指标准状态下(0 ℃、101.325 kPa)的体积。对于难溶气体,由于溶入水中的气体量很少,不会显著改变水的体积,1 L 纯水溶解的气体的毫克数也可以看作就是溶解了气体后的 1 L 水中所含该气体的毫克数。对于易溶气体,水中溶解大量气体后,体积有较大的变化,就不能把溶解度与浓度等同起来了。空气中含量较大的氮气和氧气在水中的溶解度都不大,可以不考虑溶解气体后水体积的改变。

1. 影响气体在水中溶解度的因素

(1)气体本身的性质

气体在水中的溶解度,首先决定于气体本身的性质。极性分子气体在水中的溶解度大,非极性气体分子在水中的溶解度小;能与水发生化学反应的气体溶解度大,不能与水发生化学反应的气体溶解度小。例如 NH_3、HCl 在水中的溶解度很大,而 N_2、H_2、O_2 在水中的溶解度就很小。表 5-1 列出了部分气体在 20 ℃、101.325 kPa 时在水中的溶解度。

(2)温度

一般温度升高气体在水中的溶解度降低。温度较低时气体溶解度的温度系数比较大,温度较高时气体溶解度的温度系数比较小,即在较低温条件下的温度变化对气体的溶解度影响显著,且气体溶解度随温度的升高而降低。

(3)含盐量

当温度、压力一定时,水含盐量增加,会使气体在水中的溶解度降低。这是因为随着含盐量的增加,离子对水的电缩作用(指离子吸引极性水分子,使水分子在其周围形成紧密排布的水合层的现象)加强,使水可溶解气体的空隙减少。

表 5-1　部分气体在纯水中的溶解度　　　　　　　20 ℃,101.325 kPa

气体	溶解度/(mL/L)	溶解度/(mg/L)	气体	溶解度/(mL/L)	溶解度/(mg/L)
N_2	15.5	18.9	H_2S	$2.58×10^3$	$3.85×10^3$
H_2	18.2	1.60	SO_2	$39.4×10^3$	$1.13×10^3$
O_2	31.0	43.0	NH_3	$7.02×10^3$	$5.31×10^3$
CO_2	878	1 690	C_2H_2	$1.03×10^3$	$1.17×10^3$
空气	18.7	25.8	C_2H_4	$1.22×10^2$	$1.49×10^3$
Cl_2	230	7 290	C_2H_6	47.2	62.0
O_3	368	1 375	CH_4	33.1	2.2

海水的含盐量很高(大洋平均盐度35),在相同温度和分压力下,气体在海水中的溶解度比在淡水中小得多。氧气在大洋海水中的溶解度大约只有在淡水中的 $80\%\sim82\%$。对于淡水来说,含盐量的变化幅度很小,对气体在水中的溶解度影响不大,一般不考虑含盐量的影响,而近似地采用在纯水中的溶解度值。

(4)气体分压力

在温度与含盐量一定时,气体在水中的溶解度随气体的分压增加而增加。对于难溶气体,当气体压力不很大时,气体溶解度与其分压力成正比。

2. 溶解气体在水中的饱和度

溶解气体在水中的饱和含量是指在一定的溶解条件下(温度、压力、含盐量)气体达到溶解平衡以后,1 L 水中所含该气体的量,也可以用 mL/L 或 mg/L 两种单位表示。对于难溶气体,饱和含量就等于溶解度。

饱和度 W 是指溶解气体的现存量(c)占所处条件下饱和含量(c_s)的百分比。

$$W(\%)=\frac{c}{c_s}×100$$

根据气体的饱和度,可方便地判断气体是否达到溶解平衡。当饱和度为 100% 时,说明气体达到了溶解平衡;饱和度<100%,说明气体溶解未达饱和,大气中气体可以继续向水中溶解;饱和度>100% 为过饱和,水中气体主要向大气逸出。

经验公式:海水中饱和DO=淡水饱和DO-盐度(‰)×0.036。

5.1.2　气体在水中的溶解和逸出

当气体气相分压力超过液相分压力时,就会发生该气体由气相向液相的转移,即发生了净溶解;反之,当某气体气相分压力小于液相分压力时,就会发生该气体由液相向气相的转移,即发生了净逸出。影响气体在水中的溶解和逸出有多种因素。

1. 水中溶解气体的饱和程度

水中气体含量与饱和含量相差越远,气体由气相溶于液相的速度就越快。

2. 水的单位体积表面积

在同样的不饱和程度下,单位体积表面积大的,气体与水的接触面积大,浓度增加快。

3．扰动状况

增加液相内部的扰动作用，把已溶有较多气体靠近界面的水移向深部，把深处含溶解气体较少的水移向界面，可提高溶解速率。增加气相内部的扰动作用，也可以加快溶解速度。

扰动对加速气体向水中溶解有重要的意义。有人利用氧气的扩散性质做过一个有关的计算，在绝对没有扰动混合作用的静止条件下，单纯靠分子扩散，在 20 ℃、101.3 kPa 大气压时，要将水深 30.05 cm 处的溶氧从 3 mg/L 上升到 4 mg/L 需要 12 d。说明没有扰动，单纯靠分子扩散，氧气的溶解速度是很慢的。

5.2 水中溶解的氧气

水中溶解的氧气是水生生物赖以生存的必备条件，对水中生物有重要影响。水体缺氧，将会使生物窒息死亡。

5.2.1　水中氧气的来源与消耗

1．水中氧气的来源

水中的氧气主要有以下三方面的来源：

（1）空气的溶解

水面与空气接触，空气中的氧气将溶于水中，溶解的速率与水中溶氧的不饱和程度成正比，还与水面扰动状况及单位体积的表面积有关，也就与风力和水深有关。氧气在水中的不饱和程度大，水面风力大和水较浅时，空气溶解起的作用就大。

如没有风力或人为的搅动，空气溶解增氧速率是很慢的，远不能满足池塘对氧气的消耗。为了增加氧气溶解速率，在水体缺氧时需开动增氧机。在养殖生产中还主张中午前后开动增氧机来改善池塘氧气状况，这并不是从增加氧气溶解速率来考虑的。中午池水中一般溶氧量较高，常过饱和，这时开增氧机可改善底层水的溶氧状况和提高下午浮游植物光合作用的产氧效率。

（2）光合作用

水生植物光合作用释放 O_2，是池塘中氧气的主要来源。

一般河流、湖泊表层水夏季光合作用产氧速率为 0.5～10 g/（m²·d）。据雷衍之等（1983）对我国淡水养鱼高产地区之一江苏无锡市郊成鱼养殖高产池塘调查，表层光合作用产氧速率为 13.0～20.6 mg/（L·d），平均（17.82±2.77）mg/（L·d）；中层（1.0 m）为 0.12～5.54 mg/（L·d），平均（1.13±1.6）mg/（L·d）。每平方米水柱产氧速率为 6.6～14.3 g/（m²·d），平均 10.09 g/（m²·d）。哈尔滨地区成鱼池，光合作用产氧速率为 12.6～31.5 mg/（L·d），平均（20.3±7.43）mg/（L·d），中层（0.7～0.8 m）为 0.41～6.94 mg/（L·d），平均（2.82±2.14）mg/（L·d），平均每平方米水柱产氧速率为 10.01 g/（m²·d）（金送笛等，1984）。

光合作用产氧速率与光照条件、水温、水生植物种类和数量、营养元素供给状况等因素有关。气温较高的夏季产氧速率较高，冬季温度较低产氧速率低很多。

一般各水层光合作用产氧速率随深度的增加而减少。但浮游植物在过强光线照射下会产生光抑制效应,表层光合作用速率反而不如次表层大。如有实验表明,晴天因光抑制现象,产氧量最高在次表层,阴天则表层水为最高。适当数量的浮游植物,可增加水柱产氧速率,浮游植物生物量过高,使透明度降低,植物自遮作用增强,光照不足反而使整个水体产氧速率下降。

藻类进行光合作用的最终结果是合成藻体的有机质,浮游植物的平均元素组成可用$(CH_2O)_{106}(NH_3)_{16}H_3PO_4$来表示,光合作用的各元素的计量关系可用下式来表示:

$$106CO_2+16NO_3^-+HPO_4^{2-}+18H^++122H_2O=(CH_2O)_{106}(NH_3)_{16}H_3PO_4+138O_2$$

由此可计算出浮游植物光合作用对 P、N、C 的需求及释放 O_2 的比例:

$$P:N:C:O_2=1:16:106:138(物质的量比)$$

或

$$P:N:C:O_2=1:7.2:41:142(质量比)$$

因此得出,浮游植物光合作用释放 1 mg O_2 产生有机碳的量为 0.289 mg。

(3)补水

鱼池在补水的同时,可增加缺氧水体氧气的含量。在工厂化流水养鱼中补水补氧是氧气的主要来源。在非流水养鱼的池塘中,补水量较小,补水对鱼池的直接增氧作用不大。只有当补水中氧气含量较高、补水量大、池塘原水溶氧缺乏时,补充水增氧才具有一定的效果(可抢救池中生物)。

在以上三种氧气来源中,一般养鱼池塘中以浮游植物光合作用产氧为主,但所占比例有所不同。一些研究者对不同类型鱼池氧气来源进行了估算,其结果见表 5-2:

表 5-2　鱼池氧气来源

		光合作用/%	空气溶解/%	补水/%
国外低产鱼池		89	7	4
国内高产淡水鱼池	雷衍之,1983	61	39	忽略
	姚宏禄,1988	86	14	—
	徐宁,1999	91.3～100	5.3～7.8	—

2. 水中氧气的消耗

水中的氧气主要有以下四种消耗途径:

(1)鱼、虾等大型生物呼吸

鱼、虾的呼吸耗氧率随种类、个体大小、发育阶段、水温等因素而变化。鱼的呼吸耗氧率为 63.5～665 mg/(kg·h)。鱼、虾的耗氧量(以每尾鱼每小时消耗氧气的量计)随个体的增大而增加。而耗氧率(以单位时间内单位体重消耗氧气的量计)随个体的增大而减小。活动性强的鱼耗氧率较大。在适宜的温度范围内,水温升高,鱼、虾耗氧率增加。如 23℃时日本对虾耗氧率,体重为 3.1 g 的个体,静止时为 193 mg/(kg·h),活动时为 626 mg/(kg·h);体重 16.1 g 的个体,静止时为 110 mg/(kg·h),活动时为 446 mg/(kg·h)。体长为 7.5 cm 的中国对虾耗氧率,10℃时为 93.2 mg/(kg·h),20℃时为 440 mg/(kg·h),28℃时为 560 mg/(kg·h)。可见,水温和个体大小对生物的耗氧速率影响很大。

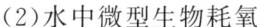

（2）水中微型生物耗氧

水中微型生物耗氧主要包括浮游动物、浮游植物、细菌呼吸耗氧以及有机物在细菌参与下的分解耗氧。这部分氧气的消耗也与耗氧生物种类、个体大小、水温和水中有机物的数量有关。据日本学者对养鳗池调查，在 $20.5\sim25.5$℃时，浮游动物耗氧的速率为 $721\sim932$ mL/（kg·h）。原生动物的耗氧速率为 $0.17\times10^3\sim11\times10^3$ mL/（kg·h）。浮游植物也需要呼吸耗氧，只是白天其光合作用产氧量远大于本身的呼吸耗氧量。据研究，处于迅速增长期的浮游植物，每天的呼吸耗氧量占其产氧量的 $10\%\sim20\%$。有机物耗氧主要决定于有机物的数量和有机物的种类（在常温下是否易于分解）。

通常把水中微型生物耗氧叫作"水呼吸"耗氧。水呼吸可用不透光的"黑瓶"直接测定，即将待测水样用虹吸法同时注入黑瓶及测氧瓶中，测氧瓶立即固定溶氧并测定，黑瓶放入池塘取样水层，过一段时间后，取出黑瓶测定其水中溶氧。根据前后两次测得溶氧量之差和在池塘中放置的时间，就可以计算出每升水在 24 h 内所消耗氧气的量，此为水呼吸。可见，水呼吸不仅包括浮游动物、浮游植物、细菌呼吸耗氧，有机物的分解耗氧，还包括水中的其他化学物质氧化对氧气的消耗量。据苏联学者研究，有藻类水华的池塘水呼吸耗氧量为 $5.3\sim13.5$ mg/（L·d），无藻类水华的池塘水呼吸耗氧量为 $2.4\sim5.3$ mg/（L·d）。我国无锡地区高产池水呼吸耗氧速率，在 4—8 月份表层为 $2.48\sim10.8$ mg/（L·d），平均（6.68 ± 0.19）mg/（L·d）；中层 $1.15\sim8.34$ mg/（L·d），平均（4.96 ± 0.66）mg/（L·d）。冬季水呼吸大为减少，如哈尔滨地区越冬池水呼吸耗氧速率为 $0.04\sim3.76$ mg/（L·d），平均（0.62 ± 0.52）mg/（L·d），仅为夏季水呼吸平均值的 9% 左右。

苏联学者对 10 个湖泊水库的水呼吸组成研究指出，在水呼吸中浮游动物占 $5\%\sim34\%$，平均 23.5%，浮游植物占 $4\%\sim32\%$，平均 19.1%，细菌占 $40\%\sim73\%$，平均 57.4%。可见，细菌呼吸耗氧是水呼吸耗氧的主要组成部分。

（3）底质耗氧

底质耗氧比较复杂，主要包括底栖生物呼吸耗氧，有机物分解耗氧，呈还原态的无机物化学氧化耗氧。

据资料介绍，一些淡水湖泊底质耗氧速率为 $0.3\sim1.0$ g/（m^2·d）。我国辽宁省夏季养鱼池塘耗氧速率为 $0.67\sim2.01$ g/（m^2·d），平均（1.31 ± 0.35）g/（m^2·d），哈尔滨地区鱼类越冬池底质平均耗氧速率为 0.4 g/（m^2·d）（雷衍之，1992）。内蒙古地区鱼池，生长期为 1.4 g/（m^2·d），越冬期为 0.47 g/（m^2·d）（申玉春，1998）。日本养鳗池为 $1.1\sim13.2$ g/（m^2·d），美国养鱼池底质耗氧速率的中值为 1.46 g/（m^2·d），苏联养鲤池为 $0.4\sim1.0$ g/（m^2·d）。

（4）逸出

当表层水中溶氧过饱和时，就会发生氧气的逸出。静止的条件下逸出速率是很慢的，风对水面的扰动可加速这一过程。养鱼池中午表层水溶氧经常过饱和，会有氧气逸出，不过占的比例一般不大。

对于水中氧气消耗的四种途径各自所占的比例，一般认为"水呼吸"是占比例最大的耗氧途径，其他途径占的比例不尽相同，以下是一些调查结果：

①国外

池塘养鱼单产较低，池中鱼载量小，池鱼耗氧一般占总耗氧的 $5\%\sim15\%$，逸出占

1.5%，其他占 80%～90%。

②国内

淡水鱼池耗氧状况：a. 无锡地区高产鱼池的估算结果：池鱼耗氧量占总耗氧的 20%，水呼吸占 71%，底质耗氧占 9%（估算时忽略了逸出损失）；b. 池鱼耗氧占总耗氧的 16.1%，水呼吸占 72.9%，底质耗氧占 0.6%，逸出占 10.4%；c. 池鱼耗氧占总耗氧的 15.3%，水呼吸占 69.4%，底质耗氧占 14.8%（忽略了逸出损失）。

海水池塘的耗氧状况：a. 虾呼吸耗氧占总耗氧的 25.2%，水呼吸占 58.2%，底质耗氧占 16.6%（臧维玲，1995）；b. 鱼呼吸耗氧占总耗氧量的 16.1%～16.9%，水呼吸占 63.1%～67.9%，底质耗氧占 13.4%～18.9%（徐宁，1999）；c. 对虾池养殖后期，对虾呼吸耗氧占总耗氧的 34%，水呼吸占 35%，底质耗氧占 30%（林斌，1995）。

5.2.2 水中溶解氧的分布

水中的溶解氧在来源因素（增氧因素）和消耗因素（耗氧因素）的综合作用下不断地变化着，其时空的分布有一定的规律性。

1. 水中溶解氧的时间变化

（1）溶解氧的日变化

湖泊、水库表层水的溶氧有明显的昼夜变化，小范围的养殖池塘溶解氧的昼夜变化更加明显。这是由于光合作用是水中氧气的主要来源，而光合作用受光照的日周期性影响，白天有光合作用，晚上光合作用停止。这就造成表层水溶解氧白天逐渐升高，晚上逐渐降低。溶解氧的最高值出现在下午日落前的某一时刻，最低值则出现在日出前后的某一时刻。最低值与最高值的具体时间取决于增氧因素和耗氧因素的相对关系。如果耗氧因素占优势，则早晨溶解氧回升时间推迟，且溶解氧最低值偏低。日出后光合作用速率增加，产氧能力超过耗氧速率，溶解氧就回升，直到下午某个时刻达到最大值，以后逐渐降低，如此周而复始地变化。具体条件不同，情况也不相同。图 5-1 是水体典型的溶解氧昼夜变化情况。

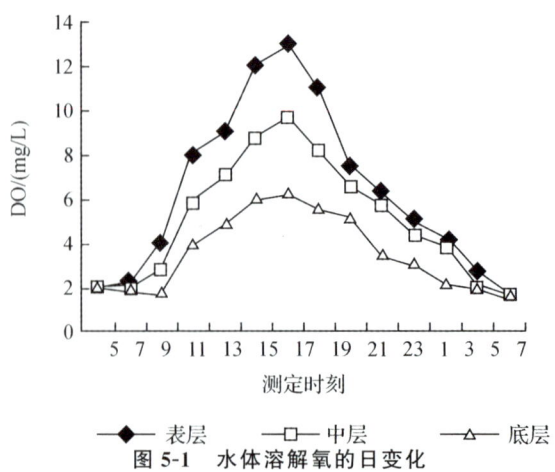

图 5-1　水体溶解氧的日变化

从图中可以看出，水体的中层和底层的溶解氧也有昼夜变化，但变化幅度较小，变化的趋势也有所不同。由于在一般水体中中层和底层光照较弱，产氧就少，风力的混合作用可将上层的溶解氧送至中下层,影响溶解氧的变化。

溶解氧的日变化中,最高值与最低值之差称为昼夜变化幅度,简称为"日较差"。日较差的大小可反映水体产氧与耗氧的相对强度。当产氧和耗氧都较多时,日较差较大。日较差大,说明水中浮游植物较多,浮游动物和有机物质的量适中,也就是饵科生物较为丰富。这对鱼类生长是有利的。在溶解氧最低值不影响鱼类生长的前提下,养鱼池的日较差大一些较好。南方渔农中流传的"鱼不浮头不长"的说法,是指早晨鱼轻微浮头的鱼池,鱼的生长一般较快。但是这只适用于需要在养鱼池中培养天然饵料的养殖模式,对于用全价配合饲料流水养鱼或网箱养鱼模式就不适用。

(2)溶解氧的月变化与季节变化

在一个时期内,随水温变化及水中生物群落的演变,溶解氧的状况也可能发生一种趋向性的变化。但是情况比较复杂,变化的趋向随条件而变。如贫营养型湖泊,水中生物较少,上层溶解氧接近于饱和,溶解氧的季节变化将是冬季含量高,夏季含量低,随溶解度而变。而生物密度大的水体,如养殖池塘等,变化则比较剧烈,在一段时间内(长则 10～15 d,短则3～5 d),水中的生物群落就会发生较大的变化,可引起溶解氧状况的急剧变化。如浮游植物丰富、浮游动物适中、溶解氧正常的水体,在 3～5 d 后可能转变为浮游动物过多、浮游植物贫乏、溶解氧过低的危险水质,这在进行水产养殖时应特别加以注意。

2. 水中溶解氧的空间变化

水体中的溶解氧在空间(垂直区域和水平区域)的分布也是不均匀的。

(1)溶解氧的垂直分布

湖泊、水库、池塘溶氧的垂直分布情况也比较复杂,与水温、水生生物状况、水体的形态等因素密切相关。

对于贫营养型水体,溶解氧主要来自空气的溶解作用,其含量主要与溶解度有关。夏季湖中形成了温跃层,上层水温高,氧气的溶解度低,含量也相应较低。下层水温低,氧气的溶解度高,含量也相应较高。

对于富营养型水体,因营养盐丰富,有机质较多,水中生物量较大,水的透明度低,上层水光合作用产氧使溶解氧丰富,下层得不到光照,光合作用产氧很少,水中原有溶解氧很快被消耗,处于低氧水平。

(2)溶解氧的水平分布

由于溶解氧的垂直分布的不均一性,在风的作用下使溶解氧的水平分布也表现为不均匀。一般情况下,水较深、浮游植物较多的鱼池,上风处水中溶解氧较低,下风处水中溶解氧较高,相差可能达到每升数毫克。表 5-3 是一水深 2 m 的池塘的溶解氧测定结果,表层溶解氧下风岸边比上风岸边高 1.92 mg/L。

表 5-3　某池塘(水深 2 m)的溶解氧

测定位置	水层	水温/℃	pH	溶解氧/(mg/L)
上风岸边	表层	22.8	8.25	8.64
	底层	22.8	8.20	8.32
下风岸边	表层	22.8	8.50	10.56
	底层	22.8	8.35	9.20

在水中溶氧底层高于表层的情况下,则会出现与上述情况相反的结果——溶解氧上风处高于下风处。对于较浅的水体(如40～50 cm深),整个水体溶解氧都过饱和,表层水溶解氧低于底层水。水清见底,水中有大量底栖藻类生长,也会出现底层溶解氧高于表层的情况。

在河流有支流汇入处,湖泊、池塘的进出水口处,浅海有淡水流入处,有生活污水及工业废水污染处,甚至鱼贝类集群处,溶解氧及其水质特点也与周围有相当大差别,水平分布呈不均匀状态。例如,有研究者测定,养珍珠贝的珠笼内的溶解氧比笼外低得多。特别是放养密度较大,网眼较小时尤其如此。

5.2.3 溶解氧对水体的影响

溶解氧对水体的影响,一方面对水中生物有直接的影响,另一方面对水中化学物质的存在形态也有重要影响,从而间接影响水中的生物。

1. 溶解氧对水中生物的影响

首先,溶解氧直接影响鱼类的生存。鱼类为维持正常的生命活动,必须不断呼吸。其呼吸耗氧速率与各种内因(如种类、年龄、体重、体表面积、性别、食物及活动强度等)、外因(溶解氧、二氧化碳、pH、水温等)有关。大部分鱼虾正常生命活动需要的溶解氧在5.0 mg/L以上,最适宜的范围是5.0～8.0 mg/L之间。

若水中溶解氧含量偏低,即使未达到窒息点,不会引起鱼类的急性反应,但也会引起慢性危害:鱼、虾会游向水面,呼吸表层水的溶解氧,严重时吞咽空气,这一现象在养殖业称为"浮头"。大规格鱼浮头的危害比鱼苗严重,对虾浮头的危害比家鱼严重。对于家鱼,早晨短时间浮头危害不大。海水养殖的对虾耗氧比鱼类高,浮头即会引起大批死亡。

其次,溶解氧含量低还会影响鱼虾的摄饵量及饵料系数。如果养殖鱼、虾长期生活在溶解氧不足的水中,摄饵量就会下降。例如,当溶解氧从7～9 mg/L降到3～4 mg/L时,鲤的摄饵量约减少一半。水中溶解氧低于3 mg/L时,对虾的摄食受到抑制。在低氧条件下,鱼、虾的生长速度减慢,饵料系数增加。根据草鱼饲养试验,在溶解氧2.7～2.8 mg/L条件下养殖,比在溶解氧5.6 mg/L条件下养殖的生长速率低约10倍,饵料系数高4倍。试验表明,溶解氧(DO)大于5 mg/L时,鱼类摄食正常;DO降至4 mg/L,鱼类摄食量下降13%;DO降至2 mg/L,鱼类摄食量下降54%,生长停滞,开始出现浮头现象;DO降至1 mg/L,鱼虾基本不吃食,形成浮头现象;DO降至0.5 mg/L,鱼虾在几小时内就会窒息死亡。当DO从7.6 mg/L下降至3.1 mg/L时,饵料系数提高5.6倍,生长速度却降低9～10倍。对虾的集约化养殖生产中,DO的含量最好控制在7 mg/L以上,生长较快。当然,影响饵料系数的因素是多方面的,溶解氧状况只是其中重要因素之一。

最后,溶解氧量低也会增加养殖鱼、虾的发病率。如鱼、虾长期生活在溶解氧不足的水中,体质将下降,对疾病抵抗力降低,故发病率升高。在低氧环境下寄生虫病也易于蔓延。溶解氧含量低将导致胚胎发育异常:在鱼、虾孵化期,胚胎对溶解氧要求较高,如果溶解氧不足易出现畸形,甚至引起胚胎死亡。此外,溶解氧偏低还可使毒物的毒性增加。

当然,对于水中生物来说,溶解氧也并不是越高越好,溶解氧过饱和有可能会引起气泡病。

2. 溶解氧对水中化学成分的影响

有机物在水中可被微生物利用而分解氧化。有氧气存在时,氧气一般是有机物氧化的电子接受体,但当氧气耗尽后,有机物氧化时的电子接受体将是水中的 NO_3^-、Fe^{3+}、SO_4^{2-}、MnO_2 等,它们接受电子后被还原为相应的还原产物。也就是说,在氧气丰富的水环境中 NO_3^-、Fe^{3+}、SO_4^{2-}、MnO_2 等是稳定的;如水中缺氧,则被还原为 NH_4^+、Fe^{2+}、S^{2-}、Mn^{2+} 等。

此外,在有氧条件下,有机物氧化则较完全,最终产物为 CO_2、H_2O、NO_3^-、SO_4^{2-} 等无毒或低毒物质。在缺氧条件下,有机物氧化不完全,会有有机酸及胺类等有害物质产生。

当水体有温跃层存在时,上下水层被隔离,底层溶解氧可能很快耗尽,出现无氧环境。此时,上下水层的水质有很大差别,许多物质上下含量不同。表 5-4 是在一个鱼种池得到的实测数据,该池中有稳定的温跃层,连续多日水的对流交换达不到底部,使底层水缺氧,呈黑色,有浓厚的 H_2S 气味,相应的 NO_3^-、NH_4^+、PO_4^{3-} 含量均有明显不同。

表 5-4 有温跃层存在下鱼池的化学成分含量　　　　　　单位:mg/L

项目	O_2	NO_3^--N	NO_2^--N	TNH_4^+-N	PO_4^{3-}-P	H_2S	总硬度/(mmol/L)	总碱度/(mmol/L)	pH	水温/℃
表层 0.2~0.3 m	15.6	1.28	0.202	0.145	0.007	无	3.16	3.23	8.70	34.1
底层 1.7 m	0	0.093	0.054	5.40	0.202	有	3.90	3.88	6.90	26.5

5.3 任务一 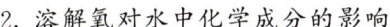水中溶解氧的监测

测定水中的溶解氧常用碘量法及其修正法、膜电极法和现场快速溶氧仪法。

清洁水可直接采用碘量法测定。

当水样中含有有色物质、氧化性物质、还原性物质、藻类、悬浮物等会影响测定结果。氧化性物质可使碘化物游离出碘,产生正干扰;某些还原性物质则可把碘还原成碘化物,产生负干扰;有机物(如腐殖酸、丹宁酸、木质素等)可能被部分氧化,产生负干扰。所以,大部分受污染的地表水、工业废水等,必须采用修正的碘量法或膜电极法测定。

水样中 NO_2^--N 含量高于 0.05 mg/L,Fe^{2+} 含量低于 1 mg/L 时,采用叠氮化钠修正法,此法适用于多数污水及生化处理水。水样中 Fe^{2+} 含量高于 1 mg/L 时,采用高锰酸钾修正法。水样有色或有悬浮物,采用明矾絮凝修正法。含有活性污泥悬浊物的水样,采用硫酸铜—氨基磺酸絮凝修正法。

膜电极法和快速溶氧仪法根据分子氧透过薄膜的扩散速率来测定水中的溶解氧,方法简便、快速,干扰少,可用于现场测定。

5.3.1 碘量法

适用于大洋和近岸海水、河水、河口水等的溶解氧测定,是《海洋监测规范》(GB 17378-

2007)规定的仲裁方法,也是《水和废水监测分析方法》(第四版)中的标准方法。

方法原理:

(1)水中氧与氯化锰和氢氧化钠反应,生成高价锰棕色沉淀:

$$Mn^{2+}+2OH^-=Mn(OH)_2\downarrow(白色)$$

$$2Mn(OH)_2+O_2=2MnO(OH)_2\downarrow(棕色)$$

(2)加酸溶解后,在I^-存在下释放出与溶解氧含量相当的游离碘:

$$MnO(OH)_2+2I^-+4H^+=Mn^{2+}+I_2+3H_2O$$

(3)用硫代硫酸钠标准溶液滴定,换算溶解氧含量:

$$I_2+2Na_2S_2O_3=2NaI+Na_2S_4O_6$$

具体测定步骤见《水质监测与调控技术实训》。

有时需要用碘量法的修正法,在《水和废水监测分析方法》(第四版)中有相关介绍。

1. 叠氮化钠修正法

水样中存在亚硝酸盐时,能与碘化钾作用释放出游离碘而产生正干扰:

$$2HNO_2+2KI+H_2SO_4\rightarrow K_2SO_4+2H_2O+N_2O_2+I_2$$

叠氮化钠可以消除亚硝酸盐的影响:

$$2NaN_3+H_2SO_4\rightarrow 2NH_3+Na_2SO_4$$

$$HNO_2+NH_3\rightarrow N_2O+N_2+H_2O$$

修正方法:将碘量法所用的固定剂之一"碱性碘化钾"改为"碱性碘化钾—叠氮化钠"溶液。如果水样中有Fe^{3+}干扰测定,则在水样采集后,用吸管插入液面下,加入 1 mL 40%氟化钾溶液、1 mL 硫酸锰溶液和 2 mL 碱性碘化钾—叠氮化钠溶液固定,其余步骤同碘量法。

注意:叠氮化钠是一种剧毒、易爆试剂,不能将碱性碘化钾—叠氮化钠溶液直接酸化,否则可能产生有毒的叠氮酸雾。

2. 高锰酸钾修正法

该方法适用于含大量Fe^{2+},不含其他还原剂及有机物的水样。

水样采集到溶解氧瓶后,用吸管于液面下加入 0.7 mL 硫酸、1 mL 0.63%高锰酸钾溶液、1 mL 40%氟化钾溶液,盖好瓶盖,颠倒混匀,放置 10 min。如果紫红色褪尽,需再加入少许高锰酸钾溶液使 5 min 内紫红色不褪。然后用吸管于液面下加入 0.5 mL 2%草酸钾溶液,盖好瓶盖,颠倒混合几次,至紫红色于 2～10 min 内褪尽;如不褪,再加入 0.5 mL 2%草酸钾溶液,直至紫红色褪尽。其余步骤同叠氮化钠修正法。

3. 明矾絮凝修正法

于 1 000 mL 具塞细口瓶中,用虹吸法注满水样并溢出1/3左右。用吸管于液面下加入 100 mL 硫酸铝钾溶液,加入 1～2 mL 浓氨水,盖好瓶盖,颠倒混匀。放置 10 min,待沉淀物下沉后,将其上清液虹吸至溶解氧瓶内(防止水样中有气泡),选择适当的修正法进行测定。

4. 硫酸铜—氨基磺酸絮凝修正法

于 1 000 mL 具塞细口瓶中,用虹吸法注满水样并溢出1/3左右。用吸管于液面下加入 10 mL 硫酸铜—氨基磺酸抑制剂,盖好瓶盖,颠倒混匀。静置,待沉淀物下沉后,将其上清液虹吸至溶解氧瓶内(防止水样中有气泡),选择适当的修正法尽快测定。

5.3.2　膜电极法(电化学探头法)

选自《水质　溶解氧的测定　电化学探头法》(HJ 506-2009)。

本方法适用于地表水、地下水、生活污水、工业废水和盐水中溶解氧的测定,可测定水中饱和百分率为 $0\%\sim100\%$ 的溶解氧,还可测量高于 100%(20 mg/L)的过饱和溶解氧。

方法原理:溶解氧电化学探头分为原电池型和极谱型两类,是一个用选择性薄膜封闭的小室(图 5-2),室内有两个金属电极并充有电解质。氧和一定数量的其他气体及亲液物质可透过这层薄膜,但水和可溶性物质的离子几乎不能透过这层膜。将探头浸入水中进行溶解氧的测定时,由于电池作用或外加电压在两个电极间产生电位差,使金属离子在阳极进入溶液,同时氧气通过薄膜扩散在阴极获得电子被还原,产生的电流与穿过薄膜和电解质层的氧的传递速度成正比,即在一定的温度下,该电流与水中氧的分压(或浓度)成正比。

薄膜对气体的渗透性受温度变化的影响大,要采用数学方法对温度进行校正,也可在电路中安装热敏元件对温度变化进行自动补偿。仪器电路中一般还安装了压力传感器对压力进行补偿。若测定海水、港湾水等含盐量高的水,也应根据含盐量对测量值进行修正(见表 5-5)。有些仪器也可设置盐度补偿。

测量时,应先按照仪器的说明书进行零点检查和调整、饱和值的校准、补偿参数的设定等,然后再进行测定。

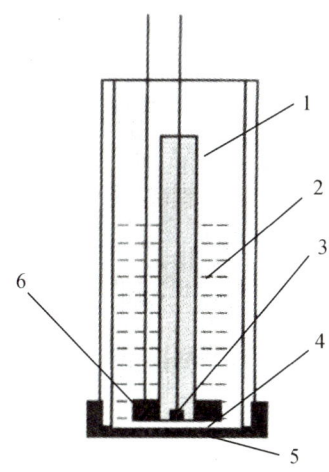

1—绝缘支撑体;2—KCl缓冲溶液;3—铂圆盘电极;
4—电解质溶液薄层;5—可拆卸渗透膜;6—环形银阳极

图 5-2　溶解氧电极结构

水中存在的一些气体和蒸汽,例如氯、SO_2、H_2S、胺、NH_3、CO_2、溴和碘等物质,通过膜扩散影响被测电流而干扰测定;水样中的其他物质如溶剂、油类、硫化物、碳酸盐和藻类等物质可能堵塞薄膜,引起薄膜损坏和电极腐蚀,影响被测电流而干扰测定,在测定过程中应注意避免。

表 5-5　氧的溶解度与水温和含盐量的函数关系

温度/℃	在标准大气压(101.325 kPa)下氧的溶解度[$\rho(O)_s$]/(mg/L)	水中含盐量每增加 1 g/kg 时溶解氧的修正值[$\Delta\rho(O)_s$]/[(mg/L)/(g/kg)]	温度/℃	在标准大气压(101.325 kPa)下氧的溶解度[$\rho(O)_s$]/(mg/L)	水中含盐量每增加 1 g/kg 时溶解氧的修正值[$\Delta\rho(O)_s$]/[(mg/L)/(g/kg)]
0	14.62	0.087 5	21	8.91	0.046 4
1	14.22	0.084 3	22	8.74	0.045 3
2	13.83	0.081 8	23	8.58	0.044 3
3	13.46	0.078 9	24	8.42	0.043 2
4	13.11	0.076 0	25	8.26	0.042 1
5	12.77	0.073 9	26	8.11	0.040 7
6	12.45	0.071 4	27	7.97	0.040 0
7	12.14	0.069 3	28	7.83	0.038 9
8	11.84	0.067 1	29	7.69	0.038 2
9	11.56	0.065 0	30	7.56	0.037 1
10	11.29	0.063 2	31	7.43	
11	11.03	0.061 4	32	7.30	
12	10.78	0.059 3	33	7.18	
13	10.54	0.058 2	34	7.07	
14	10.31	0.056 1	35	6.95	
15	10.08	0.054 5	36	6.84	
16	9.87	0.053 2	37	6.73	
17	9.66	0.051 4	38	6.63	
18	9.47	0.050 0	39	6.53	
19	9.28	0.048 9	40	6.43	
20	9.09	0.047 5			

选自 HJ 506-2009。

5.4 任务二 水中溶解氧的调控

　　水中溶解氧含量过高或过低,对水中生物的生长都是不利的,必须使溶解氧保持在一个合理的范围。要提高水中溶解氧含量,应该从增加来源、降低消耗两方面考虑。

5.4.1　降低水体氧气消耗的速率及数量

从前面的讨论中我们知道,水中溶解氧主要有四方面的消耗途径。可以用定期清淤的方法降低底质耗氧。同时,对于养殖水体,过度投饵不仅浪费,还增加了水中有机物的含量,因此要合理施肥投饵;用明矾、黄泥浆凝聚沉淀水中有机物及细菌、有害物质等方法,也可以减少"水呼吸",达到减少耗氧的效果。

5.4.2　增加水体氧气的来源

1. 生物增氧

保证水中有充分的植物营养元素和光照,增加浮游植物种群数量。

2. 人工增氧

包括机械增氧和化学增氧。

机械增氧主要是采用注入溶氧量较高的水(此属于补水增氧)或用增氧机(图 5-3)搅水,增加空气中氧气向水中的溶解速度。

图 5-3　增氧机

化学增氧是借助一些化学试剂向水中释放氧气,如过氧化钙(CaO_2)。CaO_2 为白色结晶粉末,与水发生化学反应可放出氧气:

$$CaO_2 + H_2O \rightarrow Ca(OH)_2 + O_2 \uparrow$$

施用过氧化钙一般每月一次即可,初次每公顷用 $50 \sim 100$ kg,以后可以减半。水质、底质有机物负荷过高时,用量可取高限,反之,则取低限。过氧化钙不仅能增氧,而且可增加水体的碱度和硬度,提高 pH,絮凝有机物及胶粒,起到改良水质和底质的作用。

有研究发现,某些种类的活性沸石因有巨大的比表面积,当施用于池塘时,每千克可带入空气 100 L,相当于 21 L 氧气,均以微气泡放出,增氧效果较好。同时,活性沸石还有吸附异物,改良水质、底质的功效。此外,过氧化氢等在水中施用也有一定的增氧效果。但由于化学物质成本较高,所以养殖生产中较少采用。

*5.5 延伸阅读——气体的溶解逸出与气泡病的关系

气泡病最典型的症状是发病的动物,例如鱼,身体表皮下有许多气泡,眼球比较突出,解剖可见肠道充气,有的还可以在动脉壁、血液中见到气泡。体表的气泡多发生在鱼的胸鳍、尾鳍和尾柄部位。鱼苗、幼鱼阶段容易发生。发病的原因,过去认为是鱼苗误吞食水中气泡造成;现在一般认为是水中溶解气体分压过高造成,类似人类的潜水病。气泡病是一种物理因素引起的病害,是水生动物较长时间生活在溶解气体分压总和过高,超过水层的流体静止压强过多的水中,使溶解气体在其体内、皮肤下、血液中等部位以气泡状态游离出来。轻微的引起病体游泳失去平衡;严重的,血液中的气泡会造成血管栓塞,引起昏迷和死亡。气泡病在夏季和冬季都有发现。在养殖生产实践中常可观察到,有的水中溶解氧在 14 mg/L 甚至更低就发生了气泡病,而在越冬池水中持续长期在 20 mg/L 甚至 30 mg/L 以上,却不发生气泡病。原因是什么?患了气泡病的病鱼,是迅速将其转移到正常含氧水中好,还是缓慢转移好?为什么气泡多在胸鳍、尾鳍、尾柄上发生?在大坝溢洪时,为什么河道的下游容易发生气泡病?这些问题都可以从气体的溶解和逸出规律得到回答。

5.5.1 水中溶解气体过饱和产生的原因

1. 氮气

水中氮气的来源主要是空气的溶解。虽然反硝化作用也能产生一定量的氮气,但在池塘富氧条件下几乎不发生反硝化作用。一般认为,表层水在风浪作用下,与空气接触充分,氮气的溶解一般可以达到饱和,不能过饱和。但是,如果在低温下达到溶解平衡以后水温再升高,就会使氮气过饱和。此外,在水库溢洪时,水从高处冲向大坝下的缓冲池(消力池),水流夹带着空气冲入缓冲池水底深处,静水压力增加,被夹带的空气有部分溶解,就可以使溶解气体(包括氮气和氧气)过饱和。水在河道里向下流淌过程水温能升高,使水中溶解气体过饱和程度进一步加剧。热电厂等部门向水体排放冷却用的废热水,同时使附近水体温度升高,也会造成局部区域溶解气体过饱和。

我国北方室外越冬池冬季都有很厚的冰层覆盖。表层水冻结时,水分子以冰晶析出,其中所溶解的气体大部分转移到冰层下的水层中,也可导致溶解氮气过饱和。

2. 氧气

以上引起氮气过饱和的因素,也都对氧气有相类似的影响,同样可以使氧气过饱和。另外,水生植物的光合作用是水中氧气的主要来源,很容易使水中溶氧过饱和。夏季晴天,含藻类丰富的养鱼池水光合作用很强烈,可以使水中氧气的饱和度达到 150%～200%,有时可以达到 300%。

5.5.2 气泡病发生的条件及影响因素

据报道,水中气体的总饱和度超过 115%～120%(鲤科)、110%～115%(蛙科),鱼类就不适应,可能引发气泡病。而对于鱼苗、鱼卵,水中气体的饱和度应低于105%～108%。可见,水中溶解气体过饱和对鱼苗、鱼卵危害更大。美国环境保护局编著的《水质评价标准》提出,为保护淡水和海水生物,水中总溶解气体浓度不应该超过当地大气压和静水压条件下气体饱和值的110%。

气泡病的发生取决于水中溶解气体的总压力超出所处水层的流体静压力的程度。单纯一种气体的高度过饱和,但是总溶解气体不饱和,就不会发生气泡病。比如,用塑料袋密封运输鱼苗时,水中溶氧最大可以达到40 mg/L左右,这时并没有气泡病;或者,总溶解气体虽过饱和,但是没有超出该水层的流体静压力,就不会引起气泡病。比如,在3～4 m水深处,总溶解气体饱和度即使达到了130%～140%,也不会发生气泡病。根据亨利定律和水中溶解气体分压的概念,经过有关计算可以帮助我们对这个问题有比较明晰的认识。

例1　25℃淡水中,氮气溶解达到饱和,求在水表面和水深2 m处,水中氧气需达多少时,有可能发生气泡病。假定产生气泡病时要求水中气体分压总和在水中流体静压力的120%以上,水面压力为101.3 kPa。

解:

①水表面:因为水面压力为101.3 kPa,据题意,水中溶解气体分压总和在101.3 kPa×120%以上才可能发生气泡病,即:

$$p_{N_2} + p_{O_2} + p_W^0 \geqslant pT = 101.3 \text{ kPa} \times 120\%$$

(注:水中气体分压总和包括溶解气体分压和该温度下水的饱和蒸汽压。此处氮的分压应该是包括氩气在内的"大气氮"。)

已知25℃时,$p_W^0 = 3.166$ kPa,氮气(大气氮)达饱和时的分压:

$$p_{N_2}^0 = (101.3 - 3.166) \times 79.02\% = 77.6 \text{(kPa)}$$

所以,

$$p_{O_2} \geqslant 101.3 \times 120\% - p_{N_2} - p_W^0 = 122 - 77.6 - 3.166 = 41 \text{(kPa)}$$

25℃时氧的溶解度为8.25 mg/L,标准分压为:

$$p_{O_2}^0 = (101.3 - 3.166) \times 20.95\% = 20.56 \text{(kPa)}$$

对应于分压大于41 kPa的溶解氧,含量为:

$$c_{O_2} \geqslant 8.25 \times (41 \div 20.56) = 16 \text{(mg/L)}$$

即25℃水面大气压力为101.3 kPa,如池水氮含量正好饱和,则溶解氧达16 mg/L以上时(饱和度200%)就有可能出现气泡病。实际上,在水中因光合作用释放氧气使溶解氧过饱和的同时,也伴随着水温的升高,进而造成氮气的过饱和,这时溶解氧更低一些即可能出现气泡病。

②2 m水深处:水面压力为101.3 kPa,2 m水深处的压力还需要加上2 m水柱的压力19.6 kPa(=9.81 kPa/m×2 m)。水中溶解气体分压总和应该超过此水层流体静压力的120%。即:

$$p_T = p_{N_2} + p_{O_2} + p_W^0 \geqslant (101.3 \text{ kPa} + 19.6 \text{ kPa}) \times 120\% = 145 \text{(kPa)}$$

此时氮气仍为饱和分压

$$p_{N_2}^0 = 77.6 \text{(kPa)}$$

所以,

$$p_{O_2} \geqslant 145 - p_{N_2} - p_W^0 = 145 - 77.6 - 3.166 = 64(\text{kPa})$$

氧的标准分压为:

$$p_{O_2}^0 = (101.3 - 3.166) \times 20.95\% = 20.56(\text{kPa})$$

25℃时氧的溶解度为 8.25 mg/L,对应于分压大于 64 kPa 的溶解氧,含量为:

$$c_{O_2} \geqslant 8.25 \times (64 \div 20.56) = 26(\text{mg/L})$$

计算结果表明,较深的水体比较不容易发生气泡病。下面以水中溶解气体的总饱和度超过 115% 为发生气泡病的边界条件,计算在氮气饱和的条件下,不同水温和不同水深时,溶解氧的含量值(表 5-6)。

表 5-6 不同温度、不同水层(淡水)气泡析出时氧气的含量

单位:mg/L

水温/℃		2	10	15	20	25	30
水深/m	0	23.8	19.5	17.6	15.9	14.9	13.2
	2	39.0	32.0	29.0	26.0	24.0	21.9
	5	61.8	50.8	46.0	41.7	38.3	35.0

从表 5-6 可以看出,水温越高,水体越浅,越有发生气泡病的危险。在夏季对于较浅的水体,由于光合作用产氧量较高(15～20 mg/L),很容易引起氧气过饱和,超过鱼类的忍受限度(如 25℃,14.5 mg/L),而发生气泡病。而对于较深的水体,表层溶解气体过饱和时,鱼类可以进入深水层,从而提高其忍受能力,减少发生气泡病的可能性。

对于北方冬季冰下水体,水温较低,通常为 2～3℃,鱼类对于氧气有较高的忍受限度,如 2℃,23.8 mg/L,单纯由氧气过饱和引起气泡病几乎是不可能的。如有气泡病,多数是氮气、氧气过饱和的总结果。氮气过饱和往往是由于升温引起的,如发电厂或其他热源排放热水突然进入养殖水体导致水温迅速升高,原低温处于饱和状态的水,由于温度升高溶解度降低,发生气体的过饱和。春季自然升温过快也是这种情况。这也是春季气泡病多发的原因。

在引起气泡病方面氮气过饱和危害更大。氧气在动物体内能被消耗利用,危害小一些。Nebeker(1976)的研究指出,保持水中气体总的饱和度不变,增加氮气的浓度,鱼类的死亡显著增加。

本章小结

水中溶解的氧气是水生生物赖以生存的根本。本章介绍了气体在水中溶解的影响因素,水中氧气的来源和消耗,氧气在水中的分布及变化规律,氧气对水生生物和水中其他化学成分的影响,水中氧气含量的测定方法以及提高水中溶解氧的方法。

思考题

1. 影响气体在水中溶解的因素有哪些?

2. 水中氧气的来源和消耗途径主要有哪些?

3. 什么是"水呼吸"?如何测定?

4. 以学校一湖泊为例,其表层水一天内溶解氧的变化规律如何? 解释原因。

5. 水中的溶解氧对水生生物有何影响? 对水质化学成分有何影响?

6. 溶解氧的测定有哪些方法? 各适用于什么水体?

7. 碘量法测定水中溶解氧的原理是什么? 详述其测定分析步骤。

8. 如何提高水中的溶解氧?

可扫码获取本模块课件资源:

模块六　水的 pH 值及其监测与调控技术

6.1 水的酸碱度及 pH 值的含义

6.1.1　pH 值的含义

常温下,纯水或稀溶液中 $[H^+]$(H^+浓度)与 $[OH^-]$(OH^-浓度)的离子积恒定为 1×10^{-14},即:

$$K_w=[H^+] \cdot [OH^-]=1\times10^{-14}$$

知道了 $[H^+]$ 就可以计算出 $[OH^-]$,反之亦然。常温下溶液的酸碱性与溶液中的 $[H^+]$ 和 $[OH^-]$ 有如下关系:

酸性溶液 $[H^+]>[OH^-]$,$[H^+]>1.0\times10^{-7}$ mol/L;

中性溶液 $[H^+]=[OH^-]=1.0\times10^{-7}$ mol/L;

碱性溶液 $[H^+]<[OH^-]$,$[H^+]<1.0\times10^{-7}$ mol/L。

可见,$[H^+]$ 和 $[OH^-]$ 都可以用来表示容易酸碱性的强弱。但由于用 $[H^+]$ 或 $[OH^-]$ 表示的浓度在数值上往往相差几个数量级,于是引入 pH 来表示水的酸碱性强弱。pH 值化学定义为:水中 H^+ 浓度的负对数,即:

$$pH=-\lg[H^+]$$

例如:

$[H^+]=1\times10^{-7}$ mol/L 的中性溶液,$pH=-\lg10^{-7}=7.0$;

$[H^+]=1\times10^{-5}$ mol/L 的酸性溶液,$pH=-\lg10^{-5}=5.0$;

$[H^+]=1\times10^{-9}$ mol/L 的碱性溶液,$pH=-\lg10^{-9}=9.0$。

因此,中性溶液 $pH=7$,酸性溶液 $pH<7$,碱性溶液 $pH>7$。显然,对于 $[H^+]$ 和 $[OH^-]$ 都较小的稀溶液(<1 mol/L),用 pH 表示其酸碱度比直接用 $[H^+]$ 或 $[OH^-]$ 要方便。pH 值的一般范围为 $0\sim14$,即表示的 $[H^+]$ 或 $[OH^-]$ 范围在 $1\times10^{-14}\sim1$ mol/L。当 $[H^+]$ 或 $[OH^-]$ 大于 1 mol/L 时,直接用摩尔浓度表示。

pH 值是最常用的水质指标之一,对化学反应等有重要影响,属水质监测必测指标。

6.1.2　天然水中常见的酸碱物质

酸碱质子理论认为,能给出质子(也即 H^+)的物质是酸,如盐酸(HCl)、硫酸(H_2SO_4)、硝酸(HNO_3);能结合质子的物质是碱,如氢氧化钠($NaOH$)、氢氧化钾(KOH)等电离出来的 OH^- 可结合质子。这些酸碱物质是实验室中经常用到的化学物质。

而天然水中存的酸碱物质主要有:$H_2CO_3^*$(包括溶解水中的 CO_2 和 H_2CO_3)、HCO_3^-、CO_3^{2-}、H_3PO_4、$H_2PO_4^-$、HPO_4^{2-}、PO_4^{3-}、H_2SiO_3、$HSiO_3^-$、H_3BO_3、$H_4BO_4^-$、NH_4^+、NH_3 等。这些物质在水中可形成如下酸碱平衡,左边的物质都是酸,因为它们都可以给出质子,右边的除 H^+ 外的各物质都是碱,因为它们都能结合质子。其中,HCO_3^-、$H_2PO_4^-$、HPO_4^{2-} 是两性物质,既可给出质子表现为酸,又可结合质子表现为碱,依具体反应而变。

$$CO_2 + H_2O \rightleftharpoons H_2CO_3^*$$

$$H_2CO_3^* \rightleftharpoons HCO_3^- + H^+ \tag{1}$$

$$HCO_3^- \rightleftharpoons CO_3^{2-} + H^+ \tag{2}$$

$$H_3PO_4 \rightleftharpoons H_2PO_4^- + H^+ \tag{3}$$

$$H_2PO_4^- \rightleftharpoons HPO_4^{2-} + H^+ \tag{4}$$

$$HPO_4^{2-} \rightleftharpoons PO_4^{3-} + H^+ \tag{5}$$

$$H_2SiO_3 \rightleftharpoons HSiO_3^- + H^+ \tag{6}$$

$$H_3BO_3 + H_2O \rightleftharpoons H_4BO_4^- + H^+ \tag{7}$$

$$NH_4^+ \rightleftharpoons NH_3 + H^+ \tag{8}$$

上述这些平衡均可受水中$[H^+]$的影响。$[H^+]$增加,上述平衡向左进行,$[H^+]$减小则平衡向右进行。反过来,平衡的移动,也会影响到水中$[H^+]$,也即影响到水的 pH 值。可见,水中酸碱物质的浓度比决定了水的 pH 值。由于一般天然水中所含的酸碱物质主要是碳酸盐的几种存在形态(见表 6-1),即 $H_2CO_3^*$、HCO_3^-、CO_3^{2-},因此,在水中存在的平衡(1)和(2)左右天然水 pH 的平衡,其他平衡居次要地位。

表 6-1　天然水中常见酸碱物质的平均含量(mmol/L)

化合态	淡水平均值	表层海水	深层海水
碳酸	0.97	2.1	2.3～2.5
硅酸	0.22	<0.003	0.03～0.15
氨	0～0.01	<0.000 5	<0.000 5
磷酸	0.007	<0.000 2	0.001 7～0.002 5
硼酸	0.001	0.4	0.4
硫化氢	缺氧湖水 0.005～0.15	海沟 0.02	深海 0.33

Fe^{3+} 因可水解而产生酸:

$$Fe^{3+} + 3H_2O \rightleftharpoons Fe(OH)_3 \downarrow + 3H^+ \tag{9}$$

Fe^{2+} 能被氧化为 Fe^{3+},再水解而产生酸:

$$4Fe^{2+} + O_2 + 10H_2O \rightleftharpoons 4Fe(OH)_3 \downarrow + 8H^+ \tag{10}$$

所以,Fe^{2+} 与 Fe^{3+} 也是天然水中对 pH 有重要影响的物质。

6.1.3 天然水的酸度和碱度

关于碱度在第四章中已做了详细介绍,天然水中构成碱度的物质主要有 HCO_3^-、CO_3^{2-}、$H_2PO_4^-$、HPO_4^{2-}、PO_4^{3-}、$HSiO_3^-$、$H_4BO_4^-$、NH_3 等,此处只介绍"酸度"的概念。酸度是指水中能与强碱反应(表现为给出质子)的物质的总量,这类物质包括无机酸、有机酸、强酸弱碱盐等,用 1 L 水中能与 OH^- 结合的物质的量来表示。天然水中能与强碱反应的物质除 H^+ 外,常见的还有 $H_2CO_3^*$、HCO_3^-、H_3PO_4、$H_2PO_4^-$、H_2SiO_3、H_3BO_3、NH_4^+、Fe^{2+}、Fe^{3+}、Al^{3+} 等,后 3 种在多数天然水中含量都很小,对构成水的酸度贡献少。某些强酸性矿水、富铁地层的地下水可能含有较多的 Fe^{2+}(缺氧、酸性)、Fe^{3+}(含氧、强酸),在构成酸度上就不可忽略。

根据测定时使用的指示剂不同,分为总酸度(用酚酞作指示剂,pH 8.3)和无机酸度(又称强酸酸度,用甲基橙作指示剂,pH 3.7)。如果构成水酸度的成分复杂,各酸度对应于什么物质的含量难以确定,这只是一个总指标。对于比较清洁的天然水,可以近似认为酸度就是由水中的强酸 H^+ 与游离二氧化碳 $CO_2 \cdot H_2O$ 构成,其他含量均较小,H^+ 对应无机酸度,总酸度则包括 H^+ 与 $H_2CO_3^*$。

pH 值与酸度、碱度之间既有联系又有区别。例如,0.1 mol/L 的盐酸和 0.1 mol/L 的醋酸,其所含能与强碱发生中和作用的物质的总量相同,所以两者酸度相同;但 pH 值却大不相同,其中盐酸是强酸,在水中几乎完全解离,pH 值为 1,而醋酸是弱酸,在水中的解离度只有 1.3%,其 pH 值为 2.9。

6.2 天然水的 pH 值及其影响

6.2.1 天然水的 pH 值

天然水按照 pH 值的分类:

强酸性	pH<5.0
弱酸性	pH 5.0~6.5
中　性	pH 6.5~8.0
弱碱性	pH 8.0~10.0
强碱性	pH>10.0

天然水 pH 值的一般范围:大多数为中性到弱碱性,pH 6.0~9.0;淡水(包括饮用水)的 pH 值多在 6.5~8.5;部分苏打型湖泊水的 pH 值可达 9.0~9.5,有的可能更高;海水 pH 值一般在 7.8~8.5(四类 6.8~8.8)。地下水由于溶有较多的 CO_2,pH 值一般较低,呈弱酸性。某些铁矿的矿坑积水,由于 FeS_2 的氧化,水的 pH 值可能呈强酸性,有的 pH 值甚至可低至 2~3,这是很特殊的情况:

$$4FeS+9O_2+10H_2O=4Fe(OH)_3\downarrow+4SO_4^{2-}+8H^+$$
$$4FeS_2+15O_2+14H_2O=4Fe(OH)_3\downarrow+8SO_4^{2-}+16H^+$$

某些工业用水要求 pH 在 7.0～8.5,以防金属设备和管道被酸腐蚀。

一般天然水中由于存在碳酸的一级与二级电离平衡,$CaCO_3$ 的溶解、沉淀平衡,离子交换缓冲系统 3 个平衡系统,所以具有缓冲性,pH 值可以维持在一定范围。但外界的污染和水中生物依然会引起 pH 值的变化。

当水体受到酸、碱污染后,引起水体 pH 值变化,通过对 pH 值的测量,可以估计哪些金属已水解沉淀,哪些金属还留在水中。

水体的酸污染主要来自于冶金、搪瓷、电镀、轧钢、金属加工等工业的酸洗工序和人造纤维、酸法造纸排出的废水,另一个来源是酸性矿山排水。水体的碱污染主要来源于碱法造纸、化学纤维、制碱、制革、炼油等工业废水。

水中生物的光合作用和呼吸作用也会引起水 pH 值的变化。动植物生物量大的水体,表层水 pH 值有明显的日变化:早晨 pH 值较低,下午 pH 值较高。有些水体表层 pH 值日变幅可达 1～2 pH 单位。掌握 pH 值的日变化规律对养殖管理有重要的指导作用。一般养殖水体在太阳刚出和下山后 pH 值变化应在 0.7 之内,而在太阳刚出和中午太阳最烈时的变化在 1～2 之间。

对水体自身而言,一般表层水 pH 值大于底层,如果表层与底层差异大于 0.8,提示可能底质变化或水体有问题;而 pH 值不变化是藻类老化的预兆,表明藻类停止光合作用。

6.2.2　水体 pH 值的变化

1. 影响水体 pH 值的因素

水体 pH 值的影响因素有物理因素、化学因素、生物因素等。

物理因素主要有温度、含盐量和气体分压等。在同大气直接接触的表层水体,水温升高,CO_2 在水中的溶解度减小,平衡(1)式向左移动,水中[H^+]减少,[OH^-]增大,pH 值上升;大气中 CO_2 分压增大,CO_2 在水中的溶解度增大,平衡(1)式向右移动,水中[H^+]增大,pH 值下降;水中含盐量增加,CO_2 在水中的溶解度减小,pH 值上升。

水体中某些物质发生纯化学反应,将引起 pH 值的改变。如水体注入含 Fe^{2+}、Fe^{3+} 丰富的地下水,由于 Fe^{2+} 被氧化为 Fe^{3+},Fe^{3+} 发生水解反应产生 H^+,可使水的 pH 值下降,见平衡(9)、(10)式。

水生生态系统中的许多生物过程也将引起 pH 值的改变,如光合作用与呼吸作用、硝化与反硝化作用、H_2S 和硫化物的生物氧化还原反应、甲烷发酵等。水生植物光合作用消耗 CO_2,使水中 CO_2 含量减小,平衡(1)式向左移动,水中[H^+]减少,[OH^-]增大,pH 值上升;水生生物呼吸作用产生 CO_2,则 pH 值下降。氨氮在硝化细菌的作用下被氧化为硝酸盐氮的硝化作用过程中产生 H^+,使水的 pH 值下降,见式(11);反硝化作用结合 H^+,水的 pH 值上升。在有氧的环境中,H_2S 在硫细菌作用下被氧化为 SO_4^{2-},产生 H^+,使水的 pH 值下降,见式(12);在缺氧环境中,各种硫酸盐还原菌把 SO_4^{2-} 作为受氢体消耗水中的 H^+,将 SO_4^{2-} 还原为 H_2S,水中[H^+]减少,[OH^-]增大,水的 pH 值上升。

$$2NH_4^+ + 2O_2 \xrightarrow{\text{亚硝化单胞菌属}} 4H^+ + 2NO_2^- + 2H_2O + 能量 \tag{11-1}$$

$$2NO_2^- + O_2 \xrightarrow{\text{硝化杆菌属}} 2NO_3^- + 能量 \tag{11-2}$$

$$H_2S + 2O_2 \xrightarrow{\text{硫细菌}} SO_4^{2-} + 2H^+ \tag{12}$$

$$SO_4^{2-} + H^+ \xrightarrow{\text{硫酸盐还原菌}} H_2S + OH^- \tag{13}$$

2. 天然水的缓冲性

在天然水中,上述物理、化学、生物因素时刻都在改变水体的 pH 值,但天然水的 pH 值变化幅度不大,一般在 6~9 之间,其主要原因是水中溶解的酸碱物质使得天然水具有一定的缓冲性能,对外来的酸碱类物质的影响有一定抵御能力,从而使水的 pH 维持稳定,不发生显著的变化。

根据 6.1.2 节介绍,一般情况下,碳酸($H_2CO_3^*$)、碳酸盐(CO_3^{2-})及重碳酸盐(HCO_3^-)是天然水中主要的酸碱类物质,它们构成了水中主要的缓冲系统,见平衡式(1)、式(2)。HCO_3^- 及 CO_3^{2-} 作为水中的主要碱度物质,可结合水中增加的 H^+,减少 pH 下降幅度;$H_2CO_3^*$ 作为水中的主要酸度物质,可释放 H^+,结合水中增加的 OH^-,减少 pH 上升幅度。因此,人们通常根据它们的存在情况来估算水体的缓冲能力。

但天然水的这种缓冲能力具有一定的阈值,外界工业废水带入的酸碱污染则很大可能超出其自然调节能力。

3. 养殖水体 pH 值的变化规律

(1)日变化规律

通过对 pH 值影响因素的分析,对于养殖水体来说,pH 日变化的主要影响因素是水中发生的光合作用和呼吸作用。

日出后,光合作用消耗的 CO_2 大于呼吸作用产生的 CO_2,水中 CO_2 含量逐渐减少,pH 值逐渐上升,至下午达到最大值。在这个过程中,根据平衡(1)式,水中的 HCO_3^- 消耗用于补充水中的 CO_2,水的碱度逐渐下降;随着 pH 值的上升,水中的 CO_3^{2-} 逐渐累积,当水中的 Ca^{2+} 含量足够大时,可以限制 CO_3^{2-} 含量的增加,因而也限制了 pH 值的升高,水的硬度将逐渐下降。

日落后,光合作用停止,呼吸作用不断产生 CO_2,水中 CO_2 含量逐渐增加,pH 值开始下降,直至第二天日出前降至最小值。随着水中 CO_2 含量的增加,平衡(1)式向右移动,HCO_3^- 逐渐增多,水的碱度上升;随着 pH 值的下降,$CaCO_3$ 逐渐溶解,Ca^{2+} 得到释放,水的硬度也逐渐上升,为第二天的光合作用提供足够的碱度和硬度。

因此,在二氧化碳缓冲系统中,起主要作用的离子是 Ca^{2+}、HCO_3^-,其浓度越大,水的缓冲性越好,这两种离子分别是构成硬度和碱度的主要离子。因此,水的硬度和碱度较大,水的缓冲性就较好,不易出现 pH 值的较大波动。

正常养殖水体 pH 值的正常日变化范围为 1~2,pH 值不变或者变化太大超出此范围,均说明水体的缓冲能力低,需适当施用石灰和有机肥,来提高水体的缓冲性。

(2)年变化规律

养殖水体 pH 值年变化的主要影响因素同样是光合作用和呼吸作用。夏季日照时间长,光合作用时间长,浮游植物生长旺盛,pH 总体平均值较高,波动幅度较大;冬季日照时间段,光合作用时间较短,pH 值总体平均值较低,波动幅度较小。

6.2.3 pH 值变化对水质及水中生物的影响

1. 对水质的影响

水体长期受到酸碱污染后,pH 值发生变化,当 pH<6.5 或 pH>8.5,水中微生物生长受到抑制,使得水体自净能力受到阻碍。

pH 值的改变还会引起水中许多物质存在形式的改变,特别是一些有毒物质,导致其毒性增强。当 pH<6.5 时,Fe^{2+}、S^{2-}、CN^-(氰根离子)浓度将会增高,并且主要以毒性更强的 H_2S 和 HCN 形式存在;这些成分的毒性与低 pH 值有协同作用,pH 值越低,毒性越大。水体中的氨氮以两种形式存在,即非离子氨(NH_3)和铵离子(NH_4^+),二者之间的平衡关系受 pH 值直接调节,当 pH 值升高时(也即[H^+]减小),根据平衡(8)式,平衡向右移动,非离子氨所占的比例将增大,毒性也将随之增大。当水体 pH 值从 8.0 升高到 9.0 时,非离子氨浓度将增加 7 倍;当非离子氨浓度达到 0.02 mg/L 时会引起鱼类慢性应激,达到 0.05 mg/L 时会引起鱼类急性应激,而达到 0.40 mg/L 时鱼类开始死亡。

2. 对水中生物的影响

pH 值超出正常范围后(pH<6.5 或 pH>8.5),水中微生物(浮游植物、浮游动物、细菌)生长受到抑制,主要是细胞内酶的活性受到抑制,整个水体光合作用减弱,有机物分解速度降低,硝化过程被抑制,生态系统的物质循环将减弱。

水体 pH 值偏低将引起鱼类血液 pH 值下降,削弱其血液载氧能力,造成鱼体自身患生理性缺氧症;同时,偏酸性水体对鱼鳃有不易恢复的腐蚀作用,引起鱼鳃组织凝血性坏死,黏液增多,腹部充血发炎,当 pH<4.4 时,将引起鱼类死亡;在酸性条件下,鱼类对传染性鱼病特别敏感,易患传染性鱼病和寄生虫病。当 pH 在 5~6.5 之间,又遇到适宜的温度条件,鱼类就容易感染上嗜酸卵甲藻而患打粉病。

在碱性条件下(pH>9.5),会直接影响到鱼类血液的 pH 值,发生碱中毒,影响血液缓冲系统平衡;偏碱性水体对鳃、皮肤及黏液有腐蚀作用,引起鱼鳃分泌物凝结,使鱼呼吸困难,当 pH>10.4 时,将引起鱼类死亡;短时间内 pH 变化过大会使鱼兴奋、快游、喘息、跳跃,甚至造成灾难性的伤害。

pH 值也影响鱼类胚胎发育,pH 值过低,鱼卵卵膜软化,在孵化时极易提前破膜而死亡;若 pH<6.4 或 pH>9.4,则不能孵出鱼苗。

因此,应密切关注水体 pH 值,保持适宜水中生物生长的弱碱性水质。

6.3 任务一 pH 值的测定

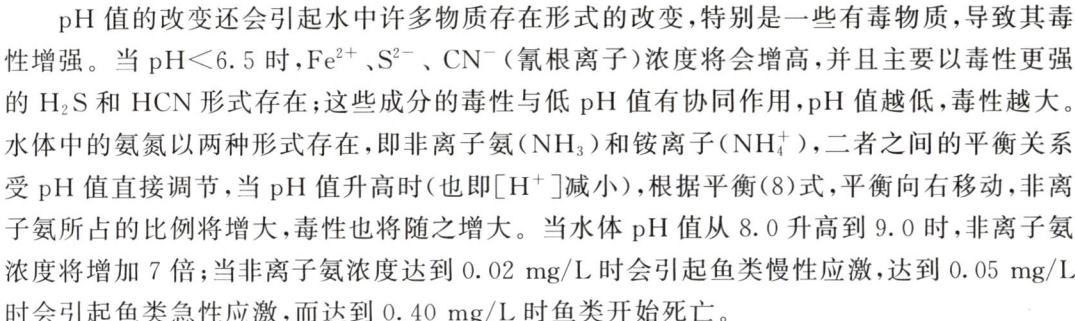

pH 值的测定通常采用比色法和玻璃电极法(pH 计法)。

6.3.1 比色法

方法原理:以含有酸碱指示剂的标准缓冲溶液作标准色列,据水样显色后的颜色用目视法确定其 pH 值。

该方法虽然简便,但易受色度、浊度、胶体物质、氧化剂、还原剂及盐度的干扰,故准确性较差。如果粗略地估计水样的 pH 值,可使用 pH 试纸。

6.3.2 玻璃电极法

本方法适用于包括生活饮用水及其水源水、大洋和近岸海水等在内的各种水样的 pH

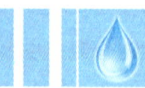

值测定,是《海洋监测规范》(GB 17378.4-2007)和《生活饮用水标准检验方法》(GB/T 5750.4-2006)中规定的仲裁方法。水样的色度、浊度、胶体微粒、游离氯、氧化剂、还原剂以及高的含盐量等干扰都较小;但当 pH>9.5 时,大量的钠离子存在会引起很大误差,读数偏低。

方法原理:以玻璃电极为指示电极,饱和甘汞电极为参比电极,插入溶液中组成原电池。当氢离子浓度发生变化时,玻璃电极和甘汞电极之间的电动势也随之变化,在 25℃时,每单位 pH 标度相当于 59.1 mV 电动势变化值,在仪器上直接以 pH 的读数表示。仪器上应有温度差异补偿装置。

玻璃电极法测定水样的 pH 值具体步骤详见《水质监测与调控技术实训》。

6.4 任务二 pH 值的调控

水体的 pH 值一般通过加酸或加碱来进行调控。

6.4.1 酸碱废水 pH 值的调控

当废水的 pH 值过高或过低影响废水处理效果时,需对其进行调节以满足污水处理工艺的需要。

将含酸废水 pH 值调高时,以碱或碱性氧化物为中和剂,如石灰、石灰石、白云石、氢氧化钠、碳酸钠等。同时,还可以就近使用一些碱性工业废渣,如化学软水站排出的碳酸钙废渣、有机化工厂或乙炔发生站排放的电石废渣(主要成分为氢氧化钙)、钢厂或电石厂筛下的废石灰、热电厂的炉灰渣和硼酸厂的硼泥等。

将碱性废水 pH 值调低时则以酸或酸性氧化物做中和剂,一般采用硫酸、盐酸等,也可以使用烟道气,利用其中的 CO_2、SO_2 等酸性气体对废水中的碱进行中和。

但为减少 pH 值调整时所需的溶药池和药剂池容积及实现 pH 值调整的自动化控制,一般污水处理中使用 40%NaOH 和 98%H_2SO_4 分别作为含酸废水和含碱废水的 pH 值调整剂,同时可以避免使用石灰类碱剂所带来的污泥问题,减少二次污染的机会。

6.4.2 养殖水体 pH 值的调控

养殖水体 pH 值偏高时,可采取的调控措施有:

(1)加注新水,同时适量换水。

(2)加酸:用酸中和水体中的 OH^-,从而达到降低 pH 值的目的。可加醋酸、盐酸等,醋酸是一种弱酸,使用安全,但成本较高。

(3)去碱:使用一些化学物质使水体中的 OH^- 被去除。如使用适量的明矾、硅酸镁等多种净水物质,让这些物质的阳离子和氢氧根离子生成胶体或沉淀,达到消耗氢氧根离子进而降低 pH 值的目的。

(4)生物调控:通过某些生物进行调控或者通过调控某些生物的生物量达到调控 pH 值的目的,如采取一些增加水体浮游动物的生物量,或者调控浮游植物量的措施。

养殖水体 pH 值偏低时,可采取的调控措施有:

(1)加注新水,同时适量换水。

(2)经常施放生石灰。

(3)使用藻类生长素加速培育浮游植物,消耗水体过多的 CO_2,提高 pH 值。

(4)使用底质改良剂改善池底老化底质,从而改良水质。

(5)少量多次用氢氧化钠调节。

以上调控措施需根据引起 pH 异常的具体原因单一或综合使用。

本章小结

pH 值是最常用的水质指标之一,对化学反应等有重要影响,是水质监测必测指标。pH 值用于表示水的酸碱性强弱,其化学含义——水中 H^+ 浓度的负对数,与"酸度"的概念不同。天然水体有各自的 pH 值范围,受到污染或水中生物的光合作用、呼吸作用等的影响时,pH 值会发生变化。水体 pH 值的变化对环境及水中生物都有影响。pH 值的精确测定方法为玻璃电极法。水体的 pH 值可通过加酸或碱来调节。

思考题

1. 酸度与 pH 值的含义相同吗?

2. 一般天然淡水的 pH 值在什么范围? 海水 pH 值在什么范围?

3. 水体受到酸或碱污染后,对环境及水中生物有何影响?

4. pH 值的测定有哪些方法? 可以用 pH 试纸精确测定水样的 pH 值吗?

5. 如何调节水体的 pH 值?

可扫码获取本模块课件资源:

模块七　水中的生物营养元素及其监测与调控技术

天然水中存在着多种水生生物生长所必需的营养元素。

按照元素在生物生理方面的功能和需要,可将组成生物体的元素划分为必需元素和非必需元素。如果某种元素被证明至少是某种生物所必需的,则该元素称为必需元素。必需元素是直接参与生物的营养,其功能不能被别的元素替代,生物生命活动不可缺少的元素。现在证明了的植物必需元素仅十几种,其中需要量大的称为常量必需元素,例如 N、P、K、Ca、Mg、S、C、H、O;需要量很少的称为微量必需元素,如 Fe、Mn、Cu、Zn、B、Mo、Cl 等。

环境中必需元素与非必需元素的含量(或浓度)同生物生长的关系有着不同的规律。图7-1(a)表明,当生物由于缺乏某种元素影响其生长或不能完成其生命循环时,补充适量的这种元素非常必要。但当供给量超过需要量时,同一种元素又可能有毒害作用。图7-1(b)表明生物可能忍受低浓度的非必需元素,当浓度超过一定界限,将对生物起明显的毒害作用。

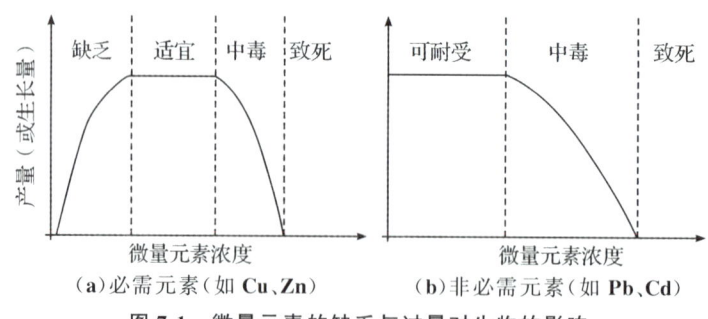

图 7-1　微量元素的缺乏与过量对生物的影响

天然水中氮、磷、硅等元素的可溶性无机化合物在水生植物的生长繁殖过程中被吸收利用,成为生物体的重要组成元素。例如生物体的蛋白质中,氮元素和磷元素的含量分别为16％和0.7％;磷元素在脂肪中的含量达 2％;硅元素是硅质生物(如硅藻等)的重要组成元素。但这些元素在天然水中的含量通常很低,远远不如构成生物体的其他元素(如 C、H、O等)那样丰富。在浮游植物大量繁殖的季节,它们有效形态的含量甚至降至吸收临界值之下,从而影响藻类的生长繁殖,限制了水体初级生产(即基础生产)的速率和产量。因此,通常把天然水中可溶性氮、磷、硅的无机化合物称为水生植物营养盐,把组成这些营养盐的主要元素氮、磷、硅称为营养元素或生原要素。

许多学者研究藻类对营养盐的吸收速率与水中营养盐浓度的关系时,得到吸收速率与浓度的关系符合一般酶促反应动力学方程——Michaelis-Menten 方程(以下简称米氏方程):

$$v = -\frac{\mathrm{d}[S]}{\mathrm{d}t} = \frac{v_{\max}[S]}{K_{\mathrm{m}} + [S]}$$

式中,v—酶促反应速度,即底物消失速度或产物生成速度;

$[S]$—限制性底物的浓度;

$v_{\max}$—最大反应速度,即$[S]$足够大时的饱和速度;

K_{m}—米氏常数,若$[S] = K_{\mathrm{m}}$时,$v = 1/2 v_{\max}$。

因此,米氏常数又称为半饱和常数。

米氏方程中各变量与各常数间的关系如图 7-2 所示。从图中可以看出,酶促反应速度随着$[S]$的增大而增大,在$[S]$较低时尤为显著,但当$[S]$足够大时,反应速度趋于一极限值$v_{\max}$。

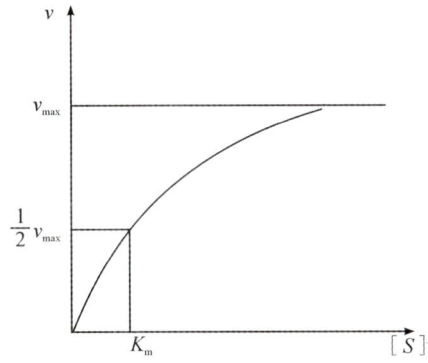

图 7-2　酶促反应速度与浓度的关系

对于藻类从水中吸收营养盐的生物化学反应,$[S]$为水中营养盐的有效浓度,v为吸收速率。值得注意的是,半饱和常数 K_{m} 值反映酶对底物的亲和力,K_{m} 值小,表明酶对底物的亲和力强,即当较低的$[S]$时,v 就可达最高值;K_{m} 大,表明底物与酶结合不稳定,要达到较高吸收速率所需的$[S]$较高。K_{m} 可用于比较不同浮游植物吸收营养盐能力的大小。在光强、水温及其他条件适宜而营养盐含量较低时,K_{m} 值越小的浮游植物越容易发展成为优势种,K_{m} 值大的浮游植物则会因缺乏营养盐而生长受到限制。当营养盐过于丰富时,浮游植物群落结构会发生明显变化,可能导致某些有害浮游植物的迅速繁殖。因此,通过实验,测得不同种类浮游植物对营养盐吸收反应的半饱和常数 K_{m} 值有重要意义。K_{m} 值以及 $v_{\max}$ 值都是酶促反应动力学过程的重要参数,一般根据实验数据由图解法求得,常见的方法是把米氏方程换成如下形式:

$$\frac{[S]}{v} = \frac{K_{\mathrm{m}}}{v_{\max}} + \frac{1}{v_{\max}}[S]$$

对于具体的吸收过程,如果符合米氏方程的关系,K_{m}、$v_{\max}$ 应为常数,新变量"$[S]/v$"与$[S]$之间则具有线性关系(图 7-3)。直线的斜率等于$1/v_{\max}$,在$[S] = 0$时的截距等于$K_{\mathrm{m}}/v_{\max}$。把直线外推到$[S]/v = 0$,也可求得 K_{m} 值。米氏方程也可换成其他直线形式进行图解。必须指出,只有处于正常营养条件下的藻类细胞对营养盐的吸收遵从米氏方程,当细胞长期生活在缺乏有效氮的水体中时,一旦获得较高的$[S]$,则吸收极快,并可能在体内贮存过量的氮,吸收过程不遵从米氏方程。如处于氮饥饿的细基江蓠(*Gracilaria tenuis-*

tipitata var.liui)对氨态氮的吸收不符合米氏方程,而是依赖于时间和介质中营养盐浓度的变化(刘静雯等,2001);此外,当有毒物质存在时,吸收速率与[S]的关系也与米氏方程不相符。

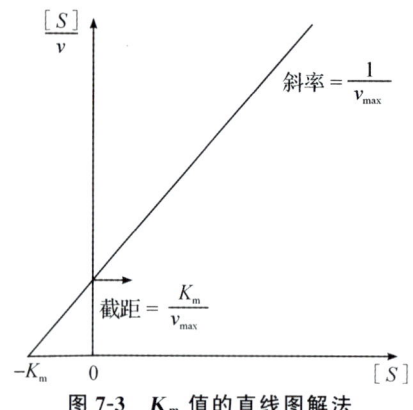

图 7-3　K_m 值的直线图解法

一般认为,为了得到藻类的正常繁殖速率,水体的限制性营养元素浓度[S]应维持在 $3K_m$(此时吸收速率 $v=0.75v_{max}$)以上。显然,若[S]不足时,浮游植物的生长、繁殖将直接受到限制。不过,在水温、光照适宜的自然条件下,影响初级产量与生产速率的限制因素不仅包括测得的平均有效浓度[S],而且与紧靠藻类细胞表面水体中营养盐的有效浓度$[S]_0$、营养盐的总储量(包括可能的补给量)$[S]_储$以及向藻类细胞表面迁移补给有效营养盐的速率有关。这些因素对初级生产量和生产速率的限制作用可以通过以下几种方式表现出来:

(1)营养元素有效形态的实际浓度[S]太低。

(2)水体内营养元素的总储量或补给量不足。

(3)各种营养元素有效形态的浓度比例不适合浮游植物的需要。

(4)迁移扩散速率太低以致$[S]_0$不足。

由此可见,营养元素的不足就会限制藻类吸收营养元素的速率,从而限制生长、繁殖速率及浮游植物的总产量。

显然,人们要想消除营养元素对水体初级生产速率和产量的限制作用,就必须使[S]、$[S]_储$和水体中营养元素的迁移扩散速率都满足要求。然而,天然水体(特别是养殖水体)往往无法同时长时间满足要求,尤其是藻类需要量大而其来源和迁移性受限的那些营养元素,往往成为限制初级生产的主要因子,因而在养殖生产实践中必须密切注意营养元素的动态,及时合理施肥。

7.1 任务一 水中的氮元素

7.1.1　天然水中的氮元素

1. 天然水中氮元素的存在形态

天然水域中,氮的存在形态可粗略分为 5 种:溶解游离态氮气、氨(铵)态氮、硝酸态氮、

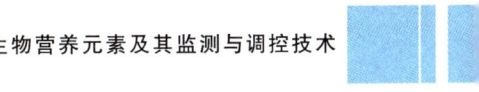

亚硝酸态氮及有机氮化物。有机氮化物包括尿素、氨基酸、蛋白质、腐殖酸等及其分解产物，这类物质的含量相对少，性质比较复杂。

（1）溶解游离态氮气（N_2）

天然水中氮的最丰富形态是溶解游离态氮气，它主要来自空气的溶解。地表水中的游离氮的含量为近饱和值。脱氮作用以及固氮作用可能改变其含量，但其影响不大，在天然水域中，游离态氮的行为基本上是保守的。

（2）硝酸态氮（$NO_3^- \text{-N}$）

在通气良好的天然水域，NO_3^- 是含氮化合物的稳定形态，在各种无机化合态氮中占优势。它是含氮物质氧化的最终产物，但在缺氧水体中可受反硝化菌的作用而被还原。

（3）亚硝酸态氮（$NO_2^- \text{-N}$）

天然水中 NO_2^- 通常比其他形态的无机氮的含量要低很多，$NO_2^- \text{-N}$ 是 $NH_4^+ \text{-N}$ 之间的一种中间氧化状态，可以作为 $NH_4^+ \text{-N}$ 的氧化和 $NO_3^- \text{-N}$ 的还原的一种过渡形态，而且在自然条件下，这两种过程受微生物的作用而活化，因此它是一种不稳定的形态。

（4）氨（铵）态氮（$TNH_4 \text{-N}$）

天然水的氨（铵）态氮是指在水中以 NH_3 和 NH_4^+ 形态存在的氮的含量之和，水化学分析测定的铵氮（或氨氮）都是两者之和，未加以区别。NH_3 和 NH_4^+ 在天然水中存在如下平衡反应，可以互相转化：

$$NH_4^+ + H_2O \Longrightarrow NH_3 + H_3O^+$$

NH_3 和 NH_4^+ 对水生生物的毒性有很大的差异，NH_4^+ 基本没有毒，NH_3 的毒性很大。在研究毒性时，需要将两者区别。为了避免混淆，这时一般把两者之和称为总氨或总氨氮，用 $TNH_4 \text{-N}$ 或 $TNH_3 \text{-N}$ 表示。将 NH_4^+（铵离子）称为离子氨，或离子氨态氮，用符号 $NH_4^+ \text{-N}$ 表示；NH_3（氨）称为非离子氨，或非离子氨态氮，用符号 $NH_3 \text{-N}$ 或 UIA 表示。但是，必须注意目前科技书刊对它们的符号使用还不一致，需要根据上下文来判断。

$NH_3 \text{-N}$ 和 $NH_4^+ \text{-N}$ 在总氨氮 $TNH_4 \text{-N}$ 中所占比例随水的 pH 而变。NH_3 不带电荷，有较强的脂溶性，易透过细胞膜，对水生生物有很强的毒性。在《海水水质标准》（GB 3097-1997）和《渔业水质标准》（GB 11607-89）中都规定非离子氨含量不得超过 0.020 mg/L。非离子氨需要根据水温、pH 和总氨氮 $TNH_4 \text{-N}$ 含量进行计算。下面是一种计算方法：

设 K_a' 为 NH_4^+ 上述反应的表观平衡常数：

$$K_{a'} = \frac{c(H^+) \times c(NH_3)}{c(NH_4^+)}$$

则 NH_3 在 $TNH_4 \text{-N}$ 中所占的百分比为：

$$UIA = \frac{c(NH_3)}{c(NH_3) + c(NH_4^+)} \times 100\% = \frac{1}{1 + 10^{(pK_a' - pH + p\gamma H^+)}} \times 100\%$$

在通常大气压下，K_a' 取决于水体的温度和盐度（离子强度）。据 Whitefield（1974）资料，25℃在不同离子强度下海水及淡水中的 pK_a' 见表 7-1。其他温度 t（摄氏温度）时的 $pK_{a,t}'$ 可由下述经验公式求算：

$$pK_{a,t}' = pK_{a,25}' + 0.032\,4(25 - t)$$

表 7-1　25℃ 在不同离子强度下海水及淡水中的 pK_a'

I	0	0.4	0.5	0.6	0.7	0.8
pK_a'	9.25	9.29	9.32	9.33	9.35	9.35

由此可见，随着水体离子强度的降低，K_a' 值略有增大时，而温度上升，K_a' 值有较明显的增大。K_a' 的压力效应不大，一般情况下可不必考虑压力的影响。在一定的温度和离子强度下，UIA(%)随着水体 pH 的增高而明显增大(表 7-2、表 7-3)。

表 7-2　淡水和海水中的 UIA(25℃,101.325 kPa)

pH		6.0	6.5	7.0	7.5	8.0	8.5	9.0	9.5
UIA/%	淡水	0.057	0.180	0.570	1.77	5.38	15.3	36.0	64.3
	海水(I=0.7)	0.035	0.11	0.35	1.1	3.4	10.1	26.2	52.9

表 7-3　淡水在不同温度和 pH 下的 UIA(%)

温度/℃	pH 值								
	6.0	6.5	7.0	7.5	8.0	8.5	9.0	9.5	10.0
5	0.013	0.040	0.12	0.39	1.2	3.8	11	28	56
10	0.019	0.059	0.19	0.59	1.8	5.6	16	37	65
15	0.027	0.087	0.27	0.86	2.7	8.0	21	46	73
20	0.040	0.13	1.40	1.2	3.8	11	28	56	80
25	0.057	0.18	1.57	1.8	5.4	15	36	64	85
30	0.080	0.25	2.80	2.5	7.5	20	45	72	89

选自《渔业水质标准》(GB 11607-89)。

2. 天然水体中无机氮的分布

(1)海水

海水中的无机氮受生物因素和水文状况的影响，随海区深度和季节的不同而有很大的差别。在夏季浮游植物繁殖季节，海水中无机氮被吸收，其含量降为最低值。夏季过后，$TNH_4\text{-}N$ 含量首先回升，随后 $NO_3^-\text{-}N$ 和 $NO_2^-\text{-}N$ 也依次上升。当冬季 $NO_3^-\text{-}N$ 含量达到最高峰时，$NO_2^-\text{-}N$ 含量下降。

在空间分布方面，一般近岸无机氮含量较远岸的外海高，$NO_2^-\text{-}N$ 通常只出现在浅海和底层海水中。大洋中 $NO_3^-\text{-}N$ 含量一般随纬度的升高而增大。垂直分布的特点是，温跃层中出现 $TNH_4\text{-}N$ 和 $NO_3^-\text{-}N$ 的最大值，在其他水层则含量很低，夏季 $NO_3^-\text{-}N$ 含量一般随深度而增加。长江口外东海海区某测站有效氮垂直分布的季节变化见图 7-4。

(2)江河、湖泊、水库和池塘

河水中含氮无机化合物主要来自大气降水、耕地施肥和生活污水。河水中硝酸盐 $NO_3^-\text{-}N$ 的含量差异很大，每升水从数微克到数十毫克。未被污染的河水，$TNH_4\text{-}N$ 含量比 $NO_3^-\text{-}N$ 少。大多数河水中所含的无机化合态氮都要比海水高得多。夏季由于水生植物的

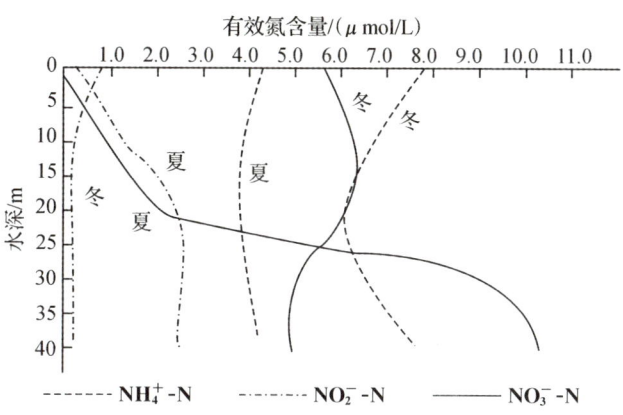

图 7-4　长江口外东海海区某测站有效氮垂直分布的季节变化

吸收利用,无机态氮含量大大降低以至达到检测不出的程度。秋季生物繁茂期过后,含量渐渐增多,到冬季达最大值。春季水温渐增,植物光合作用增强,无机化合态氮又逐渐降低。

湖泊中无机化合态氮的年变化规律与河水相似,但在夏季由于水温的明显分层,水体的垂直稳定性增强,在底层由于有机物的分解,无机氮含量明显高于表层。水库中营养元素的变化也与河水、湖泊相似。但水库主要用于灌溉、发电,水体不断更新,尤其是雨季更是如此,这不仅流失溶存的营养物质,也流失了浮游生物,使水质肥力降低,鱼类的天然饵料大量减少而影响鱼类的生长。池塘水体中无机态氮的变化与其他天然水体相似,但不同池塘因地区、水文、底质以及人工施肥的不同而有很大差别。例如,在夏秋季节,精养池塘的含氮无机盐有明显的昼夜变化和垂直变化。一般随浮游植物生长繁殖作用的消长而相应地变化。真光层的中下层以夜间和清晨为低。底层水由于有底泥中有机物矿化作用的补充,无机氮含量高于表层水,特别是 TNH_4-N,在同一测点上、下水层的含量可有很大的差异。

3. 天然水体中氮的来源和转化

(1)天然水中氮的来源

天然水中化合态氮的来源很广,包括大气降水下落过程从大气中的淋溶、地下径流从岩石土壤的溶解、水体中水生生物的代谢、水中生物的固氮作用,以及沉积物中氮的释放等。另外,工农业生产的发展、人口的增加、工业和生活污水的排放、农业的退水造成对环境的污染日益严重,污染成了天然水化合态氮的重要来源。根据文献报道,如我国滇池、东湖等城郊湖泊,由于受生活污水的影响,氨氮含量高达 $0.09\sim2.8$ mg/L(刘健康,2000)。对于水产养殖水体,施肥投饵及养殖生物的代谢是水中氮的主要来源。

天然水中和沉积物中的一些藻类(蓝、绿藻)及细菌具有特殊的酶系统,能把一般生物不能利用的单质 N_2 转变为生物能利用的化合物形态,这一过程称为固氮作用。湖泊沉积物中存在大量的固氮细菌,如巴氏固氮梭菌(*Clostridium pasteurianum*),其大部分集中于上层 2 cm 内(Kuznetsov,1970);海洋中的固氮藻类有束毛藻(*Trichodesmium sp.*)、项圈藻属(*Anabaena*)、念珠蓝藻属(*Nostoc*)等,它们有营自由生活的,也有与其他初级生产者[如角毛藻(*Phaeodactylum tricornutum*)]共生或与动物(如海胆、船蛆)共生的。在固氮作用进行时,固氮酶系统需要外界供给 Fe、Mg、Mo,有时还需 B、Ca、Co 等,水中这些微量元素的含量对固氮速率有决定性的影响。

固氮作用可以为水体不断地输送丰富的有机态氮,为水生生物提供饵料基础,但也不断促使水体富营养化。据报道,罗非鱼养殖池塘固氮作用输入的氮占总输入氮11%左右(Marco 等,1994);在加勒比海,浮游生物生产所需的氮量有20%可通过颤藻(*Oscillatoria*)的固氮作用来提供(沈国英等,2002)。通常,水中藻类及细菌固氮速率为 15 mg(N)/(m^2 · d)。随着固氮藻类密度的增大,被转化固定的氮元素的数量也将增多。许多研究者认为,在氮单独成为限制因子的水域,往往是固氮藻类的生态平衡受到干扰的结果。

(2)天然水中氮的转化

天然水中各种形态的氮在生物及非生物因素的共同作用下不断地迁移、转化,构成一个复杂的动态循环(图 7-5)。藻类的同化作用、微生物的氨化作用、硝化作用和脱氮作用在各种形态氮的相互转化过程中起着极其重要的作用。

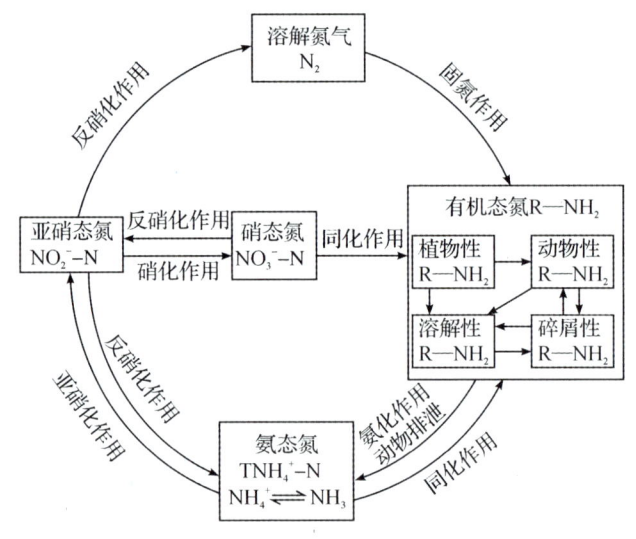

图 7-5　水中氮的转化关系

①氨化作用

含氮有机物在微生物作用下分解释放氨态氮的过程即为氨化作用。氨化作用在好气及厌气条件下都可进行,效率相差不多,但最终的产物有所不同:

$$含氮有机物 \xrightarrow{需氧生物} NH_4^+ + CO_2 + SO_4^{2-} + H_2O$$

$$含氮有机物 \xrightarrow{厌氧生物} NH_4^+ + CO_2 + 胺类、有机酸类$$

氨化的速度受 pH 影响,以中性、弱碱性环境的效率较高。天然水中各类生物的代谢废物及其残骸经过氨化作用把含氮有机物中的氨释放到水中,是重要的有效氮源之一。沉积于底质中的含氮有机物在适当的条件下,会被异养微生物分解矿化,转化为 NH_4^+(NH_3),积存于底质的间隙水中,然后通过扩散回到水体中,搅动水—底界面可加速释放过程。

②同化作用

水生植物通过吸收利用天然水中的 NH_4^+(NH_3)、NO_2^-、NO_3^- 等合成自身的物质,这一过程称为同化作用。

天然水中的 NH_4^+(NH_3)、NO_2^-、NO_3^- 等无机氮化合物是藻类能直接吸收利用的氮的形态,其中 NH_4^+(NH_3)、NO_3^- 来源广,含量较高,是水生植物氮营养元素的主要形态。某些

特殊藻类甚至可以直接以游离氮作为氮源(固氮作用)。不同种类的水生植物的有效氮的形态可能有所不同,但对一般藻类而言,有效氮指的主要是无机氮化合物。有机氮如果不经脱氨基作用分解,所含氮元素一般不能为植物直接吸收,只能在附着于植物表面的细菌的作用下被间接利用。

实验表明,当 $NH_4^+(NH_3)$、NO_2^-、NO_3^- 共存,其含量又处于同样有效量的范围内,绝大多数藻类总是优先吸收利用 $NH_4^+(NH_3)$,仅在 $NH_4^+(NH_3)$ 几乎耗尽以后,才开始利用 NO_3^-,介质 pH 较低时处于指数生长期的藻类细胞此特点尤为显著。

实验证明,在不同类型的生物体内,糖类、脂肪和蛋白质的比例可以有相当大的差别,但就平均状况而言,生物有机体都具有相对固定的元素组成。构成藻类原生质的碳、氮、磷 3 种元素的平均组成,按其原子个数之比为 $C:N:P=106:16:1$。一般认为,浮游植物对营养要素的吸收也是按照这样的比例进行的。浮游植物光合作用吸收氮磷形成细胞的原生质,总的有如下计量关系:

$$106CO_2+16NO_3^-+HPO_4^{2-}+122H_2O+18H^++微量元素 \xrightarrow{光}$$
$$(CH_2O)_{106}(NH_3)_{16}H_3PO_4+138O_2$$

$(CH_2O)_{106}(NH_3)_{16}H_3PO_4$ 表示藻类原生质的平均元素组成,式中忽略了其他微量元素,所以与实际情况有所差异。

许多天然水体的调查结果表明,有效氮浓度经常保持在 $20~\mu mol/L$ 以上是必要的。但为了防止富营养化,有效氮浓度以不超过 $20~\mu mol/L$ 为宜。

③硝化作用

在通气良好的天然水中,经硝化细菌的作用,氨可进一步被氧化为 NO_3^-,这一过程称为硝化。硝化分两个阶段进行,即:

$$2NH_4^++2O_2 \xrightarrow{亚硝化单胞菌属} 4H^++2NO_2^-+2H_2O+能量$$
$$2NO_2^-+O_2 \xrightarrow{硝化杆菌属} 2NO_3^-+能量$$

第一阶段主要由亚硝化单胞菌属引起,第二阶段主要由硝化杆菌属引起。这些细菌分别从氧化氨至亚硝酸盐和氧化亚硝酸盐至硝酸盐过程中取得能量,均是以二氧化碳为碳源进行生活的化能自养型细菌,但在自然环境中需在有机物存在的条件下才能活动。

硝化作用释放的 H^+ 可与水中的 HCO_3^- 结合。NH_4^+ 氧化时对溶解氧和碱度消耗的总计量关系式为:

$$NH_4^++1.83O_2+1.99HCO_3^- \longrightarrow 0.021C_5H_7NO_2+1.041H_2O+1.88H_2CO_3+0.98NO_3^-$$

式中 $C_5H_7NO_2$ 为硝化菌及亚硝化菌生物量的平均元素组成。硝化过程对水中溶解氧和碱度有较大的影响。所以,在使用硝化法处理城市污水时,需要考虑给体系补充氧气、碳源和碱度。

在养殖水体中,硝化作用主要受溶解氧、pH 等因素的影响。图 7-6 是溶解氧对硝化作用速度影响的研究实例。从图中可以看出,当溶解氧大约在 $5\sim6~mg/L$ 以下时,硝化速度随溶解氧含量的升高而增大。

硝化作用的适宜 pH 范围为弱碱性,其中以 pH 8.4 最好。在 pH 7.8~8.9 范围内,硝化速度可以保持最大速度的 90%。当 pH=9.5 以上时,硝化细菌受到抑制,而在 pH 6.0 以下时亚硝化细菌被抑制,硝化速度均急剧下降;在 5~30℃ 范围内,温度升高,硝化作用加

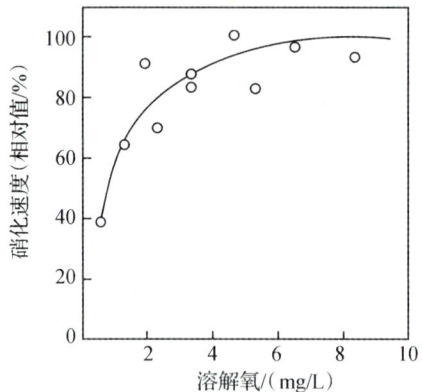

图 7-6 溶解氧对硝化速度的影响

快;低于 5℃或高于 40℃时,硝化作用受到抑制。

④脱氮作用

脱氮作用是在微生物的作用下,硝酸盐或亚硝酸盐被还原为一氧化二氮(N_2O)或氮气(N_2)的过程。参与这一过程的微生物常称为脱氮菌或反硝化菌。研究表明,有普通细菌存在的地方,一般都有脱氮菌存在。在水体中,脱氮菌约占细菌总数的 5%。在土壤中,多时可达 30%左右。脱氮菌绝大部分都是条件性厌氧细菌。在缺氧条件下,通过厌氧细菌的活动,NO_3^-被还原为 N_2。脱氮作用的详细生化机理尚不清楚,一般认为可能按下述途径进行:

$$HNO_3 \rightarrow 2HNO_2 \rightarrow \begin{array}{l} [HON=NOH] \\ \text{次亚硝酸} \end{array} \begin{array}{l} \nearrow 2NH_2OH \rightarrow 2NH_3(\text{次要}) \\ \rightarrow N_2(\text{主要}) \\ \searrow N_2O(\text{主要}) \end{array}$$

还原产物随具体还原条件而不同。据调查,在 30℃时,脱氮菌(*Denitrobacillus*)还原 NO_3^- 所得的气体产物中,N_2 与 N_2O 大体各占一半。

脱氮作用受许多水质条件的影响,例如 pH 以 7~8 为最适范围,而 pH<5 时,脱氮作用停止;在一定的浓度范围内,脱氮反应速率随着 NO_3^-、NO_2^- 含量的增大而增高;溶解氧含量低于 0.15~0.5 mg/L 脱氮作用才顺利进行。此外,脱氮作用还与作为电子接受体的基质(如溶解有机物等)含量有关。

据估计,每年进入生物圈的固定态氮(包括工业固氮与生物固氮)有 90%以上都经脱氮作用而离开生物圈,以气态氮形态回到大气。

7.1.2 水体中氮元素与水生生物的关系

天然水体中无机态氮与水生生物的关系表现在两个方面:一方面,NH_4^+(NH_3)、NO_2^-、NO_3^- 是藻类能直接吸收利用的氮的形态,在适宜的浓度范围内,增加其含量,可提高浮游植物的生物量,提高天然饵料基础,促进水生生物生长;另一方面,当水体中无机态氮含量过高时,易导致水体富营养化,对水生生物产生有害的影响。

20 世纪 80 年代中期以来,工农业生产活动和生活污水的排放,给水体带来大量的无机态氮;水产养殖业常常由于养殖或培育的生物密度过大,导致 NH_4^+(NH_3)积累;水体中死亡或者衰老的藻类细胞的自溶以及细菌的活动都将使原来以颗粒状结合着的大部分有机氮以 NH_4^+（NH_3）的形态释放到水中。此外，养殖生物排泄的可溶性无机氮以 NH_4^+（NH_3）为主，例如：正在发育的虹鳟排泄 TNH_4-N 的速率为 17 mg/(h·kg)（体重）（Shiranata，1964）；海湾扇贝（软体湿重为 5 克左右）在水温 20℃时排泄 TNH_4-N 的速率为 6.26 mg/(h·kg)（体重）（王芳，1998）；中国对虾稚虾在 25℃下排泄 TNH_4-N 的速率为 23.84 mg/(h·kg)（体重）（张硕等，1998）。这些因素易使水体中无机态氮含量过高，导致水体富营养化，诱发有害水华或赤潮，危害生态平衡，损害水产养殖生产。

水合氨能通过生物表面渗入体内，渗入量取决于水体与生物体内（如血液、水分）的 pH 差异，如果任何一边液体的 pH 发生变化，生物表面两边的未电离 NH_3 的浓度就会发生变化。为了取得平衡，NH_3 总是从 pH 高的一边渗入 pH 低的一边。如果 NH_3 从水中渗入组织液内，生物就要中毒。NH_4^+ 因带电荷，通常不能渗过生物体表，一般对生物无害（Milne，1958）。但也有文献认为 NH_4^+ 也有毒，毒性是 NH_3 的数十分之一或更小。

NH_4^+（NH_3）的毒性表现在对水生生物生长的抑制，它能降低鱼虾贝类的产卵能力，损害鳃组织以至引起死亡。欧洲内陆渔业咨询委员会（1970）建议，鱼类能长期忍受的 NH_3-N（UIA-N）的最大限度为 0.025 mg/L，我国渔业水质标准（GB 11607-89）规定水中非离子氨的最高限值为 0.02 mg/L。汪心源等（1983）的实验表明，对虾育苗的 NH_3-N 容许上限为 0.023 mg/L（相当于水温 21～23℃，含 Cl 为 17.5‰，pH=8.1 的海水中 TNH_4-N 0.5 mg/L）。陈炜等（1997）研究了 NH_4^+ 和 NH_3 对海蜇螅状幼体和碟状幼体的毒性，对于螅状幼体，NH_3 的毒性大约是 NH_4^+ 的 90～110 倍（以 N 含量表示），对于碟状幼体，这一毒性倍数约为 117～220。臧维玲等（1996）的研究得出，TNH_4-N 对罗氏沼虾溞状幼体的 24 h、48 h 和 96 h LC_{50} 分别为 6.86 mg/L、3.85 mg/L 和 2.87 mg/L，安全浓度为 0.64 mg/L；而对中国对虾幼虾（L=2.61 cm）则分别为 2.80 mg/L、1.67 mg/L 和 0.97 mg/L（Zang Weiling，et al.，1993）。马爱军等（2000）的研究发现，当环境中 TNH_4-N 的浓度达到 20.0 mg/L 时，真鲷幼鱼的生长受到抑制，体色变黑；当 TNH_4-N 的浓度为 500 mg/L 时，真鲷幼鱼全部死亡。

在 pH、溶解氧、硬度等水质条件不同时，TNH_4-N 的毒性亦不相同。例如 Downivng 和 Merkens 测得，鳟在 pH=7 时比在 pH=8 时对 TNH_4-N 更具有耐受性。他们还发现加到 pH 为 7 水中的 NH_4Cl 需比 pH 为 8 水中多 10 倍才能达到同样的致死效应。这说明 TNH_4-N 的毒性随 pH 增大而增大，经过实验也发现，NH_3 的毒性也随水中溶解氧的减少而增大。由于 NH_3-N 在 TNH_4-N 的比例随 pH、离子强度和温度的不同而变化，在表示非离子氨的毒性大小时必须注意 NH_3-N 与 TNH_4-N 的区别。

NO_2^- 在浓度较低时，会造成水生动物抵抗力下降，易患各种疾病，被视为鱼类的致病根源（柯清水，1998）。NO_2^- 的长期作用表现为抑制生长、死亡率上升、破坏组织器官，如随着 NO_2^--N 的浓度上升会出现鳃内污浊物增多，鳃肿胀、粘连，上皮层增厚等现象（王明学等，1997；魏泰莉等，1999）。臧维玲等（1996）研究了 NO_2^- 对罗氏沼虾溞状幼体的毒性，发现 V 期和 Ⅶ 期的溞状幼体经 12 天的 NO_2^- 亚急性毒性作用后，表现出发育变态减缓，随 NO_2^- 浓度的递增，幼体成活率与出苗率均递减，当 NO_2^- 浓度超过安全浓度时，毒害作用明显增加。吴中华等（1999）根据对中国对虾的研究推测，环境中 NO_2^- 浓度增加会导致对虾体内酚氧化酶（PO）、过氧化物歧化酶（SOD）和溶菌酶的活性下降，使对虾体内自由基和过氧化物增多，抵抗能力下降，导致代谢紊乱，生理功能失调；另一方面，也可能破坏血浆中的血蓝蛋白，从

而失去携氧能力。多数研究认为，NO_2^- 致病的最主要原因在于 NO_2^- 进入血液后，直接与血红蛋白反应生成高铁血红蛋白，减少了血的氧气输送，对鱼类和其他水生动物造成生理缺氧，产生危害。

NO_2^- 是对是养殖中诱发爆发性疾病的重要因素，应控制在 0.05 mg/L 以下。当水中 NO_2^- 浓度积累到 0.1 mg/L 时，对虾红细胞数量和血红蛋白数量逐渐减少，血液载氧能力逐渐降低，鳃部组织出现病变，呼吸困难，反应迟钝，严重时死亡。刚蜕壳的软虾较容易中毒，蜕壳高峰期常出现急性死亡现象。

淡水中 NO_2^- 毒性较强；盐度越高，NO_2^- 对虾的毒性越弱。曾观察到高位咸水养殖中，NO_2^- 高于 2 mg/L 时虾依然健康。

不同的水生生物对 NO_2^- 的敏感性亦不同，基本结果见表 7-4。

表 7-4　不同水生生物对 NO_2^- 的敏感性

对 NO_2^- 敏感的生物		对 NO_2^- 不敏感的生物	
名称	NO_2^- 产生危害的浓度/(mg/L)	名称	NO_2^- 产生危害的浓度/(mg/L)
草鱼（种）	0.12	鲤鱼	1.8
中国对虾（1～50px）	0.20	鲢鱼	2.4
斑节对虾（蚤状幼体）	0.10	团头鲂	2.0
罗氏沼虾（Z5 幼体）	0.12	罗非鱼	2.8
河蟹幼体（Z3）	0.71	欧洲鳗鲡	2.6

[李富贵，中国水产养殖网(2017-07-19).http://www.shuichan.cc/article_view-50452.html]

在通气良好的天然水域，NO_3^- 是含氮化合物的稳定形态，在各种无机氮化物中占优势，是含氮物质氧化的最终产物；但在缺氧水体，可被反硝化菌还原。

清洁的地面水硝酸盐氮含量较低，受污染水体和一些深层地下水中含量较高。制革、酸洗废水、某些生化处理设施的出水及农田排水中常含大量硝酸盐。人体摄入硝酸盐后经肠道中微生物作用转变成亚硝酸盐而呈现毒性作用。当水体处于缺氧状况时，硝氮会因为反硝化作用生成有毒的亚硝酸盐；同时，含大量硝氮的废水排放会造成周边水域富营养化。

NO_3^- 对鱼类来说毒性最小，但高浓度也影响水的 pH、渗透作用和氧的运输。高浓度的 NO_3^- 也会将二价血红蛋白氧化为三价。NO_3^- 对水生生物的毒性也有相关报道。一般水生动物 96 h 硝酸盐半致死浓度为 1 000～3 000 mg/L。Westin(1974)测定了 NO_3^- 对大鳞大马哈鱼的 96 h 和 7 d LC_{50} 值，其结果是：在淡水中 NO_3^--N 分别为 1 310 mg/L 和 1 080 mg/L，在盐度为 15 的盐水中分别为 990 mg/L 和 900 mg/L；NO_3^--N 对 6～8 cm 硬头鳟的 96 h 和 7 d LC_{50} 值在淡水中分别为 1 360 mg/L 和 1 060 mg/L，在盐度为 15 的盐水中分别为 990 mg/L 和 900 mg/L(Nas,1974)。Trama(1954)报告，在水温 20℃时，对蓝鳃太阳鱼的 96 h LC_{50} 是 2 000 mg/L（$NaNO_3$）和 420 mg/L（KNO_3）。

因此，为了使水生生物获得更好的生存环境，必须严格控制水体中无机氮，特别是氨氮和亚硝酸氮的含量，提高水质管理措施及调控技术，科学合理地施肥。

此外，我国的《生活饮用水卫生标准》（GB 5749-2006）中对饮用水中的无机三氮也有相

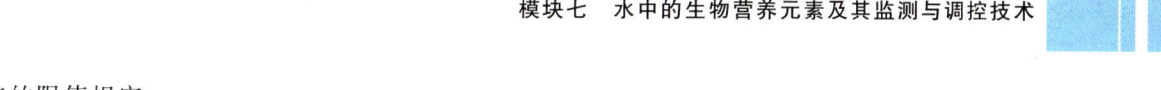

应的限值规定。

7.1.3　水中氮的测定

环境水体中存在着各种形态的含氮化合物,它们之间还可以通过生物化学等作用相互转化。分析测定各种形态的含氮化合物,不仅对了解水质状况,特别是污染状况是必要的,而且在环境化学、环境医学等方面也有重要意义,还有助于评价水体自净过程状况。

在日常的监测工作中,通常需要测定无机三氮。此外,有时需要测定凯氏氮或总氮来表示水中可能存在的各种含氮化合物的总量。

不同的监测部门推荐使用的监测方法不同,应根据监测任务的来源等选择使用相应的监测方法。

1. 水中(总)氨氮(TNH_4-N)的测定

(1)靛酚蓝分光光度法

本方法是《海洋监测规范》(GB 17378-2007)中规定的仲裁方法,适用于大洋和近岸海水及河口水。《生活饮用水标准检验方法》(GB/T 5750-2006)中也推荐该方法。

其基本原理是:在弱碱性介质中,以亚硝酰铁氰化钠为催化剂,氨与苯酚和次氯酸盐反应生成靛酚蓝,在 640 nm 处比色定量。

具体的测定步骤详见《水质监测与调控技术实训》。

(2)次溴酸盐氧化法

选自《海洋监测规范》(GB 17378-2007),适用于大洋和近岸海水及河口水中氨氮的测定,但不适用于污染较重的、含有机物较多的水体。

其方法原理是:在碱性介质中次溴酸盐将氨氧化为亚硝酸盐,然后用重氮—偶氮分光光度法测定亚硝酸盐氮的总量,扣除原有亚硝酸盐氮的含量即得到氨氮的含量。

(3)纳氏试剂分光光度法

选自《生活饮用水标准检验方法》(GB/T 5750-2006)、《水质　氨氮的测定　纳氏试剂分光光度法》(HJ 535-2009)及《水和废水监测分析方法》(第四版)。

本方法适用于生活饮用水及其水源水,经适当预处理后的地表水、地下水、工业废水和生活污水中氨氮的测定。

纳氏试剂:碘化汞(HgI_2)和碘化钾(KI)的强碱溶液。

方法原理:在强碱溶液中,氨能与纳氏试剂反应生成黄棕色胶体化合物。此颜色在较宽的波长范围内有强烈吸收,通常使用 410～425 nm 范围波长光比色定量。反应式为:

$$2K_2[HgI_4]+3KOH+NH_3 \longrightarrow NH_2Hg_2IO+7KI+2H_2O$$
$$（黄棕色）$$

由于本反应在强碱性介质中进行,因此用于测定未经处理的水样时会有干扰。对于钙、镁、铁等金属离子,加入酒石酸和 EDTA 可消除干扰。对于污染较重的水样应预蒸馏后再测定。

(4)水杨酸分光光度法

选自《生活饮用水标准检验方法》(GB/T 5750-2006)及《水和废水监测分析方法》(第四版)。与上述"靛酚蓝分光光度法"等效。

方法原理:在碱性介质中,以亚硝酰铁氰化钠为催化剂,氨与水杨酸和次氯酸反应生成蓝色化合物(靛酚),在其最大吸收波长 697 nm[《生活饮用水标准检验方法》(GB/T 5750-

2006)中本方法的测定波长为 655 nm]处比色定量。

（5）滴定法

选自《水和废水监测分析方法》（第四版）。

方法原理：取一定量水样，调节 pH 在 6.0～7.4 范围，加入氧化镁呈微碱性；加热蒸馏，馏出的氨用硼酸溶液吸收；取全部吸收液，以甲基红—亚甲基蓝为指示剂，用硫酸标准溶液滴定，溶液从绿色变为淡紫色即为终点。以硫酸标准溶液的消耗量来计算水中氨氮的含量。

当水样中的氨氮含量较高时可用该方法。

2. 水中亚硝酸盐氮（$NO_2^- $-N）的测定

（1）磺胺—盐酸萘乙二胺分光光度法（重氮—偶氮分光光度法）

本方法是《海洋监测规范》（GB 17378-2007）中规定的亚硝酸盐氮测定的仲裁方法，《生活饮用水标准检验方法》（GB/T 5750-2006）、《水和废水监测分析方法》（第四版）中也推荐该方法。

本方法适用于各种水中亚硝酸盐氮的测定。其基本原理为：在酸性介质中，NO_2^- 与磺胺（对氨基苯磺酰胺）反应，生成重氮盐，再与盐酸萘乙二胺[N-(1-萘基)-乙二胺]偶合生成红色偶氮染料，在 543 nm 处比色定量。

具体的测定步骤详见《水质监测与调控技术实训》。

（2）离子色谱法

《水和废水监测分析方法》（第四版）中推荐该方法。具体见 SO_4^{2-} 的测定方法。

3. 水中硝酸盐氮（NO_3^--N）的测定

（1）镉柱还原法

本方法是《海洋监测规范》（GB 17378-2007）中规定的硝酸盐氮测定的仲裁方法，《生活饮用水标准检验方法》（GB/T 5750-2006）中也推荐该方法。

方法原理：在一定条件下将水样通过镉还原柱（铜—镉、汞—镉或海绵状镉），使硝酸盐还原为亚硝酸盐，然后用磺胺—盐酸萘乙二胺分光光度法测定总亚硝酸盐氮，再减去原水样所含的亚硝酸盐氮即为水样的硝酸盐氮含量。

（2）锌—镉还原法

方法原理：在一定盐度条件下，加锌卷和氯化镉溶液于水样中，使硝酸盐还原为亚硝酸盐，然后用磺胺—盐酸萘乙二胺分光光度法测定总亚硝酸盐氮，再减去原水样所含的亚硝酸盐氮即为水样的硝酸盐氮含量。

锌—镉还原法测定水中硝酸盐氮的具体测定步骤详见《水质监测与调控技术实训》。

（3）酚二磺酸分光光度法

本方法是《水和废水监测分析方法》（第四版）中推荐的方法，与《生活饮用水标准检验方法》（GB/T 5750-2006）中的"麝香草酚分光光度法"原理相似。

基本原理：NO_3^- 与酚二磺酸反应生成硝基二磺酸酚，于碱性溶液中又生成黄色的硝基酚二磺酸三钾盐，在 410 nm 处比色定量。

（4）紫外分光光度法

《水和废水监测分析方法》（第四版）与《生活饮用水标准检验方法》（GB/T 5750-2006）中均推荐该方法。

方法原理：NO_3^- 对 220 nm 波长光有特征吸收，与标准溶液对该波长光的吸收程度比较而定量。因为溶解性有机物在 220 nm 处也有吸收,故一般根据实践引入一个经验校正值,该校正值为在 275 nm 处(NO_3^- 在此没有吸收)测得吸光度的两倍。在 220 nm 处的吸光值减去经验校正值即净 NO_3^- 的吸光值,即 $A(NO_3^-)=A_{220}-2A_{275}$。

由于本方法的经验校正值大小与有机物的性质和浓度有关,故不宜分析对有机物吸光度需做准确校正的样品。适用于清洁地表水和未受明显污染的地下水中 NO_3^- 的测定。

(5)离子色谱法

《水和废水监测分析方法》(第四版)与《生活饮用水标准检验方法》(GB/T 5750-2006)中推荐该方法。具体见 SO_4^{2-} 的测定方法。

(6)戴氏合金法

在热碱性介质中,水样中的 NO_3^- 被戴氏合金(含 50%Cu、45%Al、5%Zn)还原为氨。经蒸馏,馏出液以硼酸溶液吸收后,再测定氨的含量。水样中原有的氨和铵盐可在加戴氏合金之前于碱性介质中先蒸出;NO_2^- 可在酸性条件下加入氨基磺酸,使之反应除去。

该方法操作繁琐,适用于测定 NO_3^- 大于 2 mg/L 的水样。其最大优点是可以测定带深色的严重污染的水及含大量有机物或无机盐的废水中的硝酸盐氮。

4. 水中凯氏氮的测定

凯氏氮是指以凯氏(Kjeldahl)法测得的含氮量。它包括氨氮和在此条件下能被转化为铵盐而测定的有机氮化合物。此类有机氮化合物主要是指蛋白质、氨基酸、核酸、尿素以及大量合成的氮为负三价态的有机氮化合物,不包括叠氮化合物、联氮、偶氮、腙、硝酸盐、亚硝酸盐、腈、硝基、亚硝基、肟和半卡巴腙类的含氮化合物。由于一般水体中存在的有机氮化合物多为前者,因此,在测定凯氏氮和氨氮后,其差值即称为有机氮。

测定凯氏氮或有机氮,主要是为了了解水体受污染状况,尤其是在评价湖泊和水库的富营养化时,是一个有意义的指标。

凯氏氮的测定要点:取适量水样于凯氏烧瓶中,加入浓硫酸和催化剂(K_2SO_4/$CuSO_4$),加热消解,将有机氮转变为氨氮,然后在碱性介质中蒸馏出氨,用硼酸溶液吸收,用分光光度法或滴定法测定出氨氮含量,即为水样中的凯氏氮。凯氏定氮装置见图 7-7。

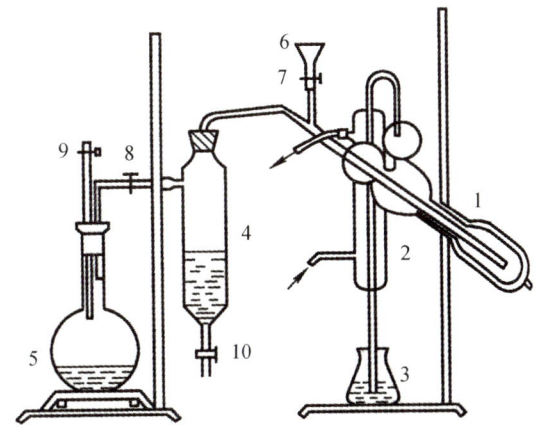

1—蒸馏瓶;2—冷凝器;3—收集瓶;4—分水筒;5—蒸汽发生器;

6—加碱小漏斗;7、8、9—螺旋夹;10—开关

图 7-7 凯氏定氮装置

当要直接测定有机氮时,可将水样先进行预蒸馏除去氨氮,再以凯氏法测定。

5. 水中总氮的测定

大量生活污水、农田排水或含氮工业废水排入水体,使水中的有机氮和各种无机氮化物含量增加,生物和微生物大量繁殖,消耗水中溶解氧,使水质恶化。水体中含有超量的氮、磷类物质时,造成浮游植物繁殖旺盛,出现富营养化状态。因此,总氮也是衡量水质的重要指标之一。

总氮的测定方法通常采用过硫酸钾氧化,使有机氮和无机氮化合物转变为硝酸盐,再用硝酸盐氮的测定方法进行测定。过硫酸钾氧化的基本原理如下:

在60℃以上的水溶液中,过硫酸钾按如下反应式分解,生成 H^+ 和 O_2。

$$K_2S_2O_8 + H_2O \xrightarrow{\text{加热}} 2KHSO_4 + \frac{1}{2}O_2 \uparrow$$

$$KHSO_4 \longrightarrow K^+ + HSO_4^-$$

$$HSO_4^- \longrightarrow H^+ + SO_4^{2-}$$

加入氢氧化钠以中和 H^+,使过硫酸钾分解完全。

在 120~124℃的碱性介质条件下,用过硫酸钾作氧化剂,不仅可将水样中的氨氮和亚硝酸盐氮转化为硝酸盐,同时将水样中大部分有机氮化合物氧化为硝酸盐,然后再进行测定。

7.1.4 水体的脱氮

对于养殖水体,一般可以通过增加滤食性鱼类、控制投饵、更换清洁新水等方法消除水体中多余的氮。

对于需要排放的污水,主要有以下脱氮方法:

1. 物理化学方法

(1)吹脱法

在碱性条件下,利用氨氮的气相浓度和液相浓度之间的气液平衡关系进行分离的一种方法。

污水中的氨氮是以氨离子(NH_4^+)和游离氨(NH_3)两种形式保持平衡状态而存在:

$$NH_3 + H_2O \Longleftrightarrow NH_4^+ + OH^-$$

将 pH 值保持在 11.5 左右(投加一定量的碱),让污水流过吹脱塔,使 NH_3 逸出,以达脱氮目的(图 7-8)。

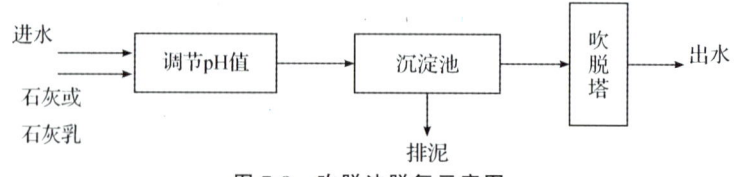

图 7-8 吹脱法脱氮示意图

(2)化学氧化法

利用强氧化剂将氨氮直接氧化成氮气进行脱除的一种方法(折点加氯法)。

$$NH_4^+ + HOCl \longrightarrow NH_2Cl + H^+ + H_2O$$

$$2NH_2Cl + HOCl \longrightarrow N_2 \uparrow + 3Cl^- + 3H^+ + H_2O$$

（3）离子交换法

利用沸石中的阳离子与废水中的 NH_4^+ 进行交换以达到脱氮的目的。

常用斜发沸石作为除氨的离子交换体,它对氨离子的选择优于钙、镁、钠等离子。

2. 生物法

生物法是目前运用最广、最有研究前景的方法。传统的生物脱氮机理认为脱氮过程一般包括氨化、硝化和反硝化三个过程。

（1）氨化（ammonification）

废水中的含氮有机物,在生物处理过程中被好氧或厌氧异养型微生物氧化分解为氨氮的过程。

（2）硝化（nitrification）

硝化是指废水中的氨氮在硝化菌（好氧自养型微生物）的作用下被转化为 NO_2^- 和 NO_3^- 的过程。

硝化反应分为亚硝化和硝化两步进行,由亚硝酸盐细菌（或称为氨氧化细菌）和硝酸盐细菌（或称为亚硝酸盐氧化细菌）两组自养型硝化菌分两步完成。这两种硝化细菌的特点:强烈好氧,不能在酸性条件下生长;化能自养型,以无机碳为碳源,以氧化无机含氮化合物获得能量;生长缓慢,世代时间长。

硝化反应过程如下:

亚硝化反应:

$$NH_4^+ + 1.5O_2 \longrightarrow NO_2^- + H_2O + 2H^+$$

硝化反应:

$$NO_2^- + 0.5O_2 \longrightarrow NO_3^-$$

总的硝化反应:

$$NH_4^+ + 2O_2 \longrightarrow NO_3^- + H_2O + 2H^+$$

如果不考虑合成,则氧化 1 mg NH_4^+-N 为 NO_3^--N,需氧 4.57 mg,需消耗碱度 7.14 mg（以 $CaCO_3$ 计）。

（3）反硝化（denitrification）

废水中的 NO_2^- 和 NO_3^- 在缺氧条件下在反硝化菌（兼性异养型细菌）的作用下被还原为 N_2 的过程称为反硝化。

反硝化菌属异养型兼性厌氧菌,在存在分子氧时,利用分子氧作为最终电子受体分解有机物;在无分子氧时,则利用 NO_3^- 或 NO_2^- 中的 N^{5+} 和 N^{3+} 作为电子受体,O^{2-} 作为受氢体生成 H_2O 和 OH^-,有机物则作为碳源及电子供体提供能量并得到氧化。在反硝化菌的代谢活动下,NO_3^- 或 NO_2^- 中的 N 可以有两种转化途径:

①同化反硝化,即最终产物是有机氮化合物,是菌体的组成部分;

②异化反硝化,即最终产物是氮气（N_2）。

硝化反应过程（以甲醇为电子供体）:

第一步:

$$3NO_3^- + CH_3OH \longrightarrow 3NO_2^- + 2H_2O + CO_2 \uparrow$$

第二步:

$$2H^+ + 2NO_2^- + CH_3OH \longrightarrow N_2 \uparrow + 3H_2O + CO_2 \uparrow$$

总反应：

$$6H^+ + 6NO_3^- + 5CH_3OH \longrightarrow 3N_2\uparrow + 13H_2O + 5CO_2\uparrow$$

关于生物脱氮的工艺流程,可参考相关水处理技术内容,本书不再赘述。

7.2 任务二 水中的磷元素

磷也是人和生物体生长所必需的营养元素,需要量比氮少,但天然水中缺磷现象往往比缺氮现象更为普遍,因为自然界存在的含磷化合物溶解性和迁移能力比含氮化合物低得多,补给量及补给速率也比较小,因此磷对水体初级生产力的限制作用往往比氮更强。反之,若水体中磷含量过高(如超过 0.02 mg/L),会使水体富营养化,造成水质恶化。

7.2.1 天然水中的磷元素

天然水体中磷含量较低,较大量的磷是由化肥、冶炼、合成洗涤剂等行业废水及生活污水引入水体的。

1. 天然水中磷的存在形态

与氮不同,天然水中的含磷化合物的价态变化很少,一般都是 +5 价。磷在水中的变化一般只是在不同的化合状态、溶解沉积状态间的变化及生物的吸收利用。磷在水中的存在形态常常按照磷的这种性质来划分。

(1)溶解态无机磷

①无机正磷酸盐

水溶液中正磷酸盐的存在形态可能有 PO_4^{3-}、HPO_4^{2-}、$H_2PO_4^-$ 以及 H_3PO_4,各部分的相对比例(分布系数)随 pH 的不同而异。在 pH 为 6.5~8.5 的正常天然淡水中以 HPO_4^{2-} 和 $H_2PO_4^-$ 为主;而在海水中,HPO_4^{2-} 为可溶性磷酸盐的主要存在形态,而游离的 H_3PO_4 含量极微。在正常的大洋水中($t = 20℃$,含 Cl 为 19‰,pH = 8),HPO_4^{2-} 占 87%,PO_4^{3-} 占 12%,$H_2PO_4^-$ 占 1%,其中 PO_4^{3-} 的 99.6% 和 HPO_4^{2-} 的 44% 与 Ca^{2+} 和 Mg^{2+} 形成离子对。由于离子强度的影响和离子对的作用,在纯水、NaCl 溶液和人工海水中各种形态的磷酸根离子的相对比例与 pH 的关系有显著的差异(图 7-9)。

②无机缩聚磷酸盐

受工业废水或生活污水污染的天然水含有无机缩聚磷酸盐,如 $P_2O_7^{4-}$、$P_3O_{10}^{5-}$ 等,它们是某些洗涤剂、去污粉的主要添加成分。多聚磷酸盐随着分子的增大,溶解度变小。通常认为它们是导致一些水体富营养化的重要因素。为了保护环境,世界各国都已经限制多聚磷酸盐在洗涤剂中的应用。

无机多聚磷酸盐很容易水解成正磷酸盐：

$$P_3O_{10}^{5-} + H_2O \longrightarrow P_2O_7^{4-} + PO_4^{3-} + 2H^+$$
$$P_2O_7^{4-} + H_2O \longrightarrow 2HPO_4^{2-}$$

在某些生物及酶的作用下,上述反应速度加快。据试验,在酸性磷钼蓝法中有 1%~10% 的多聚磷酸盐水解而被测定。

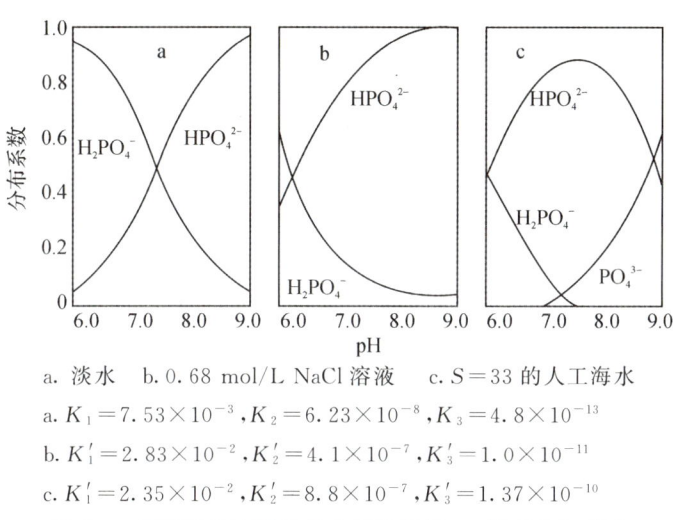

a. 淡水　　b. 0.68 mol/L NaCl 溶液　　c. $S=33$ 的人工海水

a. $K_1=7.53\times10^{-3}$，$K_2=6.23\times10^{-8}$，$K_3=4.8\times10^{-13}$

b. $K_1'=2.83\times10^{-2}$，$K_2'=4.1\times10^{-7}$，$K_3'=1.0\times10^{-11}$

c. $K_1'=2.35\times10^{-2}$，$K_2'=8.8\times10^{-7}$，$K_3'=1.37\times10^{-10}$

图 7-9　正磷酸各离子的分布系数随着 pH 的变化(20℃)

(2)溶解态有机磷

溶于天然水中的有机结合态磷的性质还不完全清楚。可溶性有机磷如果是来自有机体的分解，其成分似应包括磷蛋白、核蛋白、磷脂和糖类磷酸盐(酯)。由单胞藻释放出的某些(不是全部)有机磷，能被碱性磷酸酶所水解，因此这些分泌物中似含有单磷酸酯。此外，许多研究者认为天然水中可溶性有机磷包括有生物体中存在的氨基磷酸与磷核苷酸类化合物(Quin,1965；Killredge,et al.,1967、1969)。

(3)颗粒磷

天然水中悬浮颗粒物一般指可以被 0.45 μm 微孔滤膜阻留的物质。这些颗粒物内部或表面常常含有无机磷酸盐和有机磷，这两部分一般很难加以分离。颗粒状无机磷主要为 $Ca_{10}(PO_4)_6(OH)_2$、$Ca_3(PO_4)_2$、$FePO_4$ 等溶度积极小的难溶性磷酸盐，某些悬浮黏土矿物和有机体表面上可能吸附无机磷。悬浮颗粒有机磷包括存在于生物体组织中的各种磷化合物。

天然水的总磷含量中各部分所占的比例因不同水域而有显著的差异，贫营养水体通常以可溶性无机磷酸盐所占比例较高。例如，根据 Maine 海湾研究结果，在各种形态磷的化合物中，可溶性无机磷含量很高，占总磷量的 70%～90%(随季节变化)。而可溶性有机磷仅占 2%～20%，颗粒状磷占 6%以下。湖泊中，可溶性无机磷的含量一般变化较大，但占总磷的比例较小，而可溶性的有机磷可能占总磷的 30%～60%(刘建康,2000)。

天然水中的含磷量通常是以酸性钼酸盐形成磷钼蓝进行测定。根据能否与酸性钼酸盐反应，也可以把水中磷的化合物分为两类：活性磷化合物和非活性磷化合物。凡能与酸性钼酸盐反应的，包括磷酸盐、部分溶解态的有机磷、吸附在悬浮物表面的磷酸盐以及一部分在酸性中可以溶解的颗粒无机磷[$Ca_3(PO_4)_2$、$FePO_4$]等，统称为活性磷化合物；其他不与酸性钼酸盐反应的统称为非活性磷化合物。由于活性磷化合物主要以可溶性磷酸盐的形态存在，所以通常称为活性磷(酸盐)，并以 PO_4-P 表示。

以上各种形态的磷化合物中，能被水生植物直接吸收利用的部分称为有效磷。溶解无机正磷酸盐是对各种藻类普遍有效的形态。但实验也表明，很多单细胞藻类[例如三角褐指藻(*Phaeodactylum tricornutum*)、美丽星杆藻(*Asterionella formosa*)等]可以利用有机磷酸盐(特

别是磷酸甘油)。其原因是很多浮游植物细胞表面能产生磷酸酯酶,这种酶作用于有机磷酸盐,就生成能被浮游植物吸收的溶解无机正磷酸盐。但目前一般把活性磷酸盐视作有效磷。

2. 天然水中磷酸盐的分布

(1)空间分布

①淡水中磷酸盐的分布变化因水系的不同而呈现不同的特征,但一般的规律是:磷酸盐含量最大值多出现在冬季或早春,最小值多出现于暖季的后期;在水体停滞分层时,表层水由于植物吸收消耗,有效磷常可降低至检测不出的程度,而底层水则因有机物矿化、沉积物补给而积累较高含量的磷酸盐。通常情况下,河流、湖泊、水库等天然淡水最高有效磷(P)含量介于 $1.5 \sim 3.5$ μmol/L 之间。

②海水中磷酸盐含量有较大的变化范围。通常情况下最大浓度为 $15 \sim 30$ μg/L,近岸海区因大陆径流的排入其磷酸盐浓度常比远岸海区高;在缺氧海盆或上升流海区,磷酸盐含量也较高,甚至达到 0.1 mg/L 以上;较低的浓度出现于热带的表层水中,在那里最大浓度为 $3 \sim 6$ μg/L。

(2)季节变化

磷酸盐的季节变化与有效氮十分相似,通常都是冬季含量较高,而浮游植物生长旺盛的暖季含量降低。

3. 天然水中磷的循环

天然水中各种形态的磷之间在各种因素(特别是生物学因素)的作用下会相互转化、迁移,构成一个复杂的动态体系。参与天然水中磷循环的主要有以下因素:

(1)生物有机残体的分解矿化

在天然水中,水生生物的残体以及衰老或受损的细胞,由于自溶作用而释放出磷酸盐。同时,因悬浮于温跃层和深水层暗处受微生物作用而迅速再生的无机磷酸盐构成了水体中有效磷的重要来源。

(2)沉积物的释放

在大多数地表水水质系,其沉积物为上覆水有效磷的一个巨大的潜在源。例如,湖泊沉积物中磷的丰度比上覆水层高 600 倍之多(Stumm,1973)。但沉积物中的磷多以 Fe、Al 和 Ca 等的磷酸盐、有机态磷以及被胶粒黏土吸附固定的磷酸盐等形态存在。沉积物中的有机态磷主要来自生物有机残骸的沉积,它们经微生物活动及体外磷酸酶的作用而逐渐矿化。对海洋沉积物的研究表明,在生物残体骨骼中,固体磷酸钙再生为可溶性磷酸盐时,细菌也起着重要作用。此外,被沉积物吸附的 PO_4-P 在一定的条件下与溶液间发生离子交换解吸作用也有利于磷酸盐的再生。上述诸过程的进行有赖于环境条件。一般而言,降低 pH,出现还原性条件以及增大络合剂的浓度,有利于难溶无机磷酸盐的溶解;而增高 pH,好气性条件则有利于有机态磷的矿化和交换解吸。以上作用过程使沉积物间隙水中有效磷的含量增大。一旦间隙水中可溶性有效磷的浓度大于底层水中的浓度,由于扩散作用或沉积物释放气体(如 CH_4、N_2、CO_2)、底栖动物活动以及深层水的湍流运动等的搅动,便可促进可溶性有效磷从沉积物向上覆水迁移。若水体处于垂直对流的条件下,可溶性有效磷可由底层水向表层水迁移,从而影响真光层生物的产量和生长速率。显然,从沉积物释放可溶性有效磷的速率受制于多种因素,但一般认为主要是受间隙水的扩散速率控制的。水—底界面两侧的浓度梯度增大,则磷的释放速度也增大。例如,有些缺氧条件下的湖底沉积物释放磷的

速率变化于 4.0～10.8 mg/(m³·d)范围。

(3)水生生物的分泌与排泄

研究表明,天然水中浮游植物在分泌出有机磷脂等有机态磷并使之重新参与磷循环方面起着重要作用。Seder(1970)发现淡水绿藻在其分裂周期的某一特定阶段分泌出相当数量的有机磷酸盐,而这种过程可能在天然条件下发生。Kaenzler(1970)也证明海洋浮游植物可能分泌出大量的有机磷酸盐。

浮游动物排泄磷酸盐常常是有效磷重要的再生途径。Butler 等(1970)报道,哲水蚤吞食食物中的磷,用于生长的大约占 17%,以粪便形态排出的占 23%,其余 60% 以溶解形态的磷排出。另据报道,浮游动物排泄的无机磷,在大陆架水域相当于浮游植物需要量的 15%,在湾流区(Gulf stream)达 60%,而在浅的海湾仅占 6%。在北太平洋中部,浮游动物释出的磷量相当于浮游植物所需磷量的 55%～183%(沈国英等,2002)。虽然细菌由于代谢和需要基质而将有机磷氧化,导致无机磷的释放。但 Johnnes(1965)指出,在由碎屑物质再生磷酸盐方面,原生动物的重要作用可能不亚于细菌,因为细菌与原生动物的混合种群对无机磷的再生速率要比单独的细菌或单独的原生动物的再生速率快一些,这可能由于碎屑有机磷被细菌同化后细菌组织进一步被原生动物所消化,也可能由于原生动物排泄的物质能刺激细菌的生长。另外,原生动物的代谢率很高,有人提出,以单位生物量计算,原生动物排泄的无机磷比甲壳类浮游动物排泄的高 10～100 倍(沈国英等,2002)。

Harris(1955)测定浮游动物(干重)排泄磷酸盐的速率高达 1.1×10^{-2} mg/(mg·d)。显然,排泄磷的速率随自然条件、动物的活动以及索饵状况不同而有很大的变化,各种植食动物排泄磷的基本速率按照干体重计一般为 2～3 μg/(mg·d)。Peter(1973)指出,当系统处于稳定状态时,被浮游动物吞食的细菌和浮游植物(颗粒为 0.45～30 μm)的总磷中,约有 54% 以 PO_4-P 的形态排泄回到水中,供细菌、浮游植物重新利用。在适当的条件下,浮游动物排泄的再生有效磷可在相当程度上满足浮游植物对磷的要求。

此外,鱼类及其他水生生物的代谢废物内也含有磷。例如,Whitledge 等(1971)测定秘鲁鱼排出磷的速率,按照干体重计为 90 μg/(g·d)。姜祖辉等(1999)测定壳长为 29 mm 的菲律宾蛤仔的排磷速率,按照干体重计为 6.22 μg/(g·d)。

(4)水生植物的吸收利用

在一切天然地表水的真光层中,大量的有效磷在水生植物生长繁殖过程中被吸收利用,构成天然水中磷循环的重要环节之一。如前所述,生物有机体残骸在分解矿化再生营养盐时按一定的比例进行,而藻类在吸收利用有效氮和有效磷时一般也按 P/N=1:16(或 15)的比例进行。当然,不同水域、季节和不同种的水生植物可能有所不同,但大洋表层水中 P/N 比相当恒定。例如,三大洋表层水的 P/N 之比一般分布在 1:15 理论直线附近(图 7-10)。P/N 比是否符合植物生长的需要,对于养殖水体饵料生物的培养必须特别重视。因为水中有效氮、磷浓度即使超过临界值,但 P/N 比不适时,会浪费肥料。考虑到表层水可以经由生物固氮作用不断地从溶解氮气中补给氮,若合理多施磷肥,促进固氮生物生长,水体少施或不施氮肥,也可能不至于出现缺氮现象,此问题值得进一步研究。

浮游植物对有效磷的吸收速率与水中有效磷浓度的关系也符合米氏方程。研究表明,许多淡水浮游植物对有效磷的半饱和吸收常数 K_m 为 0.2～0.8 μmol/L。但不同种浮游植物吸收利用有效磷的能力悬殊。例如,海洋浮游植物角刺藻对磷酸盐吸收利用的 K_m 值为

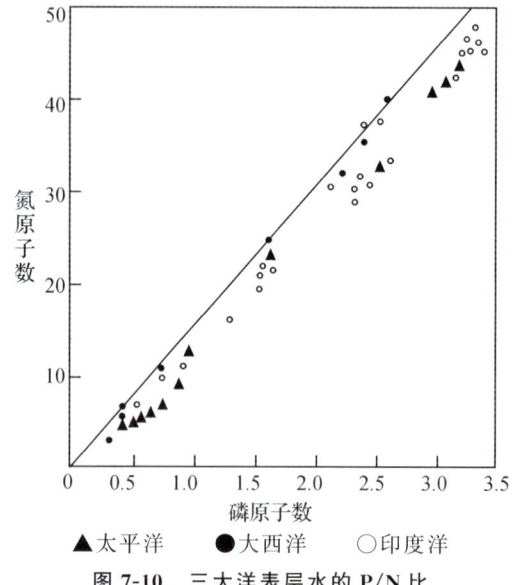

▲太平洋　●大西洋　○印度洋

图 7-10　三大洋表层水的 P/N 比

0.12 μmol/L(Thomas 等,1968),而三角褐指藻能够使介质中的 PO_4-P 降低到 7.2×10^{-4} μmol/L(比通常的分析方法监测低限还小)。K_m 值越小的植物,对 PO_4-P 吸收利用能力越强,在温度、光照适宜的缺磷水体内越易发展成为优势种群。

若从促进天然水浮游植物的繁殖考虑,水中有效磷需要维持一定含量水平。以浮游植物的 K_m 平均值为 0.5 μmol/L 计,则有效磷浓度[P]应保持不低于如下含量:
$$[P]=3K_m=1.5\ \mu mol/L\approx0.05\ mg/L$$

但从防止水体富营养化考虑,则应该保持不超过这个含量。许多研究者在不同条件下研究获得有效磷的临界含量为 0.6～2.4 μmol/L。我国渔业水质标准没有对活性磷与总磷做出规定。海水水质标准(GB 3097-1997)规定一类海水的活性磷酸盐不超过 0.015 mg/L,二、三类海水不超过 0.030 mg/L,四类海水不超过 0.045 mg/L。地表水环境质量标准(GB 3838-2002)则规定湖泊水库的总磷,一类水不超过 0.01 mg/L,二类水不超过 0.025 mg/L,三类水不超过 0.05 mg/L。一些国家渔业用水水质标准对总磷含量做了规定。例如美国、日本规定湖泊、水库等水产环境水质总磷量不得超过 50 μg/L,相当于 1.6 μmol/L。

大多缺磷饥饿的藻类细胞,一旦接触到有效磷含量较高的水质环境,其吸收利用的速度极快,此时,多吸收的磷一般以多聚磷酸盐形态储存于细胞中。在细胞缺磷的情况下,多聚磷酸盐分解释放能量和 PO_4-P,用来支持种群的大量生长。例如 Kaenzler 等(1962)发现,海洋三角褐指藻积累过量的磷酸盐足够供给 5 次连续倍增之用。

(5)若干非生物学过程

天然水中含磷物质的外部来源主要为降水、冲刷土壤、地表径流以及生活污水。降水中磷含量通常在 30～100 μg/L;地表径流从土壤中冲刷走的磷的量为 0.02～0.24 kg/(ha・a),其中以黏土微粒态磷为主,在还原性条件下可能转变为溶解态磷;过去含磷洗涤剂、去污粉的大量使用(有的洗衣粉含 $Na_5P_3O_{10}$ 可达 21%)也可给水体带来大量的磷。如武汉东湖,1955年湖水总磷的平均含量为 77 μg/L,由于城市经济的发展,人口增加,排入东湖的污水剧增,到1978—1979 年,湖水总磷的平均含量为 220 μg/L,比 50 年代增加 20 余倍(刘建康,2000)。

可溶性含磷物质的化学沉淀或吸附沉淀也可以使部分有效磷离开水体。天然水体内的化学沉淀作用主要是与 Fe^{3+}、Al^{3+}、Ca^{3+} 等离子形成难溶磷酸盐沉淀。在光合作用强烈的真光层中,随着 $CaCO_3$ 的沉淀,可能部分转化为溶解度更小的羟基磷灰石沉淀:

$$10CaCO_3(s) + 6HPO_4^{2-} + 4H_2O \longrightarrow Ca_{10}(PO_4)_6(OH)_2(s) + 10HCO_3^- + 2OH^-$$

此外,悬浮于水中的黏土微粒或胶粒可能把水中的 HPO_4^{2-} 紧紧吸附在表面。显然,无论是水体中的化学沉淀或者液—固界面上的吸附作用都可能降低水中有效磷的浓度。因此,世界上很多地区的淡水水域严重缺磷,以致磷成为其初级生产力的重要限制因素。一旦大量的磷进入水体后,往往会引起浮游植物的迅猛生长而使水体呈现富营养化。

通常,随着水体 pH 的降低,有效磷的化学沉淀或吸附固定的趋势减小。例如当 pH 在 6.5～7.5 时,这种过程较难进行。在缺氧的条件下,Fe^{3+} 还原为 Fe^{2+},$FePO_4$ 及 $Fe(OH)_3$ 胶体随之溶解,所固定的 PO_4^{3-} 转入溶解状态;而在氧化条件下,常伴随出现较高的 pH,有利于 $Fe(OH)_3$ 胶体及 $CaCO_3$ 沉淀的生成,这可能使溶解的 PO_4^{3-} 沉淀固着。有机物的存在有利于限制或减少 PO_4^{3-} 的吸着和沉淀,因为许多有机物可络合 Fe^{3+}、Al^{3+} 及 Ca^{2+} 等金属离子,也可能是由于覆盖于黏土或胶粒的表面,妨碍了沉淀与吸附作用的进行。

7.2.2　水中磷的测定

1. 水中活性磷酸盐的测定

(1)磷钼蓝分光光度法

本方法是《海洋监测规范》(GB 17378-2007)中规定的活性磷酸盐测定的仲裁方法,《生活饮用水标准检验方法》(GB/T 5750-2006)、《水和废水监测分析方法》(第四版)中也推荐该方法。

方法原理:在酸性介质中,活性磷酸盐与钼酸铵反应生成磷钼黄,用抗坏血酸[《生活饮用水标准检验方法》(GB/T 5750-2006)中用氯化亚锡]还原为磷钼蓝后,于 882 nm 波长处比色定量。(磷钼蓝在 710 nm 处也有吸收峰,可选为工作波长。)

该方法适用于各种水样的活性磷酸盐测定。注意采集的水样最好立即过滤,于 4℃ 低温存放,并在 24 h 内进行分析。用于测磷的水样应用玻璃瓶存放,不宜用塑料瓶。

具体测定步骤详见《水质监测与调控技术实训》。

(2)磷钼蓝萃取分光光度法

选自《海洋监测规范》(GB 17378.4-2007)。

方法原理:在酸性介质中,活性磷酸盐与钼酸铵反应生成磷钼黄,用抗坏血酸还原为磷钼蓝,用醇类有机溶剂萃取,于 700 nm 波长处比色定量。

(3)离子色谱法

《水和废水监测分析方法》(第四版)中推荐该方法。具体见 SO_4^{2-} 的测定方法。

2. 水中总磷的测定

水中的总磷需经消解为正磷酸盐再测定。用过滤后的水样消解,测得的是可溶性总磷;用未经过滤的水样(含悬浮物)消解,测得的是水中的总磷。以下是总磷的消解方法:

(1)过硫酸钾消解法

样品加入适量过硫酸钾溶液,加压加热消解。

（2）硝酸—硫酸消解法

具体见《水和废水监测分析方法》（第四版）。

（3）硝酸—高氯酸消解法

具体见《水和废水监测分析方法》（第四版）。

（4）用过硫酸盐氧化法同时测定水中的总氮和总磷

过硫酸钾在 60℃ 的水溶液中可水解成 H^+ 和 O_2。1 mol 的 $K_2S_2O_8$ 水解生成 2 mol H^+。

如果 1 mol 的 $K_2S_2O_8$ 中加有 1 mol 的 NaOH，则反应开始时，溶液呈碱性。由于氧化反应后生成大量 H^+，使反应后的溶液呈酸性，把 0.074 mol/L $K_2S_2O_8$ 和 0.07 mol/L NaOH 的混合液作为氧化剂溶液，于高压蒸汽灭菌器中（120℃）加热 0.5 h，能依次完成在碱性过硫酸盐条件下氧化水中全部氮（转化为硝酸盐氮）和酸性过硫酸盐条件下氧化水中全部磷（转化为磷酸盐）的反应。氧化后的产物硝酸盐和活性磷酸盐再分别测定。

应注意的是，无论何种消解方法，试剂空白和各标准溶液均应与水样同时消解处理。

7.2.3 水体的除磷技术

对于养殖水体，一般可以通过增加滤食性鱼类、控制投饵、更换清洁新水等方法消除水体中多余的磷。一般与脱氮同时进行。还可以通过种植水生植物或藻类来吸收水中的营养盐，降低水体的富营养化指数，如黄凌风等（2008）尝试在筼筜湖上种植"海菜"，陈曦等（2008）研究的"水葫芦处理系统"对污水、养殖废水中氮磷的去除都取得了很好的效果。

对于需要处理排放的工业废水，主要有以下除磷方法：

1. 化学法除磷

废水中磷的存在有正磷酸盐、聚磷酸盐和有机磷 3 种形态。在二级生化处理中，能将聚磷酸盐和有机磷转化成正磷酸盐，然后在废水中加入药剂与磷酸根进行反应生成沉淀去除，同时生成的絮凝体对磷也有吸附去除的作用。现在常用的化学试剂为含铁离子、含钙离子或含铝离子等金属化合物。采用石灰作为除磷的絮凝剂已在国内外被广泛采用。

据研究，当 pH 值为 11.5 时，石灰法的除磷效率较高，磷的去除率可达 99%。缺点是药剂费导致系统运行费用偏高，同时易在池子、管道和其他设备上结垢，大量沉渣污泥需处理，费用较高。

2. 生物法除磷

生物法除磷的机理：生物法除磷的核心是聚磷菌的超量吸磷现象：在厌氧条件下，聚磷菌将其体内的有机磷转化为无机磷并加以释放，利用此过程产生的能量摄取废水中的溶解性有机基质以合成聚-β-羟基丁酸盐（PHB）颗粒；在好氧条件下，聚磷菌将 PHB 降解以提供摄磷所需能量，从而完成聚磷过程。

因此，生物除磷是系统中污泥在厌氧—好氧交替运行的条件下通过磷的释放和对磷的摄取，最终通过剩余污泥的排放而完成的。

7.3 任务三 水中的硅元素

7.3.1 天然水中含硅化合物的形态

天然水中的含硅化合物的存在形态有可溶性硅酸盐、胶体、悬浮物以及作为硅藻组织的硅等。可溶性硅大多以正硅酸及其盐类存在。硅酸是弱酸,可按下式微弱电离:

$$H_2SiO_3 \Longrightarrow H^+ + HSiO_3^-$$

$$HSiO_3^- \Longrightarrow H^+ + SiO_3^{2-}$$

据测定,在25℃,0.5 mol/L的NaCl溶液中,硅酸的表观电离常数$K_1' = 3.9 \times 10^{-10}$,$K_2' = 1.95 \times 10^{-13}$。在天然水的pH条件下,硅酸主要以分子态$H_2SiO_3$(水合$SiO_2$)和$HSiO_3^-$存在。在pH<8时,95%以上以$H_2SiO_3$存在。而随着pH的升高,$HSiO_3^-$所占比例相应增大。在海水pH条件下,硅酸盐易聚合为聚合硅酸盐,至今未发现有可溶性有机硅化合物存在于天然水中。不溶性硅化合物主要存在岩石风化产物、黏土悬浮物以及硅藻和其他生物体内或残骸中。

溶解状态的硅酸盐及胶体硅通常可用形成硅铝酸络合物比色法测定。一般把能与钼酸铵试剂反应而被测出的部分硅化合物称活性硅酸盐,以SiO_3-Si表示,活性硅酸盐大都能为硅藻所吸收利用,可作为水中有效硅含量的指标。

天然水中的有效硅是许多浮游植物必需的一种大量营养元素,尤其是对于硅藻类浮游植物、放射虫和硅质海绵,硅是构成其机体的不可或缺的组分。在硅藻及其他由SiO_2构成"骨架"的浮游植物中,SiO_2含量最高竟达体重的60%～75%;当水中缺硅时,硅藻细胞难以分裂,蛋白质、DNA、RNA、叶绿素、叶黄素、类脂等物质的合成以及光合作用均受到影响。

研究表明,在水中有效硅浓度不太高时,硅藻对它的吸收速率及有效硅的浓度的关系也符合米氏方程。许多硅藻的K_m值大都在0.19～3.37 $\mu mol/L$之间,而以K_m为2 $\mu mol/L$者较为多见。一般天然淡水SiO_3-Si含量变化于1.5～6.6 $\mu mol/L$,特殊情况下甚至更高,而海洋中溶解态硅的平均浓度为1.0 mg/L。因此,人们通常都认为硅不是限制性营养物质。不过,在其他营养物质供给充足、形成硅藻水华时,若补给不及时,硅也会成为限制性营养物质。Conley(1992)研究了切萨皮克湾可溶性硅的年循环,指出是可溶性硅控制了春季赤潮中硅藻的产量,引起春季赤潮的衰落并导致浮游植物组成的变化;Nelson(1990)报道,在南极Ross海西南部的硅藻繁盛期,硅成为限制性元素。

硅藻及其他生物对硅的吸收利用以及与Ca^{2+}、Al^{3+}等离子的沉淀反应可能降低有效硅的浓度,而含硅悬浮物的溶解,特别是薄壁硅藻残骸的沉降过程的溶解,则可能使有效硅含量增加。厚壁型硅藻死亡后溶解较慢,往往会沉降至底层或进入沉积物而脱离循环。

7.3.2 天然水中活性硅酸盐的分布

在天然淡水中的活性硅酸盐含量也类似于有效氮和活性磷酸盐,具有明显的时空分布变化规律,外海水中活性硅酸盐的含量较低,其分布变化受水文地质和生物学过程的影响。

大陆上含硅岩石风化后,被溶解成胶状的硅酸、铝硅酸或其盐类,随着大陆水不断被带入海水,成为海洋中硅的重要来源。据统计,每年被搬入海的数量,以 SiO_2 计算,可达 1.93×10^8 t,因此,近岸海区的上层,尤其是近河口海区,硅酸盐的含量比外海高得多,但在海水自然条件下,硅酸容易脱水形成极稳定的硅石:

$$H_4SiO_4 \longrightarrow SiO_2 + 2H_2O$$

逐渐降低其活性硅酸盐的含量,当然这个过程远比脱水过程复杂得多。许多研究者认为,在河口滨海区,随着海水与河水的混合,发生着硅酸盐的自然迁移过程。例如 Liss 和 Spencer (1970)报道英国的 Coway 河口硅酸盐含量与盐度之间存在着很好的负相关性(图 7-11)。

海水中硅酸盐的含量随季节变化,其浓度可相差 100 倍以上。在春季硅藻等浮游植物繁茂的季节,有时甚至可低于 $0.3 \mu mol/L$。而在冬季生物死亡后,可通过溶解作用使硅的含量得到恢复。由于生活在海水上层的浮游植物死亡后的下沉和腐解,生物体内硅的重新溶解过程多在下层海水中进行,所以硅酸盐在海水中的浓度一般随着深度的增大而增大,底层海水可高达 $1\,000 \mu mol/L$ 以上。尽管海水中硅的浓度是不饱和的,但由于在悬浮状含硅有机物周围吸附着阳离子,使溶解过程变得十分缓慢,未溶解的硅随着生物体一起下沉到海底而成为硅质沉积。

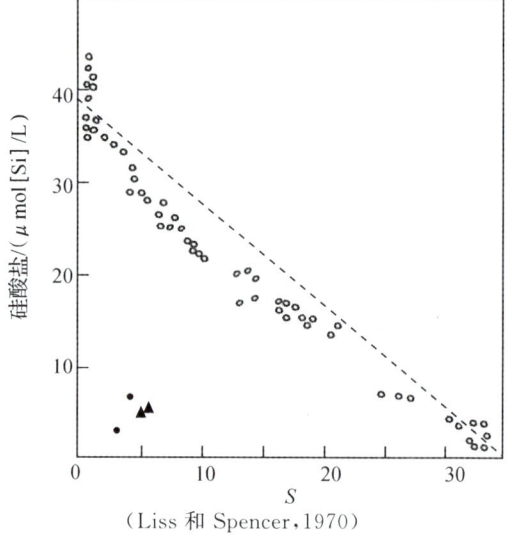

(Liss 和 Spencer,1970)

图 7-11 英国 Coway 河口硅酸盐与盐度的关系

7.3.3 活性硅酸盐的测定

《海洋监测规范》(GB17378-2007)第 4 部分"海水分析"中提供了活性硅酸盐测定的两种方法——硅钼黄法和硅钼蓝法。其中,硅钼黄法为仲裁方法,适用于硅酸盐含量较高的海水;而硅钼蓝法适用于硅酸盐含量较低的海水。

1. 硅钼黄法

水样中的活性硅酸盐与钼酸铵—硫酸混合试剂反应,生成黄色化合物(硅钼黄),在 380 nm 处的吸光值与活性硅酸盐的含量成正比。

2. 硅钼蓝法

活性硅酸盐在酸性介质中与钼酸铵反应,生成黄色的硅钼黄;加入含有草酸(消除磷和砷的干扰)的对甲替氨基苯酚—亚硫酸钠还原剂,硅钼黄被还原为硅钼蓝,在 812 nm 处比色定量。

硅钼黄法和硅钼蓝法测定水中的活性硅酸盐具体操作详见《海洋监测规范》(GB17378.4-2007)。

7.4 任务四 水体中的铁

铁属于动物和植物不可缺少的微量营养元素,是叶绿素、血红素中的组成部分,也是某些酶的重要成分,在生物氧化还原过程中起着重要作用。

7.4.1　水中铁的存在形态及含量

天然水中的铁有+2 与+3 两种价态。考虑到天然水中存在 SO_4^{2-} 和 HCO_3^-,在不同 pH 和氧化还原条件下,铁在水中的存在与形态将有 Fe^{2+}、Fe^{3+}、$Fe(OH)_2$、$Fe(OH)_3$、$FeCO_3$、FeS 及 FeS_2 等。在大多数天然水的 pH 条件下,当水中含有溶解氧时(此时 E_h 一般都在 $400\sim500$ mV 以上),Fe^{2+} 不能稳定存在,它会被氧化为 $Fe(OH)_3$:

$$4Fe^{2+}+O_2+10H_2O=4Fe(OH)_3\downarrow+8H^+$$

$Fe(OH)_3$ 的溶度积很小,以致在天然水通常的 pH 条件下几乎不可能有 Fe^{3+} 存在。根据计算,在 pH=8 的海水中,真正以离子状态存在的铁的浓度不可能高于 4×10^{-7} $\mu g/L$,在 pH=8.5 时不可能高于 3×10^{-8} $\mu g/L$。

不过,在天然地面水中实际测定到的铁含量常常远比上述计算的平均浓度高。产生这种现象的原因是 $Fe(OH)_3$ 常以胶体形态存在,测定时可以参与显色反应。另外 Fe^{3+} 与 Fe^{2+} 还会被一些天然有机物螯合或络合,如柠檬酸、酒石酸、乳酸、氨基酸及腐殖酸等均可与铁络合。

天然地面水中总铁含量一般都在 100 $\mu g/L$ 以下。调查我国部分水系含铁的结果是:松花江水系江河源水 226 $\mu g/L$,滤过水 80 $\mu g/L$;湖库水源水 114 $\mu g/L$,滤过水在 50 $\mu g/L$ 以下;洞庭湖水系源水 97 $\mu g/L$,滤过水 32 $\mu g/L$。湖泊在正分层期底层水含铁比表层水要高许多,有时可高出 10 多倍,这与分层期底层有机质较多、pH 较低有关。

地下水的含铁量常较高。许多冲积平原的井水含有丰富的铁。尤其铁矿产区附近的井水,有的铁含量可达每升数十、数百毫克。这种水用于水产养殖是有很大危害的。

地面水与地下水中铁的含量与水流经地区所接触的岩石土壤的铁含量有关。土壤中的铁含量范围一般为 $0.7\%\sim4.2\%$,仅次于硅和铝。地壳岩石圈铁平均含量为 5.1%。土壤中铁含量首先决定于成土母岩。在岩浆岩中,石英、长石基本不含铁,白云母含铁 $0\sim2\%$,黑云母含铁可高达 $14\%\sim21\%$。酸性岩浆岩一般含铁较低,碱性岩浆岩一般含铁较高。如花岗岩一般只含铁 $0.7\%\sim2\%$,而玄武岩含铁可高达 7% 左右。沉积岩含铁量也有较大的差别,一般黏质岩含铁较高(可达 $4.2\%\sim5.6\%$),砂岩次之($0.7\%\sim2.1\%$),石灰岩最少(一般 $<0.7\%$)。

含大量铁的地下水(主要为 Fe^{2+})大量注入鱼池,会使水质状况发生一系列变化。首先是 Fe^{2+} 被氧化成 $Fe(OH)_3$,水变混浊,pH 降低。

生成的 $Fe(OH)_3$ 絮凝时会将水中的藻类及悬浮物一并混凝、下沉,使水又逐渐变清。过几天浮游植物又会繁生,水色又渐渐变深,pH 回升。

大量 Fe^{2+} 氧化需要消耗水中的溶氧,1 mg Fe^{2+} 氧化需 0.14 mg O_2。水中生成的大量

Fe(OH)$_3$微粒会堵塞鱼鳃,聚沉藻类。所以,我国北方鱼类越冬池不可直接大量补注含铁高的水(要求含 Fe<1 mg/L)。

沉积物中的铁可以起到固定硫化氢,阻止其向水中扩散的作用:

$$H_2S+2Fe^{3+}=S\downarrow+2Fe^{2+}+2H^+$$
$$Fe^{2+}+H_2S=FeS\downarrow+2H^+$$
$$H^++HCO_3^-=H_2O+CO_2\uparrow$$

7.4.2　水体中铁的分布

铁的分布广泛,许多岩石、土壤中都含有铁,在天然水体中一般不会缺铁。增施有机肥可以提高水中有效铁含量。

Fe 在海水中的分布很不均匀,从大洋到近岸,其含量范围大约为 0.001～0.5 mg/m³,即相当于 0.02～10 nmol/kg。在某些大洋区,Fe 往往是影响海洋初级生产力的另一重要因子。Martin(1990,1991)报道,赤道附近太平洋和南太平洋中 Fe 是限制性营养元素,如果向这些海区添加一些 Fe,浮游植物密度可能剧增。近年来已尝试人为地向一些缺 Fe 的海区施放铁屑,结果表明,添加 Fe 可大大提高浮游植物的数量。在北大西洋 Ross 海,要使 Fe 不成为浮游植物生长的限制因子,其含量必须高于 0.5 nmol/kg;而在赤道海区,必须高于 0.3 nmol/kg。若低于上述阈值,浮游植物生长就会受到限制。Behrenfeld(1996)和 Boyd(1996)在开放海域进行了现场试验,皆验证 Fe 限制了 HNLC 海区的初级生产力。

海水中的 Fe 与某些海洋动物的生长也有直接关系。例如在氢氧化铁胶团凝聚形成黏性软泥沉积于浅海海底时,这样的水域环境正适合于幼虾的生长繁殖。据实验,分别把对虾蚤状幼体(Ⅰ期)培养在含铁量为 0.404 mg/L 的海水和无铁海水中,在同样条件下饲养,经 2 d 后含铁海水中对虾幼体大部分存活,而无铁海水中的对虾幼体则全部死亡。

7.4.3　水中铁的测定

1. 原子吸收分光光度法

选自《生活饮用水标准检验方法》(GB/T 5750-2006)第 6 部分"金属指标的检验"。分为直接法和共沉淀法。原理见 7.5.3 的 1。

2. 二氮杂菲(邻菲罗啉)分光光度法

《生活饮用水标准检验方法》(GB/T 5750.6-2006)推荐该方法。

在 pH 3～9 的条件下,Fe^{2+}与二氮杂菲(邻菲罗啉)反应生成稳定的橙色络合物,在 510 nm 处有最大吸收,可比色定量,测定出水样中 Fe^{2+}的含量。若水样中先加入盐酸羟胺,可将水样中的高价铁(Fe^{3+})还原为低价铁(Fe^{2+}),用二氮杂菲(邻菲罗啉)显色后测得的是水样中的总铁。

二氮杂菲(邻菲罗啉)分光光度法测定水样中铁的含量具体操作详见《水质监测与调控技术实训》。

7.5 任务五　水体中的其他微量元素

7.5.1　铜与锌

铜与锌都是植物生长必不可少的微量营养元素,均在数种酶中起决定性作用。铜在叶绿素合成中起主要作用,锌则参与了植物体中生长素(吲哚乙酸)的合成。植物缺铜时出现缺绿症;缺锌则生长受阻,缺乏叶绿素,蛋白质合成与利用发生障碍。

铜和锌也是动物不可缺少的元素。铜在有些动物,特别是软体动物、甲壳动物体内存在较多,如牡蛎中铜的含量可达 $600\sim3\,000$ mg/kg。它是甲壳动物中血蓝素的重要组成部分,血蓝素起着运载氧气的作用。水中 Cu^{2+} 对于牡蛎幼虫的附着起一定的作用,一般以含量在 $0.05\sim0.6$ mg/L 为宜。动物缺锌,生长缓慢,发育不良。

铜和锌在地表水中均以 $+2$ 价态存在。海水中铜的平均含量约为 0.5 μg/L,锌平均为 4.9 μg/L。淡水中铜、锌含量一般比海水高许多。据调查,多数淡水含铜量平均可达 15 μg/L,我国松花江水系河水(原水,下同)含铜 1.46 μg/L,湖库含铜 2.70 μg/L。洞庭湖水系河水与北江水系河水含铜亦在 1.4 μg/L 左右。多数淡水含锌平均达 64 μg/L,最高值 $1\,183$ μg/L。据我国地面水含锌调查,松花江水系江河水为 1.02 μg/L,湖库水为 1.05 μg/L,洞庭湖水系河水为 5.3 μg/L,北江水系河水为 1.68 μg/L。

Cu^{2+} 与 Zn^{2+} 都有易被络合与被吸附的性质。Cu^{2+} 比 Zn^{2+} 更易被络合。在土壤溶液中,Cu^{2+} 的络合态占总量的 $98\%\sim99\%$,Zn^{2+} 的络合态则占总量的 60% 左右。以富里酸为例(在 pH$=5$ 时),金属离子与腐殖酸络合能力有如下次序:

$$Fe^{3+}>Al^{3+}>Cu^{2+}>Pb^{2+}>Fe^{2+}>Ni^{2+}>Mn^{2+}>Co^{2+}>Ca^{2+}>Zn^{2+}>Mg^{2+}$$

与土壤黏粒发生代换吸附的能力顺序是(H^+ 除外):

$$Cu^{2+}>Rb^+>Ni^{2+}>Co^{2+}>Zn^{2+}>Ba^{2+}>Ca^{2+}>K^+、NH_4^+>Na^+$$

表明 Cu^{2+} 和 Zn^{2+} 均有较强的代换吸附能力,在天然水中很易被吸附和络合,还可生成难溶的碳酸盐和磷酸盐。真正以 Cu^{2+} 和 Zn^{2+} 离子状态存在的很少。

土壤中铜的含量一般为 $2\sim100$ mg/kg,平均为 20 mg/kg。锌的含量一般为 $10\sim300$ mg/kg,个别可达 $500\sim1\,000$ mg/kg,平均为 50 mg/kg。土壤中的铜、锌含量与成土母质的岩石种类有关。例如,以玄武石、页岩为母质的含铜、锌较高,而以花岗岩、砂岩为母质的则含铜、锌很少。

过量的铜对生物体是有害的,它对生物酶的催化活性起抑制作用,从而抑制了海洋浮游植物的光合作用和代谢作用,影响生物的正常生长繁殖,严重时会造成生物变态和死亡。海水中铜对浮游植物的毒性依赖于铜存在的物化形态,实际有毒的形态是 Cu^{2+},但 Cu^{2+} 会被阴离子或某些藻类释放的有机物络合,改变存在形态,从而抑制其毒性。锌对海洋生物的毒性受环境因素如硬度、溶解氧、温度等的影响。

7.5.2　锰与钼

锰是生理上进行的一些可逆反应不可缺少的元素,还是提高植物呼吸强度的重要物质。

它能促进肽酶和精氨酸酶的活性，同时又能提高碳水化合物的同化作用和淀粉酶的活性。钼是固氮酶和硝酸还原酶的组成元素，磷酸酶的活性也会受到缺钼的影响。

地面水锰含量一般很低，约为 2 μg/L，有的地下水含 Mn^{2+} 可达 1 mg/L 以上。我国洞庭湖水系河水含锰 10 μg/L。海水中的锰以 Mn^{2+}、$MnCl^+$ 形态存在，平均含量为 0.2 μg/L。锰在自然界存在的价态一般为 +2、+3 与 +4 价，常常以混合价状态存在。在土壤溶液中大部分以 +2 价存在，且多为络合态。MnO_2 在水中溶解度很小，在还原环境可以增加锰的溶解度。

钼是一切固氮植物必需的营养成分，对于植物内维生素 C 的合成与分解具有一定作用。钼也是人体黄嘌呤氧化酶、醛氧化酶、亚硫酸氧化酶等多种酶的重要成分，是人体必需的微量元素。但当人和动物体内含钼过多时，会使钙、磷和铜的代谢受到影响，发生病变。钼酸铵浓度达到 10 mg/L 时，可使水的涩味加重；钼浓度达 5 mg/L 时，对水体的生物自净作用有抑制效应，并对某些植物（如莴苣）生长有害。日本规定钼的环境水质标准为 0.07 mg/L。

钼在水中多以 MoO_4^{2-}、$HMoO_4^-$ 及多聚酸盐形态存在，海水中的钼平均为 10 μg/L。钼易被土壤胶粒吸附，能与 $Fe(OH)_3$ 反应生成 $Fe_2(MoO_4)_3$ 等沉淀。

土壤中锰的含量范围为 0.01%～0.50%，平均为 0.085%。我国土壤锰含量范围为 42～3 000 mg/kg，个别可达 5 000 mg/kg，平均 710 mg/kg。土壤中锰的含量与成土母岩的种类有关，例如玄武岩、石灰岩含锰多，平均 1 000～1 500 mg/kg，花岗岩含锰较少（400 mg/kg），砂岩含锰最少（10～100 mg/kg）。钼在土壤中含量仅 0.1～10 mg/kg，平均 2 mg/kg，但有的泥炭土中含钼高达 20～30 mg/kg。岩石中一般以玄武岩、页岩含钼较多，花岗岩与砂岩含钼较少。

锰对海洋生物的毒性研究不多。由于锰可被软体动物富集，有的富集倍数可达 12×10³。在含锰过高的水中饲养贝类可能影响产品品质。

综上所述，微量元素的分布、存在形态均很复杂。由于它的分布广泛，生物需要量很少，一般不被人们注意。在农业上已经注意到微量元素肥料的增产效益，但必须因地制宜。微量元素在水产业上的作用研究得很少，但在单胞藻的人工培养、鱼虾全价饵料的配制上，微量元素的作用已得到了充分的重视。修建在沙土质地区的池塘容易缺乏微量元素。有人在这类池塘中施放锰（100 μg/L）、铜、锌、钴（各 5 μg/L），发现对池水初级生产力的提高有显著作用。多数微量元素易被水中土壤黏粒吸附沉淀；水中过多的微量元素会对生物产生毒害；增施有机肥既可以增进微量元素向水中转移，又可以减少微量元素过量的危害。这些是微量元素在水中的共性。

7.5.3 铜、锌、锰、钼的测定

1. 原子吸收分光光度法

与其他金属元素一样，这些微量金属元素都可以用原子吸收分光光度法测定。

《生活饮用水标准检验方法》（GB/T 5750-2006）第 6 部分"金属指标的检验"中提供了用原子吸收分光光度法测定相应金属指标的方法，其基本原理：水样中金属离子被原子化后，吸收来自同种金属元素空心阴极灯发出的共振线（铜：324.7 nm；铅：283.3 nm；铁：248.3 nm；锰：279.5 nm；锌：213.9 nm；镉：228.8 nm 等），吸收共振线的量与样品中该元素

的含量成正比。在其他条件不变的前提下,根据测量水样被吸收后的谱线强度,与标准系列比较定量。

一般水样可以直接测定,也可以通过萃取、共沉淀、富集等方法预处理金属元素含量较低的水样,然后再用原子吸收法测定。

《海洋监测规范》(GB17378-2007)第 4 部分"海水分析"中提供了无火焰原子吸收分光光度法连续测定铜、铅、镉的方法,并规定该方法为仲裁方法。其基本原理:在 pH 为 5～6 的条件下,海水中的铜、铅、镉与吡咯烷二硫代氨甲酸铵(APDC)和二乙基二硫代氨基甲酸钠(DDTC-Na)混合液螯合,经甲基异丁酮(MIBK)—环己烷混合液萃取分离后,于各自的特征波长下用石墨炉原子吸收光谱法测定其吸收值。

2. 二乙基二硫代氨基甲酸钠分光光度法测定水中的铜

《生活饮用水标准检验方法》(GB/T 5750.6-2006)中推荐该方法。

方法原理:在 pH 9～11 的氨溶液中,铜离子与二乙基二硫代氨基甲酸钠反应,生成棕黄色络合物,用四氯化碳或三氯甲烷萃取后于 436 nm 处比色定量。

3. 双乙醛草酰二腙分光光度法测定水中的铜

《生活饮用水标准检验方法》(GB/T 5750.6-2006)中推荐该方法。

方法原理:在 pH 9 的条件下,铜离子(Cu^{2+})与双环己酮草酰二腙及乙醛反应,生成双乙醛草酰二腙螯合物,在 546 nm 处比色定量。

4. 锌试剂—环己酮分光光度法测定水中的锌

《生活饮用水标准检验方法》(GB/T 5750.6-2006)中推荐该方法。

方法原理:锌与锌试剂[$HOC_6H_3(SO_3H)N:NC(C_6H_5):NNC_6H_4COOH$]在 pH 9.0 条件下生成蓝色络合物。其他重金属也能与锌试剂生成有色络合物,加入氰化物(剧毒)可络合锌及其他重金属,但加入环己酮能使锌有选择性地从氰络合物中游离出来,并与锌试剂发生显色反应,在 620 nm 处比色定量。

5. 双硫腙分光光度法测定水中的锌

《生活饮用水标准检验方法》(GB/T 5750.6-2006)中推荐该方法。

方法原理:在 pH 4.0～5.5 的水溶液中,Zn^{2+} 与双硫腙反应生成红色螯合物,用四氯化碳萃取后,在 535 nm 处比色定量。

6. 过硫酸铵分光光度法测定水中的锰

《生活饮用水标准检验方法》(GB/T 5750.6-2006)中推荐该方法。

方法原理:在硝酸银存在下,锰被过硫酸铵氧化成紫红色的高锰酸盐,其颜色的深度与锰的含量成正比,于 530 nm 处比色定量。如果溶液中有过量的过硫酸铵时,生成的紫红色至少能稳定 24 h。Cl^- 因能沉淀 Ag^+ 而抑制催化作用,可加入汞离子予以消除。加入磷酸可络合铁等干扰元素。如果水样中有机物较多,可多加过硫酸铵,并延长加热时间。

7. 甲醛肟分光光度法测定水中的锰

《生活饮用水标准检验方法》(GB/T 5750.6-2006)中推荐该方法。

方法原理:在碱性溶液中,甲醛肟与锰形成棕红色的化合物,于 450 nm 处比色定量。

8. 高碘酸银(Ⅲ)钾分光光度法测定水中的锰

《生活饮用水标准检验方法》(GB/T 5750.6-2006)中推荐该方法。

方法原理:在硫酸酸性条件下,高碘酸银(Ⅲ)钾氧化水中的锰,生成紫红色 MnO_4^-,在

545 nm 处比色定量。

9. 催化极谱法测定水中的钼

《水和废水监测分析方法》(第四版)中推荐该方法。

方法原理:在硫酸—二苯羟乙酸—氯酸盐体系中,钼在 -0.40 V 左右(对 Ag/AgCl)处产生一灵敏的催化波,该波选择性好,灵敏度高,峰形稳定清晰。大量其他元素共存不干扰测定。

本方法在底液中引入了一定量硫酸盐组成的缓冲体系($HSO_4^- \text{-} SO_4^{2-}$),从而稳定了体系中的 pH,使方法的精密度、准确度都进一步提高。

本章小结

　　水中的氮、磷、硅元素及微量元素铁、铜、锌、锰、钼等是水中生物的营养元素,它们以各种形态存在于水中,对水中生物产生不同的影响。

　　本章介绍了水中的氮、磷、硅、铁、铜、锌、锰、钼等营养元素的存在形态、转化关系、对水中生物的影响、各种形态的测定方法、脱氮除磷技术等。

思考题

1. 浮游植物对营养元素的吸收过程有何特点?

2. 天然水中有效氮有几种存在形态,各种形态之间有何联系?

3. 什么是无机三氮? 对水中生物分别有哪些影响?

4. 什么是非离子氨? 其占总氨氮的百分比与哪些因素有关? 渔业水质中规定水中非离子氨含量不宜超过多少?

5. 纳氏试剂法测定水中氨氮的原理是什么? 应注意什么?

6. 水中的亚硝酸氮如何测定?

7. 水中氨氮、有机氮、凯氏氮、无机氮和总氮的数量关系如何?

8. 天然水中磷的存在形态有哪些?

9. 什么是活性磷酸盐? 如何测定?

10. 什么叫活性硅? 简述硅酸盐在水中的分布特点。其测定方法有哪些?

11. 邻菲罗啉分光光度法测定水中铁含量时,盐酸羟胺的作用是什么?

12. 简述微量元素铜、锌、锰、钼的作用。

可扫码获取本模块课件资源:

模块八　水中的有机物及其监测与调控技术

水体中有机污染物种类繁多,结构复杂,化学稳定性差,易被水中生物分解,影响水生生物、水体中的化学成分和性质。

水体中有机污染物的测定分为综合指标、类别指标和特定有机物的测定。测定方式:一类为直接测定,用于对某一种、某一类有机污染物的测定,如油、酚等;另一类为间接测定,例如用测定 BOD、COD、TOD、TOC 等综合指标来间接了解水体中有机物污染的状况。

8.1 水中的有机物

有机物在各种水体中普遍存在,即使未受污染的水体中也存有种类和浓度各异的有机物,而人类的活动产生的工业废水、生活污水则导致更多的有机物进入水体。水中的有机物通过直接或间接的方式影响水体的物理、化学、生物性质。水中有机物的产生、存在和迁移转化过程与水生生物组成和生命活动过程都存在十分密切的关系。水中有机物参与和调节水中氧化—还原、沉淀—溶解、配合—解离、吸附—解吸等一系列物理化学过程,从而影响许多无机成分(特别是重金属元素和过渡金属元素)的形态分布、迁移转化和生物活性,影响碳酸盐平衡和水体许多物理化学性质(色度、透明度、表面活性等)。水中广泛存在的多种持久性有毒有机污染物可被水生生物富集,并进而通过食物链危害人类健康。

8.1.1　天然水中有机物的种类

天然水体中有机物主要来自水循环过程中溶解和携带及水生生物生命活动过程中产生,其含量是水中各种复杂过程相互作用的结果,含量一般较低。淡水水体中有机物含量大约几 mg/L(以碳计),个别(如沼泽水)可高达 50 mg/L;海水中有机物含量为 0.2~2.0 mg/L(以碳计)。

水中有机物种类繁多,按分散状态分类有颗粒状有机物和溶解有机物:

1. 颗粒状有机物(particular organic matter,POM)

颗粒物是指比溶解的低分子更大的各种高分子或多分子的实体。一般将平均颗粒直径大于 0.45 μm 的悬浮物称为颗粒物,以颗粒状存在的有机物称为颗粒状有机物。

颗粒状有机物的物理形状在普通光学显微镜下可见,无明显的布朗运动,在水体中可逐步沉降进入底泥。POM主要由有生命的有机体(如浮游植物)和有机碎屑组成,其化学成分十分复杂,现在已知的颗粒物组成有碳水化合物(单糖、寡糖和多糖)、蛋白质(多种氨基酸)、类脂(脂肪酸、烃类、甾醇)、叶绿素、维生素等。

实际上水体中的颗粒状有机物一般并不以纯粹单一的状态存在,而是与无机颗粒物紧密结合成为有机—无机复合体,同时还吸附水中大量有机、无机化合物。

2.溶解有机物(dissolved organic matter,DOM)

水体中平均颗粒直径小于$0.45~\mu m$的有机物称为溶解有机物,包括胶体和真溶液两种存在状态的有机物,大部分呈胶体状态。其成分也很复杂,也含有碳水化合物、含氮有机化合物、类脂化合物、维生素和其他简单化合物和腐殖质等。

(1)碳水化合物:多糖类。在海水中总浓度为$200\sim600~\mu g/L$。

(2)含氮有机物(DON):蛋白质腐解产物及细胞分泌物,如胞外蛋白、球蛋白以及氨基酸。海水中游离氨基酸含量为$16\sim124~\mu g/L$,结合氨基酸为$2\sim120~\mu g/L$,还有尿素、腺嘌呤、尿嘧啶等。

(3)类脂化合物:脂肪酸、磷脂及衍生物。水体中含量较低,海水中总脂肪酸为$5~\mu g/L$,一般为$14\sim20$个偶数碳原子,含$0\sim3$个双键。

(4)维生素:海水中检出三种B族维生素,即维生素B_{12}($0.1\sim4~\mu g/L$)、维生素B_1(约十几$\mu g/L$)、维生素H(即生物素,约几$\mu g/L$)。

(5)其他简单有机物:包括羧酸(如乙酸、乳酸、羟基乙酸、苹果酸、柠檬酸等)以及各种氨基酸等,是水中微生物生命活动所分泌的产物或有机物的降解产物。

(6)腐殖质:腐殖质是有机物在微生物作用下,经过分解转化和再合成而形成的新的有机物,其性质与原有机物不同,且在土壤和水体中广泛分布。腐殖质本身不是构成生物体的物质(如碳水化合物、木质素、脂肪、蛋白质、叶绿素、维生素等),而是构成生物体的有机物经过微生物参与下的二次合成反应产生的,以富含含氧功能基团为特征的从黄色到黑色的一系列物质。

腐殖质在水体中分布广泛,约占有机质总量的$85\%\sim90\%$。水体底泥中腐殖质含量$1\%\sim3\%$,某些地区可达$8\%\sim10\%$;河水中平均为$10\sim15~mg/L$,某些情况下可达200 mg/L;沼泽水中含量丰富;湖水中含量变化较大,干旱地区含量低,北方针叶林沼泽地带内的湖泊腐殖质含量极高。

8.1.2 水中的耗氧有机物

1.耗氧有机物的含义

耗氧有机物指水体中能被溶解氧氧化的所有有机物,主要包括动、植物残体和生活污水及某些工业废水中的碳水化合物、脂肪、蛋白质等易分解的有机物。因为它们在微生物作用下氧化分解时需要大量消耗水中的溶解氧,导致水质恶化,所以统称为耗氧有机物。

耗氧有机物本身一般无毒和低毒,在水中氧供给充分的条件下,容易被氧化降解,产物为CO_2、H_2O等简单无机物,对水质不产生危害。但当氧化分解过程中消耗的氧不能及时得到补充时,水中的溶解氧将迅速降低,有机物进行厌氧分解,产生有机酸、醇、醛类物质及其他还原性气体如H_2S、CH_4等,使水体缺氧,变黑发臭,水质恶化,导致鱼类和水生生物缺

氧窒息或中毒死亡。

2. 水体中耗氧有机物的来源

水体中的有机物来源于天然有机物及其分解产物、生物活性产物、人类生活废物和各种工业废物等,按其产生的方式可分为内源和外源。

(1)内源

内源有机物是指水体中水生植物和藻类光合作用所产生的有机物。水生植物可分为挺水植物、沉水植物和浮游植物三类,各类水体中均有各种类型的水生植物生长,特别是靠近岸边的浅水区常常是水生植物的旺盛生长区。水生植物和藻类通过光合作用利用太阳能将大气或溶解于水中的 CO_2 转变为碳水化合物,简单示意如下:

$$CO_2 + H_2O \xrightarrow{\text{光合作用}} \{C(H_2O)\} + O_2$$

生成的碳水化合物进一步经过复杂的生化反应形成机体所需的蛋白质、脂肪等各类有机物。当植物生长所需养分供给充分时,植物生长迅速,光合作用强烈,有机物积累多。如果积累的有机物不能从水体中及时除去,植物死亡后即成为水体耗氧有机物的来源,在生物降解过程中消耗水中的溶解氧。

此外,水生植物和藻类生长过程中还可向水体分泌释放各种溶解有机物,如蛋白质、酶类、糖类、有机酸以及其他有机物等,这些有机物也会进行耗氧生物降解,消耗水中的溶解氧。

(2)外源

外源有机物是来源于水体之外、以各种途径和方式进入水体的所有有机物。外源又分为人为源和天然源。人为源是指通过人类活动直接或间接排入水体的各类污染物质;天然源是指地球水分自然循环过程中,从水体外迁移进入水体的各种物质。目前,全球水体有机污染呈加重趋势,人类活动是其主要原因。

①人为源

a.工业废水

工业废水来自工业生产过程,其水质和水量随生产过程不同而有很大差别。工业废水排放量大,化学成分复杂,其中许多成分水体难以自净,处理困难。

轻工业:如造纸、纺织、制革、食品加工等,主要以农副产品为原料,废水中含大量易降解有机物、颜料、色素等。消耗水量特别大,废水排放量也大。如加工 1 t 的纺织品,需消耗 100~200 t 水,其中 80% 成为废水而排放进入环境水体。

重工业及石油化工业:也需大量用水,且废水中除含有机污染物外,还含有其他污染物,如悬浮无机颗粒、酸碱物质、热污染、放射性污染物、重金属、石油类污染物等。

b.生活污水

主要来自家庭、餐饮业、学校、旅游服务业、城市公共设施等,包括厨房、厕所、洗衣、淋浴以及其他途径排放的废水。城市人口生活用水一般为 40~50 L/(人·d),有些国家甚至高达 400~900 L/(人·d),总排放量很高。生活污水通常含有大量耗氧有机物,如纤维素、淀粉、糖类、脂肪、蛋白质等悬浮或溶解的有机物,及氮、磷、硫等营养盐和各种微生物。一般生活污水悬浮固体物含量为 200~400 mg/L,BOD_5 为 200~400 mg/L。

c.农业退水

农业退水包括农村污水和灌溉排水,是水体有机污染的广大来源。通常量小而分散,通过曲折的渠道影响地下水和地表水。其中畜禽养殖业排放的废水含有机物量很大,如牛圈排出水中有机质含量高达 4 300 mg/L,猪圈排出水中达 1 300 mg/L。此外,化肥、农药等的滥用,使得农田地表径流中含大量营养盐和有毒农药,进一步加重了水体的有机污染。

d.水产养殖废水

水产养殖过程中也常需要通过向水体施肥来提高水体肥力;同时,养殖生物的饵料也主要是有机物,如青草、秸秆或其他含有机物的配合饲料等,特别在过量投饵时成为水体的有机污染物;此外,还有养殖生物的排泄和死亡也会向水体输出有机物。因此,养殖水体通常含有较多的有机物。适量的有机物对于养殖水体本身可不视为污染物,但过量的有机物或养殖废水排入河流、湖泊等天然水体时,则可导致这些水体富营养化,形成耗氧有机物的污染。同时,不合理的养殖水域规划和养殖技术,如以不合理的养殖方式在湖泊和近海岸水域进行水产养殖生产,或过度施肥投饵、不及时清理残饵等,都可能对水域造成直接污染,影响其自然生态功能。

②天然源

在水的自然循环过程中,陆源可溶性有机物,如腐殖酸、蛋白质、糖类和其他简单有机化合物等,可溶于水中并随水迁移进入水体;在降雨径流强度较高时,有机残体或吸附于无机颗粒物中的有机物可随径流进入水体。

研究表明,当水流经植被丰茂的区域后,水中能检测出多种有机成分。因此,河流湖泊集雨区的植被可成为水体有机物的突然补给源,进入水体中的有机物的数量与集雨区植被的种类、类型和覆盖程度有密切关系。

3. 水体中耗氧有机物的分解转化

耗氧有机物对水体的危害主要是分解转化过程消耗水中的溶解氧,破坏水体的自净功能。天然水体中溶解氧的正常含量为 5～10 mg/L。当有机物排入水体后,先被好氧微生物分解,使水体的溶解氧迅速降低。在有机物浓度较低时,如果溶解氧能得到及时补给,有机物将被彻底降解为简单无机物 CO_2、H_2O 和氨,氨在有氧条件下转变为亚硝酸盐和硝酸盐:

$$2NH_3+O_2 \xrightarrow{\text{亚硝化细菌}} NO_2^- + H_2O + 2H^+$$

$$2NO_2^- + O_2 \xrightarrow{\text{硝化细菌}} 2NO_3^-$$

这个过程也继续耗氧。

有机物通过这样的转化过程,使水体中氮营养盐浓度增加,从而促进藻类生长,并进一步引起水体富营养化。此外,水中的 NO_3^- 含量增加也会影响水源水质,NO_3^- 在人类和动物体内可被还原为 NO_2^-,同时使血红蛋白中的 Fe^{2+} 氧化为 Fe^{3+},导致高铁血红蛋白症;在酸性条件下,NO_2^- 可产生亚硝胺类等具有致癌作用的化合物。一些含硫氨基酸如胱氨酸、半胱氨酸、甲硫氨酸,在有氧降解过程中,所含的硫可氧化成硫酸。

当水体有机物污染负荷较高,耗氧速度超过水体氧气补充速度时,有机物的好氧降解过程将被厌氧微生物作用下的厌氧分解过程所取代,即发生腐败现象。微生物对有机物的厌氧分解过程发生不完全氧化,产物为低级的有机酸(乳酸、醋酸等)、醇、醛、甲烷、硫化氢、氨

等恶臭物质使水质发臭。积累的氨、H_2S 等对水生生物会产生毒害作用。

8.1.3　水中的腐殖质

1. 腐殖质的来源和分类

水体和土壤中存在的有机物分为两大类,一类是构成生物体的物质,如碳水化合物、木质素、脂肪、蛋白质等,它们是有机化学中常见的化合物,约占有机质总量的 $10\% \sim 15\%$。另一类为腐殖质,是一系列经过微生物参与下的二次合成反应,以富含含氧功能基团为特征从黄色到黑色的高分子物质。腐殖质约占有机质总量的 $85\% \sim 90\%$,是环境中分布最为广泛的天然有机物,除大气外几乎所有环境介质如土壤、河流、湖泊、海洋中均有分布。

一般根据腐殖质在酸或碱溶液中的溶解性分为三类:

(1)胡敏酸(也称腐殖酸,humic acid)——可溶于稀碱,但不溶于酸。相对分子质量由数千到数万。

(2)富里酸(也称富啡酸,fulvic acid)——既溶于酸又溶于碱。相对分子质量由数百到数千。

(3)胡敏素(也称腐黑物,humin)——既不溶于碱也不溶于酸。

腐殖质可在水体中合成或来自于陆地水循环和沼泽水补给。腐殖质复杂的结构和所含的多种功能基团,对于水体中有毒有机污染物、重金属的存在形态、浓度、平衡、沉降、迁移和生物毒性等有着十分重要的影响。

2. 腐殖质对水环境的作用和影响

天然水体中对水质影响最大的是腐殖质。腐殖质在水环境中仍然可以被微生物继续分解,但与其他有机化合物相比缓慢得多,因此会在水中积累。

腐殖质在降解过程中也会消耗水中的溶解氧,但这种耗氧作用仅是次要的,它们对水环境主要有如下影响:

(1)吸附作用

由于腐殖质特殊的结构和所含的功能基团,它们几乎可与所有环境物质发生吸附作用,如有机物、黏土矿物、氧化物、金属离子等,从而影响这些物质的迁移转化、生物毒性。

腐殖质吸附反应的机理十分复杂。它们吸附金属离子的机理包括离子交换、表面吸附、螯合作用等。腐殖质能起螯合作用的主要基团是分子侧链上的各种含氧官能团,如—COOH、—OH、醛基、—NH_2 等。有许多研究表明,重金属在天然水体中主要以腐殖质的配合物形式存在。

吸附作用对重金属在水中的迁移转化、形态分配和生物活性等有着十分重要的影响。例如,有研究表明,腐殖酸能促进河水底泥中汞的溶出,并对溶解态汞的吸附和沉淀有抑制作用;水中添加腐殖酸可减轻汞对浮游植物和浮游动物的毒性,但对生物富集汞的效应不同,腐殖酸增加了汞在鲤和鲫体内的富集,而降低了在软体动物棱螺体内的富集。还有研究表明,腐殖酸与金属离子形成配合物可阻止金属离子形成氢氧化物和硫化物沉淀,从而加速了重金属的迁移,而且还可以溶出底泥中的重金属而导致二次污染。

腐殖酸能与水中颗粒物(黏土矿物和氧化物等)结合,作用机理包括阴离子交换反应、配位体交换反应和氢键结合。腐殖酸带有可变电荷,在水环境中一般以阴离子状态存在,容易与黏土表面上的铁和铝离子结合形成多羟基配合物,也可以进入氢氧化物表面上铁、铝原子

的配位层而与表面的羟基进行配位体交换结合。此外,腐殖酸大分子表面还可与颗粒物通过氢键结合形成稳定的复合物。腐殖酸与颗粒物的结合,不仅改变了两者在水环境中的迁移、沉降特性,而且影响相互之间对重金属和其他污染物的吸附特性,这种影响既包括结合后两者吸附表面特性的改变,也包括由于腐殖酸与金属离子配合后金属离子吸附性能的改变。研究表明,当腐殖酸与金属离子形成稳定性高的配合物时,会降低颗粒物对金属离子的吸附。腐殖酸组分中以富里酸金属配合物的迁移性更高,生物活性更强,而胡敏酸配合物的形成一般会降低金属离子的生物活性。

腐殖酸对水中的有毒有机污染物具有吸附和促进溶解的作用。它能键合水体中的多氯联苯(PCBs)、DDT 和多环芳香烃(PAHs)等,从而影响它们的迁移、转化和分布。环境中的芳香胺能与腐殖酸共价结合,而另一类有机污染物如邻苯二甲酸二烷基酯能与腐殖酸形成水溶性配合物。对颗粒物(土壤、沉积物)吸附水中疏水有机物的研究表明,吸附量与颗粒物中的有机物含量有密切关系。天然水中的有机物主要为腐殖质类,它们对水中有毒有机污染物的行为趋势有着重要影响。

(2)对水体其他性质的影响

腐殖酸对水体其他许多性质也有显著影响,主要包括:

①缓冲作用:腐殖酸和腐殖酸盐可构成弱酸—弱酸盐缓冲体系,对水体的酸度变化起缓冲作用。

②染色作用:腐殖质的分子结构中含有多种基团,能吸收不同波段的光,其颜色从黄色至黑色。水体中存在腐殖质时可使水体着色,并影响水的透光性。水的透光性与水生生物关系密切,森林腐殖酸湖泊常与其他湖泊有不同的生物群落结构。

③絮凝作用:腐殖酸是一种高分子聚合电解质,铁、铝离子和其他二价金属离子以及盐浓度提高可使其絮凝沉淀,可导致吸附的污染物质迁移进入底泥。

④氧化还原作用:研究表明,腐殖质具有氧化还原活性,例如胡敏酸在一定条件下可使铁、锰氧化物及二价汞还原。

此外,腐殖质可以催化一些有机污染物的水解反应,还影响有机污染物的微生物降解。在水中光化学反应中,腐殖质还具有光敏效应和猝灭效应,从而影响有机污染物的光降解过程。

总之,腐殖质在水环境中的作用是多方面的,这些作用影响和制约有机、无机污染物在水中的化学和生物学行为。

8.1.4 水中的持久性有机污染物

1. 持久性有机污染物的含义

前述水中有机物中的耗氧有机污染物和腐殖质本身一般无毒性,对水质的影响和危害主要通过影响水体的物理、化学和生物学过程而导致。

水体中还有一类有机物,其本身具有毒性,即有毒有机污染物。正常情况下,水体中的有毒有机污染物浓度很低,一般不会对水生生物和人群产生急性毒性。但有毒有机污染物中的一部分在水中降解缓慢,在水环境中滞留时间长,可通过生物放大和食物链的富集输送作用对水生生物和人体健康构成威胁,这部分污染物就称为持久性有机污染物(persistent organic pollutions,POPs)或难降解有机污染物。

污染物在环境中的"持久性"是一个相对概念,并无绝对标准。不同污染物由于化学组成和结构不同,在环境中的滞留时间也不相同。一般将半衰期在 3～6 个月以上的污染物称为持久性污染物。

水中的持久性有机污染物主要为人工合成有机物。

有研究表明,人工合成有机物通过迁移、转化和生物富集,浓度可提高数倍至数千倍,对于人类健康和生态环境安全构成巨大的损害和潜在的威胁。

因为有机污染物来源广泛,种类繁多,现有技术和能力难以一一监控,一般首先选择对那些毒性大、自然降解能力弱、污染普遍的污染物进行优先研究和控制,这些被选择进行优先研究和控制的污染物称为"优先污染物"。美国是最早开展优先监测的国家,随后,世界许多国家相继开展了优先污染物的筛选研究,并根据污染情况,提出了各自的优先污染物"黑名单"。我国提出的优先污染物有 68 种,其中有毒有机污染物有 58 种,名单见本书第一章表 1-2。

2. 水中持久性有机污染物的种类

水环境中的持久性有机污染物来自于工业生产、农业生产、交通运输和生活污染等。事实上,有多少种有机产品的生产和使用,就有多少种相应的合成原料和产品通过各种途径进入环境。

(1)农药

农药是农业生产中不可缺少的重要物质,在防治病害、清除杂草等方面发挥着重要作用。据估计,使用农药避免了 15%～30% 的农业生产损失。农药种类多,产量大,全世界的常用农药有 250 多种。我国的农药生产品种也有 120 多个,年产量约 20 万吨;另外还每年从国外进口 75 万吨,使用量居世界第二位,而且还呈逐年上升趋势。

目前常用农药主要包括有机氯农药、有机磷农药、氨基甲酸酯类农药等,其中,有机氯农药性质稳定,难以降解,疏水性强,易溶于有机质及生物脂肪,因此在环境中的滞留时间长,容易生物累积并沿食物链放大,是水环境中危害较大的持久性污染物。使用最早、最广泛的有机氯农药有 DDT、六六六及其衍生物、氯丹、艾氏剂、狄氏剂、毒杀芬等。我国已于 1983 年起禁用 DDT 和六六六,但因其结构的高度稳定性,至今在环境中还有其残留量或降解产物。有机磷农药和氨基甲酸酯类农药相对较易分解,在环境中滞留时间也较短。

经测算表明,农药施用过程中,仅约 10% 黏附于作物上,其余 90% 散落在土壤、水体和大气中。水环境中的农药主要来自农药施用、地表径流、农药厂废水排放及大气沉降等。

(2)多氯联苯(PCBs)

多氯联苯由联苯通过氯代作用而合成,由于氯原子在联苯上取代的位置不同,可产生210 种化合物,通常获得的是混合物。多氯联苯的化学稳定性和热稳定性好,因此广泛用作变压器、电容器的冷却剂、绝缘材料、耐腐蚀涂料等。

多氯联苯极难溶于水,易溶于脂肪和有机溶剂,在环境中极难分解,因此能大量富集在生物体内,引起中毒。1970 年以后各国开始减少或停止生产。

水体中的多氯联苯主要来源于使用多氯联苯的电机厂、化工厂以及造纸厂排出的废油、废渣和涂料剥落等,即使沉积于底泥后,依然会缓慢释放进入水体。

(3)多环芳烃(PAHs)

含有多个苯环的碳氢化合物称为多环芳烃,其中以苯环间相互稠合形成的稠环芳烃数量多,如萘、苯并[a]芘等。萘可用于生产卫生球、农药、杀真菌剂、染料、润湿剂、合成树脂、切割液、溶剂、润滑剂等;而苯并[a]芘则是公认的强致癌物。多环芳烃在水中的溶解度小,脂溶性强,易累积在沉积物、有机质和生物体内。

各种不完全燃烧过程,如煤、石油、煤焦油、木材、塑料、垃圾等均可能产生多环芳烃。水环境中的多环芳烃主要来源于炼油厂、煤气厂、炼焦厂和沥青厂排放的废水;垃圾的焚烧处理可造成多环芳烃排入大气,而大气中的多环芳烃通过沉降也可进入水体。

（4）卤代烃类

烃分子中的氢被卤素原子取代形成卤代烃,表示为 R-X,X 指卤素(F、Cl、Br、I),R 指烃基,它可以是饱和烃、不饱和烃、芳香烃等,而卤代烃分子中卤素原子的数目可以是 $1\sim n$ 个。

卤代烃种类繁多,是很多石化工业、化工工业的产品和原料,如氯苯、氯乙烯、氯仿等。它们一般不溶于水,多溶于有机溶剂,挥发性强,生物降解缓慢,是一类比较持久的污染物。其中氯苯具有很强的生物富集作用。

卤代烃用途广,产量大。水体中的卤代烃主要由石油、化工废水排入。

（5）酚类

酚类化合物是重要的化工原料,作为中间体而广泛地应用于其他化合物的生产,如酚醛树脂、杀菌剂、药物、染料、农药、塑料、炸药、防腐剂、皮肤药剂等。全世界年产量约 3.7 万吨。

酚类是水环境的主要污染物之一。由于酚羟基的亲水性,使得酚较其他有机物有较高的水溶解性,因此较易被生物降解。但当苯酚分子氯代程度增加时,水溶性则下降,脂溶性增强,例如五氯酚钠,其脂溶性增强,更易被生物富集,可使水体及水中生物产生异味。

水中酚类化合物的主要来源是各种化工厂、煤气厂、炼焦厂、纸浆厂废水和医院废水等。例如,生产 1 t 焦炭,约产生 $0.2\sim0.3\ m^3$ 的含酚废水,其中酚含量可达 2 000 mg/L。

（6）苯胺类和硝基苯类

苯或其他芳香烃的苯环上的氢原子被氨基(—NH$_2$)取代形成苯胺类化合物,被硝基(—NO$_2$)取代形成硝基苯类化合物。

苯胺类和硝基苯类化合物用途很广,是化学工业、国防工业、医药工业等不可缺少的原料或化工合成的中间体。它们在常温下多为固体或液体,挥发性低,难溶于水,易溶于脂肪,因此容易生物富集。

水体中苯胺类和硝基苯类化合物的主要来源是燃料、炸药、农药、塑料、医药、涂料、橡胶等化学工业的废水,在植物及其他有机燃料燃烧过程中也可产生苯胺类物质。

（7）油类

全世界每天开采的石油中有近 1/5 是通过海上运输的,且海洋石油运输量的 1% 作为废油、船底废水、压舱污水、泥浆等抛弃到海中,总量每年可达数百万吨。此外,还有海上运输事故、沿海地区炼油厂的排放、各种车辆排放等,每年排入海洋的油类会更多。

3. 水中持久性有机污染物的危害

水环境中持久性有机污染物的浓度一般较低,常在 mg/L 数量级以下,它们的危害主要通过生物富集和生物放大而实现。许多有机污染物能损害动物和人类的遗传功能,产生"三致"(致癌、致畸、致突变)危害,并引起其他疾病。

有机氯农药,如 DDT 可导致神经系统功能损害,影响体内酶活性和代谢过程,导致生殖机能退化,并产生"三致"危害。

多氯联苯可影响肝、肠、胃的发育和功能,危害呼吸、神经系统和内分泌系统,具有致癌作用。多环芳烃中许多化合物具有强烈致癌作用,如苯并[a]芘则是公认的强致癌物。

酚类为细胞原浆毒物,低浓度能使蛋白质变性,高浓度能使蛋白质沉淀,酚的水溶液易被皮肤吸收,酚蒸气则易由呼吸道吸入,从而引起中毒。对各种细胞有直接损害,对皮肤和黏膜有强烈的腐蚀作用;对神经系统损害性大,也能引起肝、肾和心肌的损害。高浓度酚可引起急性中毒,甚至昏迷致死;低浓度酚可引起积累性慢性中毒;还能使水和水中生物出现异味,长期饮用被酚污染的水会引起头昏、出疹、瘙痒、贫血及各种神经系统症状。水中酚含量在 0.3 mg/L 以上时,可引起鱼类的逃跑,残存的鱼具有酚臭;当水中含酚大于 5 mg/L 时,就会使鱼中毒死亡。

苯胺类和硝基苯类主要危害血液,导致高铁血红蛋白和发生溶血作用,损害肝脏,部分化合物(如联苯胺、萘胺、2-硝基萘、乙硝基联苯等)有致癌作用。

石油进入水体后扩散成油膜漂浮于水面,会阻断氧气扩散,引起水中生物缺氧;黏附于水生生物,影响其正常生物习性。石油类化合物对水生生物有直接毒害作用,并通过蒸发、溶解、乳化、光化学氧化等一系列物理化学转化过程影响整个水域生态系统。

4. 水中持久性有机污染物的生物富集

水中的持久性有机污染物能被水生生物吸收富集,并沿食物链向较高营养级的生物传递,在较高营养级的生物体内进一步积累,有很显著的生物放大作用。

生物富集是水体中持久性有机污染物产生危害的主要过程。通过生物富集,污染物质沿食物链累积了几倍到几万倍。以美国长岛河口区生物对 DDT 的富集为例,该地区大气中的 DDT 含量为 3×10^{-6} mg/kg,其中溶于水的量更是微乎其微。但水中浮游生物体内 DDT 含量为 0.04 mg/kg,富集系数为 1.3 万;以浮游生物为食的小鱼体内 DDT 含量增加到 0.5 mg/kg,富集系数 16.7 万;大鱼体内 DDT 含量为 2 mg/kg,富集系数 666 万;而以鱼类为食的海鸟,体内 DDT 含量高达 25 mg/kg,富集系数 833 万。其他国家的研究也有相似的结论。总之,即使水中有机污染物的浓度很低,但通过生物富集依然可以达到危害人类健康的程度。

影响生物富集的因素很多,主要包括污染物本身的性质、生物的特性和环境条件:

(1)污染物的性质

污染物本身的理化性质在很大程度上决定了它们被生物富集的程度,包括它们的分解性、溶解性(脂溶性和水溶性)等。一般分解性小、脂溶性高、水溶性低的物质,生物富集系数高,反之则低。例如,2,2′,4,4′-四氯联苯在虹鳟鱼体内的富集系数为 124 000,而四氯化碳在虹鳟鱼体内的富集系数仅为 17.7。

大多数持久性有机污染物是非极性分子,一般水溶性较低而脂溶性较高,而且在水环境中难以降解,因此富集系数高,易被生物累积。

(2)生物的特性

生物特性包括生物种类及由此决定的物质组成和生长特性。持久性有机污染物一般主要累积于脂肪,因此,生物体内脂肪含量与其对有机物的累积能力有密切关系。Roberts 等人研究发现,Redhorse Suchers 对氯丹的吸收与其脂肪体积直接相关。Hansen 等人证实,

PCBs 在鱼体内的分布与组织中脂肪的分布一致,即以肝脏中 PCBs 浓度最大,其次是鳃、鱼体、心脏、脑和肌肉。

体内分解污染物的酶活性也与生物对污染物的富集能力有关,分解酶的活性越强,污染物越容易被降解,也就越不容易累积。实验表明,鱼对某些农药的富集能力强是由于鱼体内环氧化物水解酶和艾氏剂环氧化酶的活性小于人类、鸟类和昆虫所致。

(3)环境条件

影响污染物生物富集的环境条件主要包括水温、盐度、硬度、pH、溶解氧含量和光照状况等。环境条件会影响污染物在水中的分解转化,同时也会影响水生生物本身的生命活动过程,从而影响其在水中的分解。有实验表明,当水温从 5℃上升至 20℃时,食蚊鱼的耗氧量增加,对 DDT 的吸收量将增加 3 倍;翻车鱼对多氯联苯的富集系数在 5℃时为 6 000,而在 15℃时为 50 000。

8.2 任务一 水中有机物的测定

水体中的有机物种类繁多,数量差别很大,要分别测定其各组分的含量较为困难,常通过测定与水中有机物相当的需氧量(如 COD、BOD、TOD 等)来间接表征有机物的总含量,或者某一类污染物(如酚类、油类等)。

8.2.1 有机物综合指标的含义及测定

1. 化学需氧量(chemical oxygen demand,COD)

化学需氧量(COD)是指在一定条件下,氧化 1 L 水样中的还原性物质所消耗的氧化剂的量,以氧的质量浓度(mg/L)计。水中还原性物质包括有机物、亚硝酸盐、亚铁盐、硫化物等。氧化剂则依据水样的条件可选择重铬酸钾、高锰酸钾(酸性或碱性)。为了区别,一般化学需氧量(COD)指用重铬酸钾氧化测得,可用 COD_{Cr} 表示;而用高锰酸钾氧化测得的另称为"高锰酸盐指数",用 COD_{Mn} 表示。

化学需氧量反映了水体受还原性物质污染的程度。基于水体被有机物污染的普遍现象,该指标也作为有机物相对含量的综合指标之一。

(1)重铬酸钾法

方法原理:水样中加入已知量(过量)的重铬酸钾($K_2Cr_2O_7$)溶液,在强酸介质下以银盐(Ag_2SO_4)为催化剂,沸腾回流(2 h);过量的重铬酸钾以试亚铁灵(邻菲罗啉)为指示剂,用硫酸亚铁铵$[(NH_4)_2Fe(SO_4)_2]$标准溶液滴定。根据用量计算水样中还原性物质消耗氧的量。

本方法适用于 COD_{Cr} 含量为 30~700 mg/L(可稀释),氯化物含量(稀释后)<1 000 mg/L 的水样测定。该法可氧化大部分有机物,但吡啶不被氧化,芳香族化合物难氧化;挥发性直链脂肪族化合物、苯等存在于蒸汽相,不能与氧化剂液体接触,故氧化不明显。

氯离子能被 $K_2Cr_2O_7$ 氧化,并与 Ag_2SO_4 作用生成沉淀,可加入适量的 $HgSO_4$ 络合(生成可溶性氯汞配合物)。

COD_{Cr}的具体测定步骤详见《水质监测与调控技术实训》。

（2）氯气校正法

氯气校正法（HJ/T 70-2001）适用于氯离子含量在1 000～20 000 mg/L的高氯废水中化学需氧量（COD）的测定。该方法检出限为30 mg/L。

方法原理：在水样中加入已知量的重铬酸钾溶液及硫酸汞溶液，并在强酸介质下以硫酸银为催化剂，经2 h沸腾回流后，以试亚铁灵为指示剂，用硫酸亚铁铵标准溶液滴定水样中未被还原的重铬酸钾，由消耗的硫酸亚铁铵的量计算COD值，即为表观COD。

将水样中未络合而被氧化的那部分氯离子所形成的氯气导出，再用氢氧化钠溶液吸收后，加入碘化钾，用硫酸调节pH至2～3，以淀粉为指示剂，用硫代硫酸钠标准溶液滴定，消耗的硫代硫酸钠的量换算成消耗氧的量，即为氯离子校正值。

表观COD与氯离子校正值之差，即为所测水样真实的COD值。

（3）恒电流库仑滴定法

恒电流库仑滴定法是一种建立在电解基础上的分析方法。

方法原理：在试液中加入适当物质，以一定强度的恒定电流进行电解，使之在工作电极（阳极或阴极）上电解产生一种试剂（称滴定剂），该试剂与被测物质进行定量反应，反应终点可通过电化学等方法指示。依据电解消耗的电量和法拉第电解定律可计算被测物质的含量。

本方法简便快捷，试剂用量少，不需标定滴定溶液，尤其适合于工业废水的控制分析。但是，只有严格控制消解条件一致并经常清洗电极，防止沾污，测定结果才能获得较好的重现性。

2. 高锰酸盐指数（COD_{Mn}）

在酸性或碱性介质中，以$KMnO_4$为氧化剂测得的需氧量，以氧的mg/L表示。

（1）酸性高锰酸钾法

方法原理：向水样中加入硫酸使其呈酸性，再加入一定量的高锰酸钾溶液，在电炉上或沸水中加热反应一定时间，用草酸或草酸钠还原剩余的高锰酸钾并加至过量，过量的草酸再用高锰酸钾标准溶液回滴。通过计算求出高锰酸盐指数值。

高锰酸盐指数是一个相对的条件性指标，其测定结果与溶液的酸度、高锰酸钾浓度、加热温度和时间有关，测定时必须严格遵守操作规定，使结果具有可比性。

本方法适用于氯离子含量不超过300 mg/L的水样。当水样的需氧量超过10 mg/L时，则可用蒸馏水适当稀释后再测定。

（2）碱性高锰酸钾法

本方法是《海洋监测规范》（GB 17378.4-2007）中大洋、近岸海水及河口水COD测定的仲裁方法。

方法原理：在碱性溶液中，加入已知并且过量的高锰酸钾溶液于水样中，加热一定时间以氧化水中的还原性无机物和部分有机物。加酸酸化后，用碘化钾还原过量的高锰酸钾和二氧化锰，所生成的游离碘用硫代硫酸钠标准溶液滴定。

由于碱性高锰酸钾的氧化能力较弱，不能氧化氯离子，因此适用于测定氯离子浓度较高（＞300 mg/L）的水样，如海水。

碱性高锰酸钾法测定COD_{Mn}的具体测定步骤详见《水质监测与调控技术实训》。

化学需氧量和高锰酸盐指数是采用不同的氧化剂在各自的氧化条件下测定的,难以找出明显的相关关系。一般来说,重铬酸钾法的氧化率可达90%,而高锰酸钾法的氧化率为50%左右,两者均未达完全氧化,因而都只是一个相对参考数据。

3. 生化需氧量(biochemistry oxygen demand,BOD)

生化需氧量是指在有溶解氧的条件下,好氧微生物在分解水中有机物的生物化学过程中所消耗的溶解氧的量。由于生物氧化过程很漫长(几十天甚至几百天),故规定以在$(20\pm1)℃$下5天消耗的溶解氧,即BOD_5来表示生化需氧量。

BOD是反映水体被有机物污染程度的综合指标,也是研究废水的可生化降解性和生化处理效果,以及生化处理废水工艺设计和动力学研究中的重要参数。

(1)直接测定

对于清洁水样(BOD_5不超过7 mg/L),将水样注满培养瓶,塞好(应不透气),置于$(20\pm1)℃$恒温条件下培养5天,培养前后分别测定溶解氧浓度,差值即为BOD_5。

(2)稀释接种法

多数水样中含较多的需氧物质,其需氧量往往超过水中可利用的溶解氧量,因此在培养前需对水样进行稀释,使培养后剩余的溶解氧符合规定。污染的地面水、大多数工业废水,含较多有机物,需稀释后再培养测定。稀释程度:应使培养中消耗的DO>2 mg/L,剩余的DO>1 mg/L。稀释用水通常要通入空气或氧气进行曝气,使其溶解氧含量接近饱和。

对于不含或少含微生物的工业废水,在测定前应进行接种,引入能分解废水中有机物的微生物;当废水中存在难以被一般生活污水中的微生物以正常速度降解的有机物或含剧毒物质时,应接种经驯化的微生物。

BOD_5的具体测定步骤详见《水质监测与调控技术实训》。

COD_{Cr}、COD_{Mn}、BOD_5之间的比较:

COD_{Cr}、COD_{Mn}、BOD_5都是利用定量的数值来间接、相对地表示水中有机物质的总量。COD_{Cr}、COD_{Mn}利用化学强氧化剂氧化水中的有机物,BOD_5则是利用微生物氧化水中的有机物。对于同一种废水而言,一般$COD_{Cr}>BOD_5>COD_{Mn}$。它们之间的具体比值则因水质的不同而异。

COD_{Cr}几乎可以表示出水中有机物质全部氧化所需的氧量,它的测定不受废水水质的限制,测定在2~3 h内即能完成;缺点是不能反映出其中能被微生物氧化分解的有机物的量。COD_{Mn}测定较快,约1 h,但其氧化率较低,且与COD_{Cr}一样不能反映出其中能被微生物氧化分解的有机物的量。BOD_5基本上能反映出在自然情况下微生物氧化分解有机物的量,对废水生化处理的实际工程有指导意义;缺点是完成测定需耗时5 d,且毒性强的废水会抑制微生物的作用而影响测定结果,有时甚至无法测定。COD_{Cr}、COD_{Mn}、BOD_5三个综合指标的比较归纳见表8-1。

4. 总需氧量(total oxygen demand,TOD)

总需氧量指水中有机和无机物质燃烧变成稳定氧化物所需要的氧量,包括难以分解的有机物含量,同时也包括一些无机硫、磷等元素全部氧化所需要的氧量。以氧的mg/L表示。

用TOD测定仪测定TOD的原理:将一定量的水样注入装有铂催化剂的石英燃烧管,通入含有已知氧浓度的载气(氮气)作为原料气,则水样中的还原性物质在900℃下被瞬间燃烧氧化。测定燃烧前后原料气中氧浓度的减少量,便可求得水样中的总需氧量值。

表 8-1 COD_{Cr}、COD_{Mn}、BOD_5 的比较

项目	COD_{Cr}	COD_{Mn}	BOD_5
定义	在一定条件下,有机物被 $K_2Cr_2O_7$ 氧化所需的氧化剂相当的氧量(O_2,mg/L)	在一定条件下,有机物被 $KMnO_4$ 氧化所需的氧化剂相当的氧量(O_2,mg/L)	在有氧的条件下,可分解的有机物被微生物氧化分解所需的氧量(O_2,mg/L)
氧化动力	强氧化剂的氧化作用		微生物的生物氧化作用
氧源	强氧化剂的化合态氧		水中的溶解氧(分子态氧)
反应温度	146℃	97℃	20℃
测定所需时间	3 h(0.5 d)	1 h	5 d
被测定的有机物范围	不含氮的有机物 含氮的有机物(但芳香烃和杂环类除外)	一部分不含氮的有机物	不含氮的有机物 含氮的有机物中的碳素部分
适用范围	河湖水、生活污水、工业废水	较清洁的水	河湖水、生活污水、一般工业废水

TOD 值能反映几乎全部有机物质经燃烧后变成 CO_2、H_2O、NO、SO_2 等所需要的氧量。它比 COD_{Cr}、COD_{Mn}、BOD_5 更接近于理论需氧量值。

5. 总有机碳(total organic matter,TOC)

总有机碳(TOC)是以碳的含量表示水体中有机物质总量的综合指标。由于 TOC 的测定采用燃烧法,因此能将有机物全部氧化,能较全面地反映水中有机物的污染程度。

(1)总有机碳仪器法

本方法是《海洋监测规范》(GB 17378.4-2007)中海水总有机碳测定的仲裁方法。

测定原理:将一定量的水样注入高温炉内的石英管,在 900～950℃温度下,以铂和三氧化钴或三氧化二铬为催化剂,使有机物燃烧裂解转化为 CO_2,然后用红外线气体分析仪测定 CO_2 含量,从而确定水样中碳的含量,此时测得的是总碳(TC)含量。因为在这样的高温下,水样中的碳酸盐(无机碳)也分解产生 CO_2。

为获得有机碳的含量,可采用以下两种方法:①将水样预先酸化,通入氮气曝气,驱除各种碳酸盐分解生成的 CO_2 后再注入仪器测定。②使用高温炉和低温炉皆有的 TOC 测定仪,将同等量水样分别注入高温炉(900℃)和低温炉(150℃),则水样中的有机碳和无机碳均转化为 CO_2,而低温炉的石英管中装有磷酸浸渍的玻璃棉,能使无机碳酸盐在 150℃分解为 CO_2,有机物却不能被分解氧化。将高温炉和低温炉中生成的 CO_2 依次导入非色散红外气体分析仪,分别测得总碳 TC 和无机碳 IC,两者之差即为总有机碳 TOC。

(2)过硫酸钾氧化法

选自《海洋监测规范》(GB 17378.4-2007),适用于河口、近岸以及大洋水中溶解有机碳的测定。

方法原理:海水样品经酸化通氮气除去无机碳后,用过硫酸钾将有机碳氧化生成 CO_2 气体,用非色散红外 CO_2 气体分析仪测定。

8.2.2 有机物类别指标的测定

1. 石油类

水中的石油类物质来自工业废水和生活污水。石油类物质漂浮于水体表面,影响空气与水面的氧交换;分散于水中的油被微生物氧化分解,消耗水中的溶解氧,使水质恶化。矿物油中还含有毒性很大的芳烃类。

测定水中石油类的方法有重量法、紫外分光光度法、荧光分光光度法、红外光度法等。

(1)荧光分光光度法

本方法是《海洋监测规范》(GB 17378.4-2007)中油类测定的仲裁方法,适用于大洋、近海、河口等水体中油类的测定。

方法原理:海水中油类的芳烃组分经石油醚萃取后,在荧光分光光度计上,以 310 nm 为激发波长,测定 360 nm 发射波长的荧光强度,其相对荧光强度与石油醚中芳烃的浓度成正比。

(2)紫外分光光度法

本方法适用于近海、河口水中油类的测定。

方法原理:水体中油类的芳烃组分在紫外光区有特征吸收。主要吸收波长为 $230\sim 250$ nm,一般原油的两个吸收峰波长为 225 nm 和 254 nm,轻质油及炼油厂的油品可选 225 nm。其吸收强度与芳烃含量成正比。

水样用硫酸酸化后,加氯化钠破乳化,然后用石油醚或正己烷萃取,脱水、定容后测定。

(3)重量法

重量法是常用的方法,它不受油品种的限制,但操作繁琐,灵敏度低,只适用于测定 10 mg/L 以上的含油水样。

方法原理:以硫酸酸化水样后,用石油醚或正己烷萃取水样中的油类组分,然后蒸发除去溶剂,称量残渣重,计算油类的含量。

(4)红外光度法

选自《石油类和动植物油的测定——红外光度法》(GB/T 16488-1996)。

方法原理:用四氯化碳(CCl_4)萃取水中的油类物质,测定总萃取物,然后将萃取液用硅酸镁吸收,经脱除动植物油等极性物质后,用红外分光光度计测定石油类。

总萃取物和石油类的含量均由波数分别为 2 930 cm^{-1}(CH_2 基团中 C—H 键的伸缩振动)、2 960 cm^{-1}(CH_3 基团中 C—H 键的伸缩振动)和 3 030 cm^{-1}(芳香环中 C—H 键的伸缩振动)谱带处的吸光度 $A_{2\,930}$、$A_{2\,960}$ 和 $A_{3\,030}$ 进行计算,动植物油的含量按总萃取物与石油类含量之差计算。

红外光度法测定水样中石油类的具体操作步骤详见《水质监测与调控技术实训》。

2. 挥发酚类

根据酚类能否与水蒸气一起蒸出将其分为挥发酚与不挥发酚。通常认为沸点在 230℃ 以下的酚(属一元酚)为挥发酚,而沸点在 230℃ 以上的酚为不挥发酚。目前较为关注的是挥发酚对人体的危害。

含酚废水进入水体后,严重地影响地面水的卫生状况,饮用水源受到酚的污染时,水的

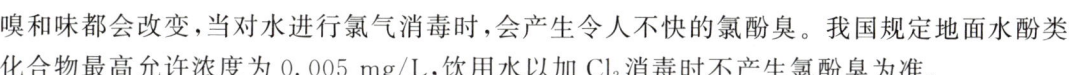

嗅和味都会改变,当对水进行氯气消毒时,会产生令人不快的氯酚臭。我国规定地面水酚类化合物最高允许浓度为 0.005 mg/L,饮用水以加 Cl_2 消毒时不产生氯酚臭为准。

(1)4-氨基安替比林(4-AAP)分光光度法

方法原理:pH 为 10.0±0.2 的介质中,在铁氰化钾的存在下,酚类化合物与 4-AAP 反应,生成橙红色的吲哚酚安替比林染料,在 510 nm 波长处有最大吸收,用标准曲线定量。

本方法适用于饮用水、地表水、地下水和工业废水中挥发酚的测定。该法所测酚类不是总酚,而只是与 4-AAP 显色的酚,并以苯酚为标准,结果以苯酚计算含量。

(2)溴化滴定法

方法原理:含过量溴的溶液中,酚与溴反应生成三溴酚,进一步生成溴代三溴酚。剩余的溴与 KI 作用放出游离碘,与此同时,溴代三溴酚也与 KI 反应生成游离碘,用硫代硫酸钠标准溶液滴定释放出的游离碘,并根据其消耗量,计算出以苯酚计的挥发酚含量。

其他类别指标,如苯胺类、硝基苯类、总有机卤化物等的测定方法详见《水和废水监测分析方法》(第四版)。

8.2.3　特定有机物的测定

1. 六六六、DDT

《海洋监测规范》(GB 17378.4-2007)中六六六、DDT 测定的仲裁方法为气相色谱法,适用于河口、近岸海水中六六六、DDT 的测定。

方法原理:水样中的六六六、DDT 经正己烷萃取、净化和浓缩后,用填充柱气相色谱法测定其各异构体含量。总量为各异构体含量之和。

2. 多氯联苯

《海洋监测规范》(GB 17378.4-2007)中多氯联苯测定的仲裁方法为气相色谱法,适用于近岸和大洋海水中多氯联苯的测定。

方法原理:海水样品通过树脂柱,多氯联苯和有机氯农药吸附在树脂上。用丙酮洗脱,正己烷萃取,通过硅胶混合层析柱脱水、净化、分离,浓缩的洗脱液经氢氧化钾—甲醇溶液碱解,浓缩后进行气相色谱测定。

3. 狄氏剂

《海洋监测规范》(GB 17378.4-2007)中狄氏剂测定的仲裁方法为气相色谱法,适用于近岸和大洋海水中狄氏剂含量的测定。

方法原理:海水样品通过树脂柱,溶解态的狄氏剂被吸附在树脂上。用丙酮洗脱,正己烷萃取,通过硅胶混合层析柱脱水、净化、分离,浓缩后进行气相色谱测定。

4. 其他特定有机污染物的测定

(1)苯系物

苯系物通常包括苯、甲苯、乙苯,邻、间、对位的二甲苯、异丙苯、苯乙烯 8 种化合物。苯是已知的致癌物,其他 7 种化合物对人体和水生生物均有不同程度的毒性。

苯系物的测定方法有顶空气相色谱法、二硫化碳萃取气相色谱法。

(2)酚类化合物

酚类化合物是化学式以酚羟基为母体的一大类化合物的总称,它们多少都有些毒性,有的是高毒物质,甚至是致癌物。

测定方法：气相色谱法测定五氯酚，气相色谱—质谱法（GC-MS）测定二苯酚和五氯酚，高效液相色谱（HPLC）测定酚类化合物。

（3）氯苯类化合物

氯苯类化合物包括一氯苯到六氯苯及其化合物的一系列化合物。

测定方法：二硫化碳萃取气相色谱法（GC-FID）测定氯苯，石油醚萃取气相色谱法（GC-ECD）测定氯苯。

（4）挥发性卤代烃

挥发性卤代烃主要是指三卤甲烷及四氯化碳等挥发性卤代烃。

测定方法：顶空填充柱气相色谱法、顶空毛细管柱气相色谱—质谱法、吹脱补给法。

（5）有机磷、有机氯农药

一般用气相色谱法测定。

8.3 任务二 水中有机物的去除

对于水中的耗氧有机物，一般尽量减少其来源并增强其消耗。例如在水产养殖过程中，为了降低有机肥的耗氧量，可对有机肥进行预处理（沉淀、曝气、氧化塘、污泥发酵等），降解后再放进鱼池，使第一阶段分解过程在鱼池外完成。有机肥和无机肥混合施用，少量多次施用。为了减少残饵留在水中，投饵时选择黏结性好，不易败坏水质的饵料；合理投饵，根据放养数量、个体发育大小来确定投饵量，尽量减少残饵。此外，通过动力增氧（如曝气等）和生物增氧（控制浮游植物的种类和数量，移植一定数量和种类的水草等），配养一定量的滤食性鱼类，施用化学絮凝剂等措施，增加水中的溶解氧含量，加速有机物的分解，提高水体的自净能力。

对于多数水体，可采取定期清淤的方式将底泥去除，以减少底泥中腐殖质、有机质向水中释放。

有些地方尝试在水体中种植合适的植物，植物生长不仅吸收了水中的氮、磷营养盐，也吸收了有机物甚至重金属，应该有较好的应用前景。目前的瓶颈是植物种类的选取和植物的资源化利用，如果不能找到植物资源化利用的合适途径，长成的植物将成为新的有机污染源。

本章小结

　　有机物在各种水体中普遍存在，即使未受污染的水体中也存有种类和浓度各异的有机物，而人类活动产生的工业废水、生活污水则导致更多的有机物进入水体。水中的有机物通过直接或间接的方式影响水体的物理、化学、生物性质。水中有机物的产生、存在和迁移转化过程与水生生物组成和生命活动过程都存在十分密切的关系。水中有机物参与和调节水中氧化—还原、沉淀—溶解、配合—解离、吸附—解吸等一系列物理化学过程，从而影响许多无机成分（特别是重金属元素和过渡金属元素）的形态分布、迁移转化和生物活性，影响碳酸盐平衡和水体许多物理化学性质（色度、透明度、表面活性等）。水中广泛存在的多种持久性有毒有机污染物可被水生生物富集，进而通过食物链危害人类健康。

　　水体中有机污染物的测定分为综合指标、类别指标和特定有机物的测定。

思考题

1. 什么是颗粒状有机物？什么是溶解有机物？

2. 水体中的耗氧有机物主要有哪些来源？

3. 什么是腐殖质？它对水环境有什么影响和作用？

4. 什么是持久性有机污染物？有哪些种类？有何危害？

5. COD_{Cr}、COD_{Mn}、BOD_5分别代表什么？它们在测定方法和应用等方面有何异同？

6. 叙述 COD_{Cr} 的测定步骤。

7. TOC、TOD 分别是什么含义？

可扫码获取本模块课件资源：

模块九　水中的重金属及其监测与调控技术

重金属的定义有以下几种：

(1)相对密度大于5(或者4)者为重金属。相对密度大于5的金属有45种左右，大于4的约有60种。

(2)周期表中原子序数大于20(钙)者，即从21号钪元素起为重金属。

(3)相对原子质量大于40并具有相似外层电子分布特征的一类金属元素为重金属。

多数重金属有毒，但是也有一些重金属无毒；而有些轻金属如锂(Li)、铍(Be)却有很强的毒性。

在环境污染方面，人们关注的主要重金属是汞、镉、铅、铬和类金属砷等生物毒性显著的元素，有时也指具有一定毒性的一般重金属元素如锌、铜、钴、镍、锡等。

9.1 水中的重金属

9.1.1　水中重金属的来源

水中的重金属主要有以下5种来源：

1. 地质风化作用

这是环境中基线值或背景值的来源。但是，在自然风化过程和矿化带的相互作用中，人类的作用也参与其中。

2. 各种工业过程

大多数的工业生产所产生的工业废水中均含有重金属污染物。采矿、冶炼、金属的表面处理以及电镀、石油精炼、钢铁、化肥、制革、油漆和燃料制造等工业生产均可产生含重金属的废渣和废水。采矿场采矿过程中以及废矿石堆、尾矿场等的淋溶作用也都向环境带入大量重金属。

3. 燃烧引起大气散落

煤炭、石油燃烧时，其中的重金属会以颗粒物的形式进入空气中，随风迁移，再随降尘、降水回到地面，随地表径流进入水体。

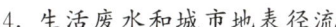

4．生活废水和城市地表径流

生活废水中未经处理或只是简单机械处理的废水，或通过生物处理厂过滤器、以溶解态或微颗粒态存在的物质，其中重金属，特别是铜、铅、锌、镉、银等的含量差别较大。

5．农业退水

农业生产中可能大量使用含金属的农药，或在农业土壤中存在重金属的本底值，它们均可经淋溶而进入水体。

9.1.2 重金属在水环境中的污染特征

重金属污染物最重要的污染特征是在水体中不能被微生物降解，而只能在环境中发生迁移和形态转化。水中大多数重金属都被富集在黏土矿物和有机物上。

重金属在水环境中有如下污染特征：

1．分布广泛

重金属普遍存在于自然环境如岩石、土壤、大气和水中，也存在于一些生物体内，再加上工农业生产对重金属的广泛应用，使得重金属在环境及水体中广泛分布。

2．可以在水环境中迁移转化

多数重金属在水中的溶解度都很小，但是多数重金属都能与环境中的许多物质生成配合物或螯合物，大大增强了其溶解性。已经进入沉积物中的重金属，也还能因为配合物或螯合物的生成而重新进入水体，造成二次污染。

3．毒性强

在环境中只要有微量的重金属就能产生毒性响应。一般重金属在天然水中产生毒性的范围为 $1\sim10$ mg/L；毒性较强的重金属如汞、镉等产生毒性的浓度范围更低，在 $0.001\sim0.01$ mg/L 范围；一些重金属还可在微生物作用下转化为毒性更强的有机金属化合物，如甲基化作用等。

4．生物累积作用

一些重金属可以被水生生物吸收浓缩，且可以随食物链逐级放大积累，逐级在较高营养级生物体内成千成万倍地富集，然后通过食物进入人体，并在人体中积蓄，产生危害。与持久性有机污染物相似，汞就是典型的积累性重金属。

9.1.3 水中重金属的存在形态及其影响因素

1．水中金属的存在形态

有科学家认为，化学形态就是某一元素在环境中以某种离子或分子存在的实际形式。也有科学家从污染化学的角度把化学形态分为价态、化合态、结构态和结合态。

金属的不同形态对金属污染物的污染效应产生重要的影响。重金属进入水体后，原本以其稳定的氧化态存在；但因为一般天然水体是一个包括多种溶解无机物、有机物以及颗粒物的复杂的多相电解质系统，其中的无机阴离子 F^-、Cl^-、SO_4^{2-}、OH^-、HCO_3^- 和溶解无机物、腐殖酸、氨基酸等可以作为重金属离子的配位体；黏土矿物、铁锰水合氧化物等无机矿物及有机碎片颗粒还具有一定的吸附能力，可以吸附重金属离子。因此，进入天然水体中的重金属离子就发生水合、水解等作用，或与溶解的无机和有机配位体形成稳定的配合物，或与无机矿物、有机颗粒达成吸附—解吸平衡，或发生沉淀反应。总之，重金属就以多种形态存在于

水体中了。而且,随着水环境的变化,重金属离子通过以上各种反应不断向最稳定的状态移动,其最终的化学形态取决于金属的来源和进入水体后与水中其他物质发生相互作用的结果。

水体中金属离子有多种存在形态,表 9-1 是水体中微量金属元素的主要存在形态。

表 9-1　水中金属的形态

金属形态	直径范围（μm）	示例（M=金属，R=烷基）
游离水合离子		$Cu(H_2O)_6^{2+}$
配合离子		AsO_4^{3-}，UO_2^{2+}，VO_3^-
无机离子对和配合物	<0.001	$CuOH^+$，$CuCO_3^0$，$Pb(CO_3)_2^{2-}$，$CdCl^+$，$Zn(OH)^+$
有机配合物、螯合物及化合物	0.001	$M{-}OOCR^{n+}$，HgR_2
与高分子有机物结合的金属	0.01	M-腐殖酸/富里酸聚合物
高度分散的胶体	0.01~0.1	FeOOH，Mn(IV)水合氧化物
吸附在胶体上的金属	0.1	吸附在黏土上、有机物上的金属
沉淀的无机或有机颗粒物	>0.1	$ZnSiO_3$，$CuCO_3$，CdS，PbS
活的或死的生物体中的金属		藻类中的金属

注:Stumm 和 Bilinski(1972)。

根据水中不同形态重金属的粒径大小,以能否通过 0.45 μm 微孔滤膜为标准将天然水中重金属的形态分为溶解态金属和颗粒态金属。

其中溶解态金属可归纳为:

$$\text{溶解态金属}\begin{cases}\text{不稳定态(有电活性)}\begin{cases}\text{游离态金属离子}\\\text{不稳定态金属络合物(有机的和无机的)}\end{cases}\\\text{稳定态(无电活性)}\begin{cases}\text{稳定态金属络合物(有机的和无机的)}\\\text{与胶体结合的金属(有机的和无机的)}\end{cases}\end{cases}$$

对溶解态金属的研究表明,海水与淡水中金属形态产生差别的主要原因可能有:(1)离子强度不同,海水的离子强度大于淡水;(2)海水中悬浮物浓度低,其吸附表面大大低于淡水;(3)主要阳离子与阴离子的浓度不同,海水中无机配位体 Cl^-、SO_4^{2-} 等远大于淡水;(4)淡水中有机配位体的浓度通常较高;(5)海水与淡水中金属离子的浓度也不同。

2. 影响水中金属存在形态的因素

(1)水中金属离子的水解作用,形成羟基配离子

许多重金属离子在水中都能发生水解。金属离子的水解可看成是其与 H^+ 争夺 OH^- 的作用。离子电位小的金属离子,离子半径大,电价低,对 OH^- 的吸引力小于 H^+,这类离子只能在很高 pH 的下才能发生水解作用,因此它们常以简单的水合离子形式存在于水中,如 K^+、Na^+、Cs^+、Ca^{2+} 等。而离子电位大的金属离子,离子半径小,电价高,对 OH^- 的吸引力与 H^+ 相近,在水溶液中的存在形态取决于溶液的 pH。pH 较低时,金属以简单的离子形态存在;pH 较高时,则金属离子形成羟基配离子。因此,金属离子的水解作用实际上是羟

基对金属离子的配合作用。

（2）水中溶解态无机阴离子以配位体的形式与金属离子发生配位作用

天然水体中，能够影响金属离子存在形态的无机阴离子主要包括 OH^-、F^-、Cl^-、I^-、CO_3^{2-}、HCO_3^-、SO_4^{2-}，在某些情况下还包括硫化物（HS^-、S^{2-}）、磷酸盐（$H_2PO_4^-$、HPO_4^{2-}、PO_4^{3-}）等。这些无机阴离子可以配位体的形式与金属离子发生配位作用，从而影响水中金属离子的存在形态。

（3）水中的溶解有机物与金属离子形成配合物或螯合物

水中存在许多有机配位体，包括动植物组织的天然降解产物、腐殖酸，废水中的洗涤剂、NTA（氨基三乙酸）、EDTA、农药和大分子环状化合物等。它们都能与重金属生成稳定性不同的配合物或螯合物，改变重金属的形态。

不同来源腐殖质与同一种重金属螯合的稳定常数 K_f 不同。海洋腐殖质（SH）、河流腐殖质（RH）、湖泊腐殖质（LH）和沉积物腐殖质（BH）的 K_f 大小顺序为：BH＞SH＞LH＞RH。同一来源腐殖质与不同金属离子配合的稳定常数 K_f 为：Hg＞Cu＞Ni＞Zn＞Co＞Mn＞Cd＞Ca＞Mg。

研究表明，除碱金属离子尚无定论外，其余金属离子均可与腐殖质发生螯合作用。腐殖质螯合重金属的能力与下列因素有关：

①金属离子种类：腐殖质对金属离子的螯合能力随金属离子而改变，并表现出较强的选择性。湖泊腐殖质的螯合能力按 Hg^{2+}、Cu^{2+}、Ni^{2+}、Zn^{2+}、Co^{2+}、Cd^{2+}、Mn^{2+} 顺序递减。

②腐殖质来源：不同来源的腐殖质对金属离子的螯合能力不同。

③腐殖质成分：即使同一来源的腐殖质，其成分不同，则表现出的螯合能力也不同。一般情况下，相对分子质量小的成分对金属离子的螯合能力强；反之，螯合能力弱。

④环境体系的 pH 值：腐殖质对金属离子的螯合能力随体系 pH 降低而减弱。

⑤水的盐度及 Ca^{2+}、Mg^{2+}、Cl^- 等常量离子的含量：水中常量离子对腐殖质与金属离子螯合作用产生影响。例如，Hg^{2+} 在湖水中大多以与腐殖质螯合的形态存在；但在海水中，由于盐度增加，离子强度增大，Ca^{2+}、Mg^{2+} 含量较高，与 Hg^{2+} 争夺腐殖质；同时，较高含量的 Cl^- 又成为腐殖质配位螯合金属离子的有力竞争者，导致海水中腐殖质与 Hg^{2+} 的螯合作用显著减弱，Hg^{2+} 在海水中的主要存在形态是配合物四氯合汞（Ⅱ）。

在腐殖质成分中，一般胡敏酸—金属离子螯合物的溶解度较小，富里酸—金属离子螯合物的溶解度较大。且腐殖质—金属离子螯合物的溶解度大小还与溶液 pH 值有关，通常胡敏酸—金属离子螯合物在酸性条件下的溶解度最小，而富里酸—金属离子螯合物在近中性条件下的溶解度最小。

（4）水体中的悬浮颗粒物键合金属离子

天然水中分布着各种粒径的颗粒物，有粗分散态和胶体分散态，它们在水中可以吸附重金属，改变重金属的存在形态、环境行为和生物效应。这些颗粒物与金属离子的化学键合状态有：吸附，与 Fe、Mn 的水合氧化物共沉淀，与有机分子生成配合物，结合于矿物的结晶格中。

9.1.4　水中重金属的毒性及其影响因素

水中重金属的毒性首先取决于其本身的化学性质，许多物理、化学和生物因素也会影响重金属的毒性。

1. 重金属对水生生物的毒性

Feorence 和 Battey(1977)指出,有毒金属对水生生物的毒性顺序为:

$$Hg>Ag>Cu>Cd>Zn>Pb>Cr>Ni>Co$$

(1)对水生植物的影响

单一金属对藻类影响的研究主要集中在藻类的生长、发育、细胞形态结构、繁殖等方面。重金属元素 Cd、Pb、Ni、Hg 等对一些淡水藻类的影响主要表现为改变运动器的细微结构,使核酸组成发生变化,影响细胞生长和缩小细胞体积等。几种重金属对藻类的毒性强弱顺序为:$Hg>Cd\approx Cu>Zn>Pb>Co>Cr$。但这个顺序并不是绝对的,不同的藻类对金属离子的毒性反应顺序可能有变化。重金属离子 Cu^{2+}、Cd^{2+}、Zn^{2+}、Pb^{2+} 对三角褐指藻生长影响的 96 h EC_{50} 值分别为 0.017 mg/L、0.120 mg/L、0.363 mg/L 及 0.468 mg/L。

重金属通过影响藻类光合作用和碳代谢而对其生理生化功能产生影响。Rai(1988)等研究了 Cr 与 Ni、Pb 间相互作用对灰色念珠藻的生长、光合作用、硝酸盐的吸收和固氮酶活性等的影响,表明 Cr+Ni、Cr+Pb 联合作用对该藻的生长表现为拮抗作用,但 Cr+Ni 的拮抗作用仅维持到培养 72 h,随后则表现为协同作用。Cr+Pb 联合作用的影响与它们单独作用的影响差别不大。

藻类对重金属的吸收包括两步:①被动吸收过程(即在细胞表面上的物理吸附或离子交换),藻类对金属的这种吸附过程是迅速的,其发生的时间极短,不需要任何代谢过程和能量提供,重金属只是简单地被吸附到藻类细胞表面,其中一部分可经蒸馏水反复清洗而从细胞表面清除。②金属离子穿过膜孔进入细胞内部,并且与胞内蛋白质结合。第二步往往是金属离子吸收的限速步骤。

藻类细胞对各种金属的吸收率与金属对藻细胞的毒性大小密切相关,而藻细胞的老幼、培养时的通气状况、温度、光照、pH 值、螯合剂及其他金属的存在等均明显地影响细胞对金属的吸收。

(2)对甲壳动物的毒性

研究者试验了一些重金属离子对罗氏沼虾幼虾的毒性(表 9-2)和对日本对虾仔虾的毒性(表 9-3)。

表 9-2　(24±1)℃下 Cu^{2+} 与 Cd^{2+} 对罗氏沼虾幼虾的 LC_{50}　　单位:mg/L

毒物	24 h	48 h	72 h	96 h	安全浓度
Cu^{2+}	0.120	0.104	0.098	0.097	9.7×10^{-4}
Cd^{2+}	0.039	0.028	0.021	0.020	2.0×10^{-4}

注:戴习林等,2001。

表 9-3　汞、镉、铅、锰对日本对虾仔虾的 LC_{50}　　单位:mg/L

毒物	24 h	48 h	96 h	实验选用的化合物
Hg^{2+}	0.133	0.046	0.012	$HgCl_2$
Cd^{2+}	4.039	0.750	0.342	$CdCl_2\cdot 2.5H_2O$
Zn^{2+}	4.600	1.695	0.449	$ZnSO_4\cdot 7H_2O$
Mn^{2+}	21.140	4.857	0.950	$MnSO_4\cdot H_2O$

注:高淑英等,1999。

（3）对软体动物的毒性

部分金属对双壳类软体动物的毒性顺序为：Hg＞Cu＞Zn＞Pb＞Cd＞Cr。

表9-4是锌、铅对菲律宾蛤仔、扇贝稚贝和翡翠贻贝的毒性试验研究结果。

表 9-4　锌、铅对软体动物的 LC_{50}　　　　　单位：mg/L

软体动物	毒物	48 h	96 h
菲律宾蛤仔	Zn	147.91	16.40
	Pb	31.62	14.28
扇贝稚贝	Zn	1.44	—
	Pb	2.69	—
翡翠贻贝	Zn	—	6.09
	Pb	—	8.82

（4）对鱼类的毒性

金属离子对鱼类的毒性分为急性毒性、亚急性毒性和慢性毒性。一些研究表明，部分金属污染物对鱼类的毒性强弱顺序为：Hg＞Cu＞Zn，Cd＞Pb。

周立红等（1994）的研究显示，一些金属对泥鳅（*Misgurnus anguillicaudatus*）胚胎毒性强弱顺序为：Hg＞Cu＞Zn＞Pb，其毒性试验结果见表9-5。对仔鱼的毒性顺序为：Cu＞Hg＞Zn＞Pb，其毒性试验结果见表9-6。

表 9-5　部分金属对泥鳅胚胎的 24 h LC_{50}　　　　　单位：mg/L

	Hg	Cu	Zn	Pb
LC_{50}	1.20	1.45	1.55	5.80

表 9-6　部分金属对泥鳅仔鱼的 LC_{50}　　　　　单位：mg/L

金属	24 h	48 h	安全浓度
Hg	0.62	0.45	0.071
Cu	0.125	0.105	0.022
Zn	1.20	1.05	0.242
Pb	4.68	4.26	1.06

部分金属离子对鮸状黄姑鱼仔鱼的毒性强弱顺序为：$Hg^{2+}＞Cu^{2+}＞Zn^{2+}＞Cr^{6+}$，其毒性试验结果见表9-7。

表 9-7　部分金属离子对鮸状黄姑鱼仔鱼的 LC_{50}　　　　　单位：mg/L

金属离子	24 h	48 h	72 h	96 h	安全浓度
Hg^{2+}	0.079	—	—	—	—
Cu^{2+}	0.141	0.100	0.079	0.063	0.006
Zn^{2+}	31.62	6.095	3.715	2.570	0.257
Cr^{6+}	44.15	19.95	6.998	5.754	0.575

注：吴鼎勋等，1999。

2．影响重金属毒性的因素

影响金属毒性的不仅有生物的种类、生物个体大小、摄食水平等生物学因素，也有 pH 值、硬度、碱度、无机及有机配体、悬浮物等水体的理化因素。有研究表明，水体中有腐殖酸、EDTA 和 NTA 等有机物存在时，通常能减小重金属的毒性，因为它们可以降低水中重金属自由（游离）离子的含量。

许多试验表明，金属离子的游离态和羟基配合态常常是高毒形态，而其他形态则是低毒形态。例如，根据不同形态的铜对大西洋鲑的试验，铜的 Cu^{2+}、$Cu(OH)^+$、$Cu(OH)_2^0$ 和 $Cu_2(OH)_2^{2+}$ 是有毒形态，而 3 种碳酸盐铜 $CuHCO_3^+$、$CuCO_3^0$ 和 $Cu(CO_3)_2^{2-}$ 则是相对无毒形态。

（1）影响重金属毒性的物理化学因素

①温度：一般金属污染物质的毒性随温度的升高而增大。通常温度每升高 10℃，生物的存活时间可能减半。

②溶解氧：溶解氧含量减少，金属污染物的生物毒性往往增强。这可能是因为当水中溶解氧含量不足时，生物为了获得足够的氧气，呼吸和循环系统都加速运行，流经鳃丝的水量和血量也都增加，进入体内的重金属随之增加。

③pH 值：对水中的重金属而言，在 pH 升高时，易生成氢氧化物或碳酸盐等难溶物质或配合物，使水中游离金属离子浓度降低，毒性也就减低。反之，pH 降低时，金属沉淀物的溶解度、配合物的离解度一般都增大，水中游离的金属离子浓度也就增大，毒性增强。

④碱度：碱度增大，水中游离的金属离子可形成碳酸盐沉淀，从而降低了水中游离金属离子的浓度，毒性降低。

⑤硬度：研究发现，多数重金属离子在软水中的毒性比在硬水中大。

⑥毒物间的相互作用：如协同作用、拮抗作用、加和作用等。

⑦其他影响金属形态的因素：如人工合成的有机配位体 NTA、EDTA，及农药、大分子环状化合物等。

（2）影响重金属毒性的生物学因素

包括生物大小、重量、生长期、耐受性、竞争和演替能力等。如对对虾的研究发现，对虾发育越后期，它对重金属的耐受限越大；但受精卵相对于无节幼体和蚤状幼体具有更强的耐受能力。对虾不同生长发育阶段对重金属的耐受顺序大致为：无节幼体＜蚤状幼体＜糠虾＜仔虾＜幼虾＜成虾。

9.2 任务一 水中的汞及其监测

9.2.1 汞的毒性及来源

汞及其化合物都有毒，无机盐中以氯化汞毒性最大，有机汞中以甲基汞、乙基汞毒性最大。

汞是唯一一个在常温下呈液态的金属，具有较高的蒸气压而容易挥发，汞蒸气可由呼吸道进入人体，液体汞亦可为皮肤吸收，汞盐可以粉尘状态经呼吸道或消化道进入人体，食用被汞污染的食物,可造成危险的慢性汞中毒。水中微量汞可经食物链作用而成百万倍地富集,工业废水的无机汞可与其他无机离子反应,形成沉积物沉于江河湖泊的底部,与有机分子形成可溶性有机络合物,结果使汞能够在这些水体中迅速扩散,通过水中的厌氧微生物作用,使汞转化为甲基汞从而增加了汞的脂溶性,且非常容易在鱼、虾、贝类等体内蓄积,人们食用它们从而引起"水俣病"。该病消化道症状不明显,主要为神经系统症状,重者可有刺痛异样感,动作失调,语言障碍,耳聋,视力模糊,以致精神紊乱、痴呆。死亡率可达40%,且可造成幼儿先天性汞中毒。

天然水含汞极少,水中汞本底浓度一般不超过0.1 μg/L。由于沉积作用,底泥中的汞含量会大一些,本底质的高低与环境地理地质条件有关。我国规定生活饮用水的含汞量不得高于0.001 mg/L,它是我国实施排放总量控制的指标之一,工业废水中汞的最高允许排放浓度为0.05 mg/L,这是所有的排放标准中最严的。

地面水汞污染的主要来源是贵金属冶炼、食盐电解制钠、仪表制造、农药、军工、造纸、氯碱工业、电池生产、医院等工业排放的废水。

9.2.2 汞的测定

汞的测定方法较多,化学分析方法有硫氰酸盐法、双硫腙法、EDTA络合滴定法及沉淀重量法等;仪器分析方法有阳极溶出伏安法、气相色谱法、中子活化法、X射线荧光光谱法、冷原子吸收法、冷原子荧光法、中子活化法等。

1. 原子荧光法

《海洋监测规范》(GB 17378.4-2007)和《生活饮用水标准检验方法》(GB/T 5750.6-2006)都规定该方法为测定汞的仲裁方法。适用于大洋、近岸、河口区海水、生活饮用水等的汞的测定。

方法原理:水样经硫酸—过硫酸钾消化后,在还原剂硼氢化钾的作用下,汞离子被还原成单质汞。以氩气为载气将汞蒸气带入原子荧光光度计的原子化器中,以特种汞空心阴极灯为激发光源,测定汞原子荧光强度。

2. 冷原子吸收分光光度法

《海洋监测规范》(GB 17378.4-2007)和《生活饮用水标准检验方法》(GB/T 5750.6-2006)都推荐该方法。《中华人民共和国国家环境保护标准》(HJ 597-2011)也详细介绍了该方法。

方法原理:水样经硫酸—过硫酸钾消化后,在还原剂氯化亚锡的作用下,汞离子被还原成金属汞。采用气—液平衡开路吸气系统,在253.7 nm波长测定汞原子特征吸收值。

冷原子吸收分光光度法测定水中汞的具体步骤详见《水质监测与调控技术实训》。

3. 金捕集冷原子吸收光度法

《海洋监测规范》(GB 17378.4-2007)推荐该方法。

方法原理:水样经硫酸—过硫酸钾消化,有机汞转化为无机汞,在还原剂氯化亚锡的作用下,汞离子还原成金属汞,汞蒸气被载气带入金捕集器与金丝生成金汞齐。加热金丝,释放汞蒸气,由载气导入测汞仪吸收池,在253.7 nm波长测定汞原子特征吸光值。

4. 双硫腙分光光度法

《生活饮用水标准检验方法》(GB/T 5750.6-2006)推荐该方法。

方法原理:汞离子与双硫腙在 0.5 mol/L 硫酸的酸性条件下能迅速定量螯合,生成能溶于三氯甲烷、四氯化碳等有机溶剂的橙色螯合物,于 485 nm 波长下比色定量。

9.3 任务二 水中的镉及其监测

9.3.1 镉的毒性及来源

1. 镉的毒性

镉是毒性较大的金属之一。镉在天然水中的含量通常小于 0.01 mg/L,低于饮用水的水质标准;天然海水中更低,因为镉主要在悬浮颗粒和底部沉积物中,水中镉的浓度很低。欲了解镉的污染情况,需对底泥进行测定。

镉污染不易分解和自然消化,在自然界中是积累的。废水中的可溶性镉被土壤吸收,形成土壤污染,土壤中可溶性镉又容易被植物所吸收,食物中镉量增加,人们食用这些食品后,镉也随着进入人体,分布到全身各器官,主要贮积在肝、肾、胰和甲状腺中,镉也随尿排出,但持续时间很长。水中含镉 0.1 mg/L 时,可轻度抑制地表水的自净作用;其对白鲢鱼的安全浓度为 0.014 mg/L。用含镉 0.04 mg/L 的水进行农灌时,土壤和稻米受到明显污染。日本的痛痛病即镉污染所致。

镉污染会产生协同作用,加剧其他污染物的毒性。实际上,单一的或纯净的含镉废水是少见的,所以呈现更大的毒性。我国规定,镉及其无机化合物,工厂最高允许排放浓度为 0.1 mg/L,并不得用稀释的方法代替必要的处理。

2. 水中镉的来源

镉污染主要来源于以下几个方面:

(1)金属矿的开采和冶炼。镉属于稀有金属,天然矿物中镉与锌、铅、铜等共存,因此在矿石的浮选、冶炼、精炼等过程中便排出含镉废水。

(2)化学工业中涤纶、涂料、塑料、试剂等工厂企业使用镉或镉制品作原料或催化剂的某些生产过程中产生含镉废水。

(3)生产轴承、弹簧、电光器械和金属制品等机械工业与电器、电镀、印染、农药、陶瓷、蓄电池、光电池、原子能工业部门废水中亦含有不同程度的镉。

9.3.2 镉的测定

1. 无火焰原子吸收分光光度法

《海洋监测规范》(GB 17378.4-2007)和《生活饮用水标准检验方法》(GB/T 5750.6-2006)都规定该方法为测定镉的仲裁方法。

本方法可用于水中痕量铜、铅、镉的连续测定。

方法原理:在 pH 为 5~6 的条件下,水中的铜、铅、镉与吡咯烷二硫代氨甲酸铵(APDC)和二乙氨基二硫代氨甲酸钠(DDTC)混合液螯合,经甲基异丁酮(MIBK)—环己烷混合溶液萃取分离后,于各自的特征波长下用石墨炉原子吸收光谱法测定其吸收值。

2. 阳极溶出伏安法

《海洋监测规范》(GB 17378.4-2007)推荐该方法。可用于盐度大于 0.5 的河口水和海水中溶解铜、铅、镉的连续测定。

方法原理：水样中铜、铅、镉金属离子在极限扩散电流电位范围内，于−0.90 V 恒压电解，金属离子在悬汞电极上还原生成汞齐。当电极电位均匀地由负向正方向扫描，电位到达可使该金属的汞齐发生氧化反应时，富集在电极上的该金属重新氧化成离子进入溶液。根据所得到的伏安曲线连续测定铜、铅、镉的含量。

3. 火焰原子吸收分光光度法

《海洋监测规范》(GB 17378.4-2007)和《生活饮用水标准检验方法》(GB/T 5750.6-2006)都推荐该方法。

方法原理：在 pH 为 4～5 的条件下，水中的镉与吡咯烷二硫代氨甲酸铵(APDC)和二乙氨基二硫代氨甲酸钠(DDTC)形成螯合物，经甲基异丁酮(MIBK)和环己烷混合溶液萃取分离，用硝酸溶液反萃取，于 228.8 nm 波长测定原子吸光值。

4. 双硫腙分光光度法

《生活饮用水标准检验方法》(GB/T 5750.6-2006)推荐该方法。

方法原理：在强碱性溶液中，镉离子与双硫腙生成红色螯合物，用三氯甲烷萃取后于 518 nm 波长处比色定量。

9.4 任务三 水中的铅及其监测

9.4.1 铅的来源及毒性

铅的污染主要来自铅矿的开采，含铅金属冶炼，橡胶生产，含铅油漆颜料的生产和使用，蓄电池厂的熔铅和制粉，印刷业的铅版、铅字的浇铸，电缆及铅管的制造，陶瓷的配釉，铅质玻璃的配料以及焊锡等工业排放的废水。汽车尾气排出的铅随降水进入到地面水中，亦造成铅的污染。

铅通过消化道进入人体后，即积蓄于骨髓、肝、肾、脾、大脑等处，形成所谓"贮存库"以后慢慢从中放出，通过血液扩散到全身并进入骨骼，引起严重的累积性中毒。

世界上地面水中，天然铅的平均值大约是 0.5 pg/L，地下水中铅的浓度在 1～60 μg/L 之间，当铅浓度达到 0.1 mg/L 时，可抑制水体的自净作用。铅进入水体中与其他重金属一样，一部分被水生物浓集于体内，另一部分则随悬浮物絮凝沉淀于底质中，甚至在微生物的参与下可能转化为四甲基铅。铅不能被生物代谢所分解，在环境中属于持久性的污染物。

9.4.2 铅的测定

1. 无火焰原子吸收分光光度法

《海洋监测规范》(GB 17378.4-2007)和《生活饮用水标准检验方法》(GB/T 5750.6-2006)都规定该方法为测定铅的仲裁方法。

2. 阳极溶出伏安法

《海洋监测规范》(GB 17378.4-2007)推荐该方法。可用于盐度大于 0.5 的河口水和海水中溶解铜、铅、镉的连续测定。

3. 火焰原子吸收分光光度法

《海洋监测规范》(GB 17378.4-2007)和《生活饮用水标准检验方法》(GB/T 5750.6-2006)都推荐该方法。

方法原理:在 pH 为 4～5 的条件下,铅与吡咯烷基二硫代氨甲酸铵(APDC)和二乙氨基二硫代氨甲酸钠(DDTC)形成螯合物,经甲基异丁酮(MIBK)和环己烷混合溶液萃取分离,用硝酸溶液反萃取,于 217.0 nm 波长测定原子吸光值。

4. 双硫腙分光光度法

《生活饮用水标准检验方法》(GB/T 5750.6-2006)推荐该方法。

方法原理:在弱碱性溶液中(pH 8～9),铅与双硫腙生成红色螯合物,可被四氯化碳、三氯甲烷等有机溶剂萃取。严格控制溶液的 pH,加入掩蔽剂和还原剂,采用反萃取步骤,使铅与其他干扰金属离子分离,然后于 510 nm 波长处比色定量。

5. 氢化物原子荧光法

《生活饮用水标准检验方法》(GB/T 5750.6-2006)推荐该方法。

方法原理:在酸性介质中,水样中的铅与硼氢化钠或硼氢化钾反应生成铅的挥发性氢化物(PbH_4),由载气带入石英原子化器,在特制铅空心阴极灯的激发下产生原子荧光,其荧光强度在一定范围内与被测定溶液中铅的浓度成正比,与标准系列比较定量。

9.5 任务四 水中的铬及其监测

9.5.1 铬的来源及毒性

铬存在于电镀、冶炼、制革、纺织、制药、炼油、化工等工业废水污染的水体中。富铬地区地表水径流中也含铬。

铬是人体必需的微量元素之一,金属铬对人体是无毒的,缺乏铬反而可引起动脉粥样硬化,所以天然的铬给人体造成的危害并不大。

自然形成的铬常以元素或三价状态存在。

污染的水中铬有三价、六价两种价态,一般认为六价铬的毒性比三价铬高约 100 倍,即便是六价铬,不同的化合物其毒性也不一样,三价铬也是如此。三价铬是一种蛋白质凝固剂。六价铬更易为人体吸收,对消化道和皮肤具刺激性,而且可在体内蓄积,产生致癌作用。铬抑制水体的自净,累积于鱼体内,也可使水生生物致死。用含铬的水灌溉农作物,铬可富集于果实中。

9.5.2 铬的测定

1. 二苯碳酰二肼分光光度法测定水中的六价铬

《生活饮用水标准检验方法》(GB/T 5750.6-2006)中规定该方法为测定水中 Cr^{6+} 的仲

裁方法。

方法原理:在酸性溶液中,六价铬可与二苯碳酰二肼作用,生成紫红色络合物,于540 nm波长处比色定量。

2.无火焰原子吸收分光光度法测定水中的总铬

《海洋监测规范》(GB 17378.4-2007)中规定该方法为测定水中总铬的仲裁方法。

方法原理:在pH为3.8±0.2的条件下,低价态铬被高锰酸钾氧化后,同二乙氨基二硫代氨甲酸钠(DDTC)螯合,用甲基异丁酮(MIBK)萃取,于铬的特征吸收波长处测定原子吸光值。

3.二苯碳酰二肼分光光度法测定水中的总铬

《海洋监测规范》(GB 17378.4-2007)中推荐该方法测定河口和近岸海水中的总铬。

方法原理:在酸性条件下,用亚硫酸钠将海水中的六价铬还原为三价铬,以氢氧化铁共沉淀富集。沉淀物溶于酸中,在一定酸度下,用高锰酸钾将三价铬氧化为六价铬,分离铁后,Cr^{6+}与二苯碳酰二肼(二苯氨基脲)生成紫红色络合物,于540 nm波长处比色定量。

9.6 任务五 水中的砷及其监测

9.6.1 砷的来源及毒性

砷不溶于水,可溶于酸和王水中。元素砷的毒性较低而砷的可溶性化合物都极具毒性,三价砷化合物比五价砷化合物毒性更强,有机砷对人体和生物都有剧毒。

砷在饮水中的最高允许浓度为0.01 mg/L,口服As_2O_3(俗称砒霜)5~10 mg可造成急性中毒,致死量为60~200 mg。砷的浓度为1~2 mg/L时对鱼有毒。

地面水中砷的污染主要来源于硬质合金、染料、涂料、皮革、玻璃脱色、制药、农药、防腐剂等工业废水,化学工业、矿业工业的副产品会含有气体砷化物。含砷废水进入水体中,一部分随悬浮物、铁锰胶体物沉积于水底沉积物中,另一部分存在于水中。

近年来砷被认为是体内微量元素之一,它是细胞浆中的成分,是细胞代谢过程中的一种触酶。用砷化物制造的农药,可用以控制植物的生长和淘汰湖泊中不需要的鱼种。

9.6.2 砷的测定

1.氢化物原子荧光法

《海洋监测规范》(GB 17378.4-2007)和《生活饮用水标准检验方法》(GB/T 5750.6-2006)都规定该方法为测定砷的仲裁方法。

方法原理:在酸性介质中,五价砷被硫脲—抗坏血酸还原为三价砷,用硼氢化钾将三价砷转化为砷化氢气体,由氩气作载气将其导入原子荧光光度计的原子化器进行原子化,以砷特种空心阴极灯作激发光源,测定砷原子的荧光强度。

2.砷化氢—硝酸银分光光度法

《海洋监测规范》(GB 17378.4-2007)中推荐该方法。

方法原理:在弱酸性条件下,砷(Ⅴ)经抗坏血酸预还原成砷(Ⅲ),然后用硼氢化钾还原砷(Ⅲ)为砷化氢,经硝酸银—聚乙烯醇吸收液吸收。银离子被砷化氢还原成黄色胶体银,在特征波长 406 nm 处比色定量。

3. 砷化氢发生原子吸收分光光度法

《海洋监测规范》(GB 17378.4-2007)中推荐该方法。

方法原理:在酸性介质中,用硼氢化钾将砷(Ⅲ)转化为砷化氢气体,由载气将其导入原子化器,分解生成原子态砷,在其特征吸收波长处测定原子吸光值。

4. 催化极谱法

《海洋监测规范》(GB 17378.4-2007)中推荐该方法。

方法原理:在酸性介质中,用氯酸钾将砷(Ⅲ)氧化成砷(Ⅴ),用 EDTA 作掩蔽剂,以铍作载体与砷(Ⅴ)共沉淀;沉淀溶于硫酸后,被过氧化氢还原为砷(Ⅲ),砷(Ⅲ)在碲—硫酸—碘化铵介质中能得到灵敏的催化波,其催化电流与砷的浓度正相关。

5. 二乙氨基二硫代甲酸银分光光度法

《生活饮用水标准检验方法》(GB/T 5750.6-2006)中推荐该方法。

方法原理:锌与酸作用生成新生态氢,在碘化钾和氯化亚锡存在下,使五价砷还原为三价砷;三价砷与新生态氢生成砷化氢气体,用乙酸铅棉花去除硫化氢的干扰,然后与溶于三乙醇胺—三氯甲烷中的二乙氨基二硫代甲酸银作用,生成棕红色的胶态银,于 515 nm 处比色定量。

9.7 任务六 水中重金属的去除

水中重金属的去除方法很多,主要有絮凝沉淀法、生物吸附法等。

9.7.1 絮凝沉淀法

絮凝沉淀法主要是利用碱或其他化学试剂将金属离子转变为氢氧化物等沉淀,再通过过滤等方法除去。对于养殖用水,一般用熟石灰等,沉淀进入底泥后要定期清淤,以免重金属重新溶出或迁移进入水体。

9.7.2 生物吸附法

生物吸附法则是利用生物体富集重金属的特性来吸附水中的重金属。国内外科学家已进行了许多相关的研究:

(1)首先是利用活的或死的菌体细胞(如芽孢杆菌、酵母菌等)吸附水中的重金属。

谢丹丹等(2003)研究了啤酒酵母废菌体及其固定化菌体吸附 Pd^{2+}、Pt^{4+} 的特性,刘月英等(2003,2000)研究了细菌 XP05 吸附 Pd^{2+} 的特性,巨大芽孢杆菌 D01 吸附金(Au^{3+})的特性。研究表明,菌体细胞对水中的重金属有较高的吸收率。

(2)其次是利用水中生长的藻类吸附水中的重金属。

已有许多实验表明,藻类对金属离子的吸附效率非常高。Aksu Z.(2001,2002)研究表

明,绿藻(*Chlorella vulgaris*)可吸附 Ni^{2+}、Cd^{2+},还可吸附铜、汞、铅等;Dönmez G(2002)试验证明,杜氏藻属(*Dunaliella*)的一些种可从废水中吸附 Cr^{6+};而褐藻(*Ascophyllum nodosum*)吸附 Co^{2+} 的吸附量达 156 mg/g(Kuyucak N,1989)。藻类中的一些种对 Pb^{2+}、Cd^{2+}、Cu^{2+} 的吸附量比其他类型大多数生物体的吸附量大得多,而与离子交换树脂的交换容量相近(尹平河等,2000)。

同时,藻类或其他水生植物在水中的生长还可以吸收氮、磷等营养盐,同时起着控制水体富营养化的作用。

> **本章小结**
>
> 　　水中的重金属主要来自于地质风化、工农业生产、燃烧降落、生活废水等方面,具有分布广泛、在水环境中可以迁移转化、毒性强、有生物累积效应等污染特征。水体中金属离子有多种存在形态,不同形态对金属污染物的污染效应会产生重要的影响。影响金属离子存在形态的因素很多。重金属对水生生物有不同程度的毒性,影响金属毒性的不仅有生物的种类、生物个体大小、摄食水平等生物学因素,也有 pH 值、硬度、碱度、无机及有机配体、悬浮物等水体的理化因素。
>
> 　　汞、镉、铅、铬、砷是常见的重金属(砷是类金属),它们有各自的毒性效应。《海洋监测规范》(GB 17378.4-2007)、《水和废水监测分析方法》(第四版)和《生活饮用水标准检验方法》(GB/T 5750.6-2006)都规定了其相应的测定方法。
>
> 　　水中重金属的去除主要有絮凝沉淀法和生物吸附法。

思考题

1. 水中的重金属主要有哪些来源?
2. 水中重金属的污染特征如何?
3. 水中的金属都是离子态的吗? 还有哪些形态? 其形态受哪些因素影响?
4. 重金属有毒吗? 它们对水生生物有怎样的毒性? 影响毒性的因素有哪些?
5. 汞有怎样的毒性? 其测定方法主要有哪些?
6. 镉有怎样的毒性? 其测定方法主要有哪些?
7. 铅有怎样的毒性? 其测定方法主要有哪些?
8. 铬有怎样的毒性? 其测定方法主要有哪些?
9. 砷有怎样的毒性? 其测定方法主要有哪些?
10. 生物吸附法去除水中的重金属的基本原理是什么?

可扫码获取本模块课件资源:

模块十　沉积物(底质)监测与调控技术

沉积物也称底质、底泥,是矿物、岩石、土壤的自然侵蚀产物,是生物活动及降解有机质等过程的产物,是污水排出物和河(湖)床母质等随水流迁移而沉积在水体底部的堆积物质的统称。它能较清晰地反映水体污染的现状和历史过程。

沉积物中的物质与水体不断交换,其中存在的污染物也会向水体扩散,对水质和水中生物产生影响。

通常水质监测的数据只能反映采集水样时期内的水质状况。对于一些间隔时间较长、不连续排放的污染物,采集水样时若未被采集也就不能被监测到。还有些污染物(如有机磷、有机氯农药,重金属等)在水中浓度很低,有时不易检出。这些物质能被水中悬浮物吸附而沉入底泥,因而在底泥中得到富集,浓度也有所提高,相比水样中更易检出。

10.1 任务一　沉积物(底质)样品的采取

沉积物(底质)样品的采集方法已在本书 2.2.4 节介绍,对于从监测点采集的沉积物样品,从相应的采集器中按如下方法采取:

10.1.1　表层沉积物样品的采取

表层沉积物样品的采取按以下步骤进行:

(1)用塑料刀或勺从采泥器耳盖中仔细取上部 0～1 cm 和 1～2 cm 的沉积物,分别代表表层和亚表层。如遇沙砾层,可在 0～3 cm 层内混合取样。

(2)通常情况下,每层各取 3～4 份分析样品,取样量视分析项目而定。如一次采样量不足,应再采一次。

(3)取刚采集的沉积物样品,迅速装入 100 mL 烧杯中(约半杯,力求保持样品原状,避免空气进入)供现场测定氧化还原电位用(也可在采泥器中直接测定)。

(4)取约 5 g 新鲜湿样,盛于 50 mL 烧杯中,供现场测定硫化物(离子选择电极法)用。若用比色法或碘量法测定硫化物,则取 20～30 g 新鲜湿样,盛于 125 mL 磨口广口瓶中,充氮气后塞紧磨口塞。

(5)取 500～600 g 湿样,放入已洗净的聚乙烯袋中,扎紧袋口,供测定铜、铅、镉、锌、铬、砷和硒用。

(6)取 500～600 g 湿样,盛入 500 mL 磨口广口瓶中,密封瓶口,供测定含水率、粒度、总汞、油类、有机碳、有机氯农药及多氯联苯用。

10.1.2　柱状沉积物样品的采取

柱状沉积物样品的采取步骤如下:

(1)样柱上部 30 cm 内按 5 cm 间隔、下部按 10 cm 间隔(超过 1 m 时酌定)用塑料刀切成小段,小心地将样柱表面刮去,沿纵向剖开三份(三份比例为 1∶1∶2)。

(2)两份量少的分别盛入 50 mL 烧杯(离子选择电极法测定硫化物,若用比色法或碘量法测定硫化物时,则盛于 125 mL 磨口广口瓶中,充氮气后密封保存)和聚乙烯袋中。

(3)另一份装入 125 mL 磨口广口瓶中。

10.2 任务二　沉积物(底质)样品的制备和分解

底质(沉积物)样品交送实验室后应尽快处理和分析,如放置时间较长,应放于−40～−20℃的冷冻柜中保存。在处理过程中应尽量避免沾污和污染物损失。

10.2.1　沉积物(底质)样品的制备

1. 脱水

底质(沉积物)中含有大量水分,必须用适当方法除去。不可直接在日光下曝晒或高温烘干。常用的底泥脱水方法有:

(1)在阴凉、通风处自然风干

适用于待测组分较稳定的样品。

(2)离心分离

适用于待测组分易挥发或易发生变化的样品。

(3)真空冷冻干燥

适用于各种类型样品,特别是测定对光、热、空气不稳定组分的样品。

(4)无水硫酸钠脱水

适用于测定油类等有机污染物的样品。

2. 筛分

将脱水干燥后的底质样品平铺于硬质白纸板上,用玻璃棒等压散(勿破坏自然粒径)。剔除砾石及动植物残体等杂物,使其通过 20 目筛。筛下样品用四分法缩分至所需量。用玛瑙研钵(或玛瑙碎样机)研磨后过 80 目(180 μm)筛(图 10-1),装入棕色广口瓶中,贴上标签备用。但测定汞、砷等易挥发元素及低价铁和硫化物等时,不能用碎样机粉碎,仅通过 80 目筛。测定金属元素的试样,使用尼龙材质网筛;测定有机物的试样,使用钢材质的网筛。

对于用管式泥芯采样器采集的柱状样品,尽量不要使分层状态破坏,经干燥后,用不锈

钢小刀刮去样柱表层,然后按上述的底质方法处理。如欲了解各沉积阶段污染物质的成分和含量变化,可沿横断面截取不同部位样品分别处理和测定。

图 10-1 分样筛

3. 几种监测样品制备示例

(1)测定重金属的沉积物(底泥)样品

将聚乙烯袋中的湿样转到洗净并编号的瓷蒸发皿中,置于 $80\sim100℃$ 烘箱内,排气烘干。将烘干的样品摊放在干净的聚乙烯板上,用聚乙烯棒将样品压碎,剔除砾石和颗粒较大的动植物残骸。将样品装入玛瑙钵中,放入玛瑙球,在球磨机上粉碎至全部通过 160 目(96 μm)。也可用玛瑙研钵手工粉碎,用 160 目尼龙筛加盖过筛,严防样品逸出。

将加工后的样品充分混匀,缩分分取 $10\sim20$ g,放入样品袋(此袋上已填写样品的站号、层次等),送各实验室进行分析测定。其余样品盛入 250 mL 聚乙烯瓶,盖紧瓶塞,留作副样保存。

操作人员应戴口罩并在通风良好的条件下进行操作,碎样及取样等工具及器皿均要先净化处理,以避免样品被沾污。

(2)测定有机物的沉积物(底泥)样品

将样品摊放在已洗净并编号的搪瓷盘内,置于室内阴凉的通风处,不时地翻动样品并把大块压碎,以加速干燥,制成风干样品,或直接将样品置于冷冻干燥机中风干。将风干样品摊放在聚乙烯板上,用聚乙烯棒将样品压碎,剔除砾石和颗粒较大的动植物残骸。然后在球磨机上粉碎或用瓷研钵手工粉碎至全部通过 80 目金属筛,注意加盖过筛,严防样品逸出。

将加工后的样品充分混匀,缩分分取 $40\sim60$ g,放入样品袋(此袋上已填写样品的站号、层次等),送各实验室进行分析测定。其余样品盛入 250 mL 磨口玻璃瓶,盖紧瓶塞,留作副样保存。

10.2.2 沉积物(底泥)样品的分解

底质样品的分解方法随监测目的和监测项目不同而异,常用的分解方法有以下几种:

1. 硝酸—氢氟酸—高氯酸(或王水—氢氟酸—高氯酸)分解法

该方法也称全量分解法,适用于测定底质中元素含量水平及随时间变化和空间分布的样品分解。

分解过程:称取一定量样品于聚四氟乙烯烧杯中,加硝酸(或王水)在低温电热板上加热分解有机质。取下稍冷后,加适量氢氟酸,煮沸(或加高氯酸继续加热分解并蒸发至约剩0.5 mL残液)。再取下冷却,加入适量高氯酸,继续加热分解并蒸发至近干(或加氢氟酸加热挥发除硅后再加少量高氯酸蒸至近干)。最后,用1%硝酸煮沸溶解残渣,定容,备用。

这样处理得到的试液可测定全量 Cu、Pb、Zn、Cd、Ni、Cr 等。

2. 硝酸分解法

该方法能溶解出由于水解和悬浮物吸附而沉淀的大部分重金属,适用于了解底质受污染状况。

分解过程:称取一定量样品于 50 mL 硼硅玻璃管中,加几粒沸石和适量浓硝酸,徐徐加热至沸并回流 15 min,取下冷却,定容,静置过夜,取上清液分析测定。

3. 水浸取法

分解过程:取适量样品置于磨口锥形瓶中,加水,密塞,放在振荡器上振摇 4 h,静置。用干滤纸过滤,滤液供分析测定。

该方法适用于了解底质中重金属向水体释放情况的样品分析。

4. 有机溶剂提取法

该方法适用于处理测定有机污染组分的底质样品,如测定六六六、DDT、狄氏剂等。

10.3 任务三 沉积物(底泥)样品中相关项目的测定

《海洋监测规范》(GB 17378-2007)第 5 部分"沉积物分析"中规定了沉积物中总汞、铜、铅、镉、锌、铬、砷、硒、油类、六六六、DDT、多氯联苯(PCBs)、狄氏剂、硫化物、有机碳、含水率、氧化还原电位等项目的测定方法。以下方法均选自《海洋监测规范》(GB 17378.5-2007)。

10.3.1　沉积物含水率的测定——重量法

本方法适用于潮间带、河口及海洋沉积物中的含水率的测定,为仲裁方法。

方法原理:将已知重量的沉积物湿样(或风干样),于(105±1)℃烘至恒重。用烘干前后重量的差值计算含水率。

分析步骤:

1. 将聚四氟乙烯盒放在(105±1)℃烘箱内干燥 40 min,取出,冷却至 40～50 ℃,在盛有变色硅胶的干燥器中放置 30 min,称重。按以上步骤操作,称至恒重。

2. 湿样:将装沉积物样品的磨口瓶塞打开,快速地用有机玻璃分样刀取出约 20 g 样品,放入 100 mL 干燥小烧杯中,搅匀,立即小心地分装于两个聚四氟乙烯盒内。干样:每盒装入约 5 g 样品(注意勿将样品沾在盒口处),盖上盒盖,分别称重。

3. 半开盒盖,放在(105±1)℃烘箱内干燥 6～8 h(每干燥 2 h 后开启排气扇 20 min,排除掉烘箱内的水分,风干样只需烘干 2 h)。取出后冷却至 40～50 ℃,盖好盒盖,在盛有变色硅胶的干燥器中放置 30 min,称重。半开盒盖放入烘箱中,于(105±1)℃干燥 2 h(风干样干燥半小时),取出后冷却至 40~50 ℃,盖好盒盖,在上述干燥器中放置 30 min,称重,直至恒重为止。

4. 按下式计算含水率

$$w_{H_2O} = \frac{m_2 - m_3}{m_2 - m_1} \times 100\%$$

式中:w_{H_2O}——沉积物样品的含水率(质量分数,%);

      m_1——盒重,单位为克(g),称取时准确至 0.001 g;

      m_2——盒与湿样或风干样的重量,单位为克(g),称取时准确至 0.001 g;

      m_3——盒与干样的重量,单位为克(g),称取时准确至 0.001 g。

每个样品均测定双样,含水率差值不得大于 1%。

10.3.2 沉积物中有机碳含量的测定

1. 重铬酸钾氧化还原容量法

适用于沉积物中有机碳含量(质量分数)低于 15% 的样品的测定。本方法为仲裁方法。

方法原理:在浓硫酸介质中加入一定量的标准重铬酸钾,在加热条件下将样品中有机碳氧化成二氧化碳,剩余的重铬酸钾用硫酸亚铁标准溶液回滴,按重铬酸钾的消耗量计算样品中有机碳的含量。

空白样品的制备:一定量的研磨、筛分好的样品,置于坩埚中,于马弗炉 500 ℃ 焙烧 2 h。

具体测定步骤详见《水质监测与调控技术实训》。

2. 热导法

本法适用于河口、排污口、港湾、近岸及大洋沉积物和悬浮颗粒中有机碳的测定。本法取样量小,精密度高;但当测定钙质沉积物时,因碳酸盐含量高,会产生正误差。通常,样品中碳酸盐($CaCO_3$)的含量(质量分数)超过 10% 时,正误差较为显著,尚需经过校正计算,使其结果更正确。此外,冶金、机械、原子工业及涂料、染料、铅笔等工厂排放的沉积物中,因其含有碳(如活性炭、炭粉及石墨等),会使测定结果偏高。所以,在测定上述排污口沉积物中有机碳时,应考虑其影响。

方法原理:样品经稀盐酸处理后,在纯氧环境中,于静态条件下燃烧(960~970 ℃),样品中的有机碳被氧化,生成二氧化碳。以氦气为载气,通过仪器的热导检测器进行测定,并由测得的信号值计算有机碳含量。

10.3.3 沉积物中油类含量的测定

1. 荧光分光光度法

本方法适用于沉积物中油类含量的测定,并且为仲裁方法。

方法原理:沉积物风干样中的油类经石油醚萃取,用激发波长 310 nm 照射,于 360 nm 波长处测定相对荧光强度,其相对荧光强度与石油醚中芳烃的浓度成正比。

具体测定步骤详见《水质监测与调控技术实训》。

2. 紫外分光光度法

本方法适用于近岸、河口沉积物中油类含量的测定。

方法原理:沉积物用正己烷萃取后,沉积物中的芳烃组分在紫外光区有特征吸收峰,其

吸收强度与芳烃含量成正比,以标准油作参比,进行紫外分光光度测定。

关于波长:石油类含有的具有共轭体系的物质在紫外光区有特征吸收峰。带有苯环的芳香族化合物主要吸收波长为 $250\sim260$ nm,带有共轭双键的化合物主要吸收波长为$215\sim230$ nm。一般原油的两个吸收峰为 225 nm 及 256 nm,其他油品如燃料油、润滑油等的吸收峰也与原油相近。

分析步骤:

(1)绘制标准曲线

①分别量取 0 mL、0.25 mL、0.5 mL、0.75 mL、1.00 mL 和 1.25 mL 油标准使用溶液 (200 μg/mL)于 6 个 10 mL 的量瓶中,加正己烷(于 225 nm 处,以水为参比的透光率应大于 90%,否则应先进行脱芳处理)至标线,混匀。

②将溶液盛于 1 cm 石英测定池中,于波长 225 nm 处,以标准空白液为参比测定吸光值 A_i。

③以 A_i 为纵坐标,相应的油浓度(μg/mL)为横坐标,绘制标准曲线。

(2)样品中油类的萃取与测定

①称取 2 g($\pm$0.000 1 g)风干的沉积物样品于 50 mL 具塞比色管中,加 15.0 mL 正己烷,加盖振荡 2 min;静置分层后,用玻璃注射器吸出正己烷萃取液,注入盛有 20 mL 硫酸钠 (30 g/L)溶液的 60 mL 锥形(梨形)分液漏斗中,用 10.0 mL 正己烷重复萃取一次,静置分层,将萃取液吸出,并入分液漏斗中。

②于原比色管中加入 10 mL 硫酸钠溶液,将析出的正己烷吸出合并于上述分液漏斗中。振荡分液漏斗 2 min,静置分层后,弃去下层水相。再用 20 mL 硫酸钠溶液重复洗涤 2 次,弃去水相,用滤纸卷吸干锥形分液漏斗下端管颈内的水分,将萃取液放入 25 mL 具塞比色管中。

③用 1 cm 石英测定池,于波长 225 nm 处,以标准空白液为参比测定萃取液的吸光值,并从标准曲线上读出相应的油浓度 ρ(μg/mL)。

(3)萃取效率系数的测定

分别称取 2 g 已风干但未受油沾污的沉积物样品于 9 支 50 mL 具塞比色管中,其中 6 支各加入 1.00 mL 油标准使用溶液(200 μg/mL),然后按样品的萃取和测定步骤分别萃取、测定吸光值,并从标准曲线上查出相应的油浓度,计算回收量。按下式计算萃取效率系数 K:

$$K=\frac{\overline{m_1}-\overline{m_2}}{m_0}$$

式中,K—萃取效率系数;

$\overline{m_1}$—沉积物本底加油标准的回收量平均值,μg;

$\overline{m_2}$—沉积物本底加分析空白的平均值,μg;

m_0—油标准的加入量,μg。

(4)样品中油类含量的计算

按下式计算沉积物样品中油类的含量:

$$w_{\text{oil}}=\frac{\rho\times V}{K\times M(1-w_{\text{H}_2\text{O}})}$$

式中,w_{oil}—沉积物干样中油类的含量(质量分数,10^{-6});

ρ—从标准曲线上查出的油的浓度,μg/mL;

V—正己烷萃取液体积,mL;

K—萃取效率系数;

M—样品的称取量,g;

$w_{\mathrm{H_2O}}$—风干样品的含水率(质量分数),%。

3. 重量法

本法适用于油污较重海区沉积物中油类含量的测定。

方法原理:沉积物样品中的油类用正己烷萃取后,蒸发除去正己烷,称重,计算沉积物中油类的含量。

分析步骤:

(1)校正系数的测定

①分别称取 5.000 g 未受油沾污的已风干样品,分别放入 9 支 50 mL 具塞比色管中,其中 6 支各加入 0.50 mL 油标准使用溶液(5.00 mg/mL),其余 3 支用于测试沉积物本底加分析空白的残渣重。

②加 15 mL 正己烷(于 225 nm 处,以水为参比的透光率应大于 90%,否则应先进行脱芳处理),加盖振荡 2 min,静置分层,用玻璃注射器吸出正己烷萃取液,注入盛有 20 mL 硫酸钠(30 g/L)溶液的 60 mL 锥形(梨形)分液漏斗中;用 10 mL 正己烷重复萃取一次,静置分层,将萃取液吸出,并入分液漏斗中。

③于原比色管中加入 10 mL 硫酸钠溶液,将析出的正己烷相吸出合并于上述分液漏斗中。

④振荡分液漏斗 2 min,静置分层后,弃去下层水相。再用 20 mL 硫酸钠溶液重复洗涤 2 次,弃去水相,用滤纸卷吸干锥形分液漏斗下端管颈内的水分,将萃取液放入 25 mL 具塞比色管中。

⑤各加 2 g 无水硫酸钠于各比色管的萃取液中,振荡后放置 30 min 脱水。

⑥将脱水的萃取液倾入 K·D 浓缩器中,并用少量正己烷洗涤含脱水剂的具塞比色管 2 次,合并于 K·D 浓缩器中。在 70~78 ℃ 水浴上浓缩至 0.5~1 mL。

⑦取下 K·D 浓缩器,将其中的浓缩液转入已烘干至恒重的铝箔槽中,置于 70 ℃ 水浴上蒸干;继续用 1 mL 正己烷洗涤 K·D 浓缩器,并转入铝箔槽中蒸干。重复 2~3 次。

⑧将铝箔槽置于干燥器内,1 h 后称重。

按下式计算校正系数:

$$K=\frac{\overline{m_1}-\overline{m_2}}{m_0}$$

式中,K—校正系数;

$\overline{m_1}$—沉积物本底加油标准的回收量平均值,mg;

$\overline{m_2}$—沉积物本底加分析空白的残渣重平均值,mg;

m_0—油标准的加入量,mg。

(2)样品的测定

②称取 5 g(±0.0001 g)已风干的样品于 50 mL 具塞比色管中,按以上"校正系数的测定"②至⑧步骤测定样品中油类的重量(m_s)和分析空白残渣重(m_b)。

按下述计算沉积物干样中油类的含量:

$$w_{oil} = \frac{m_s - m_b}{K \times M (1 - w_{H_2O})} \times 1\,000$$

式中,w_{oil}——沉积物干样中油类的含量(质量分数),10^{-6};

$\quad m_s$——样品萃取液中的油类重,mg;

$\quad m_b$——分析空白萃取液中的残渣重,mg;

$\quad K$——校正系数;

$\quad M$——样品的称取量,g;

$\quad w_{H_2O}$——风干样的含水率(质量分数),%。

10.3.4　沉积物中硫化物含量的测定

1. 亚甲基蓝分光光度法

本法适用于海洋、河流沉积物中硫化物的测定。本方法为仲裁方法。

方法原理:沉积物样品中的硫化物与盐酸反应生成硫化氢(H_2S),随水蒸气一起蒸馏出来,被乙酸锌溶液吸收。在酸性介质中,当三价铁离子(Fe^{3+})存在时,硫离子与对氨基二甲基苯胺反应生成亚甲基蓝,在 650 nm 处比色定量。

2. 离子选择电极法

本法适用于海洋沉积物中硫化物的测定,可用于船上现场测定。

方法原理:固态硫化银膜电极对银离子和硫离子均有响应,当该电极同溶液接触时,所产生的电极电位与银离子活度呈正相关,而电极对硫离子的响应是通过 Ag_2S 的溶度积间接实现的,因此硫离子选择电极在溶液中所产生的电极电位与硫离子的活度的负对数呈线性关系。当标准系列与被测液的离子强度相近时,若两者的硫离子活度相等,其浓度也相等。

海洋沉积物中的硫化物以多种形态存在,对于某些难溶硫化物,当加入 EDTA 络合剂后,有利于硫离子释出。用来浸提沉积物的浸提液中常含溶解氧,会氧化硫离子,硫含量越低,这种氧化作用越显著。为此,在测试液中加入一定的抗坏血酸,以防止 S^{2-} 被氧化,并可提高方法的灵敏度。

3. 碘量法

本法适用于近海、河口、港湾污染较重的沉积物中硫化物的测定。

方法原理:沉积物样品中硫化物(S^{2-})在酸性介质中产生硫化氢(H_2S),同水蒸气一起蒸出,被乙酸锌溶液吸收,生成硫化锌沉淀。此沉淀与盐酸反应,生成的硫化氢被碘氧化,过剩的碘用硫代硫酸钠标准溶液滴定。

10.3.5　沉积物中铜、铅、镉含量的连续测定

1. 无火焰原子吸收分光光度法

本方法适用于海洋沉积物中铜、铅和镉的连续测定。本方法为仲裁方法。

方法原理:沉积物样品用硝酸—高氯酸消化后,在稀硝酸介质中,铜在 324.7 nm 波长、铅在 283.3 nm 波长、镉在 228.8 nm 波长处进行无火焰原子吸收测定。

2. 火焰原子吸收分光光度法

本方法适用于海洋沉积物中铜、铅和镉的连续测定。

方法原理:沉积物样品用硝酸—高氯酸消化后,铜在 324.7 nm 波长、铅在 283.3 nm 波

长、镉在 228.8 nm 波长处直接进行火焰原子吸收测定。

10.3.6　沉积物中总汞含量的测定

1. 原子荧光法

本方法适用于淡水和海水水系沉积物中总汞的测定。本方法为仲裁方法。

方法原理:样品在硝酸—盐酸体系中,置于沸水浴中消化,汞以离子态全量进入溶液。以硼氢化钾为还原剂,将溶液中离子态汞转变为汞蒸气,以氩气为载气使原子汞蒸气进入原子荧光光度计的原子化器中,以特种汞空心阴极灯为激发光源,测定汞原子荧光强度。

2. 冷原子吸光光度法

本方法适用于河口、近岸、大洋沉积物中总汞的测定。

方法原理:试样用硝酸—过氧化氢加热消化,离子态汞经氯化亚锡还原转变为汞蒸气,随载气进入吸收池,在 253.7 nm 波长处的特征吸收值与汞的含量成正比。

10.3.7　沉积物中锌含量的测定

沉积物中锌含量的测定用火焰原子吸收分光光度法,为仲裁方法。

方法原理:沉积物样品经硝酸—高氯酸消化后,在 213.8 nm 波长处直接进行火焰原子吸收测定。

10.3.8　沉积物中铬含量的测定

1. 无火焰原子吸收分光光度法

本方法适用于海洋沉积物中铬的测定。本方法为仲裁方法。

方法原理:沉积物样品经硝酸—高氯酸消化后,铬转化为离子态,用硝酸镁作基体改进剂,在 357.9 nm 波长处进行无火焰原子吸收测定。

2. 二苯碳酰二肼分光光度法

本方法适用于海洋沉积物中铬的测定。

方法原理:沉积物样品经硝酸—高氯酸消化,滤去残渣后,用高锰酸钾将三价铬氧化为六价。在尿素存在下,用亚硝酸钠还原过剩的高锰酸钾。在酸性介质中,六价铬离子与二苯碳酰二肼生成紫红色络合物,于 540 nm 处比色定量。

10.3.9　沉积物中砷含量的测定

1. 原子荧光法

本方法适用于海洋沉积物中砷的测定。本方法为仲裁方法。

方法原理:沉积物样品在酸性介质中消化,用硼氢化钾将溶液中的砷(Ⅲ)转化成砷化氢气体,由氩气载入石英原子化器,在特制砷空心阴极灯下进行原子荧光测定。

2. 砷钼酸—结晶紫分光光度法

本方法适用于大洋、近岸、河口沉积物中砷的测定。

方法原理:沉积物样品用硝酸、高氯酸和硫酸消化,于硫酸介质中,在碘化钾、氯化亚锡和初生态氢存在下,将砷还原成砷化氢气体。三价砷被高锰酸钾—硝酸银—硫酸溶液氧化吸收,五价砷与钼酸形成砷钼杂多酸,并与结晶紫结合成蓝色络合物,于 545 nm 处比色定量。

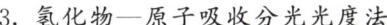

3. 氢化物—原子吸收分光光度法

本方法适用于海洋和河流沉积物中砷的测定。采用本法时,当硒的含量高出砷两倍及锑、铋、锡和汞的含量高出砷 10 倍时,对测定产生明显干扰。

方法原理:在酸性介质中,用硼氢化钾把溶液中的砷(Ⅲ)转化成砷化氢气体,由载气导入原子化器,生成原子态砷,于 193.7 nm 处进行原子吸收测定。

4. 催化极谱法

本方法适用于海洋与陆地水系沉积物中砷的测定。

方法原理:样品经硝酸—高氯酸消化,在硫酸介质中,用过氧化氢将砷(Ⅴ)还原成砷(Ⅲ),用硫酸钡共沉淀铅以排除它的干扰。砷(Ⅲ)在碲—硫酸—磺化铵介质中能得到灵敏的催化波,其催化电流随砷的浓度增加而增加,以此进行砷的定量测定。

10.3.10　沉积物中硒含量的测定

1. 荧光分光光度法

本方法适用于河流及海洋沉积物中硒的测定,为仲裁方法。

方法原理:样品经硝酸—高氯酸消化,用盐酸将硒(Ⅵ)还原为硒(Ⅳ),在酸性条件下,硒(Ⅳ)与 2,3-二氨基萘反应生成有绿色荧光的 4,5-苯并芘硒脑。用环己烷萃取,在激发波长 376 nm 及发射波长 520 nm 下进行荧光分光光度测定。其荧光强度和硒(Ⅳ)的含量成正比。

2. 二氨基联苯胺四盐酸盐分光光度法

本方法适用于河流及海洋沉积物中硒的测定。

方法原理:样品经硝酸—高氯酸消化,用盐酸将硒(Ⅵ)还原为硒(Ⅳ)。在酸性介质中,硒(Ⅳ)与 3,3′-二氨基联苯胺四盐酸盐形成黄色络合物,在 pH 为 6~8 条件下用甲苯萃取,于 420 nm 处进行分光光度测定。

3. 催化极谱法

本方法适用于海洋及陆地水系沉积物中硒的测定。

方法原理:样品经硝酸—高氯酸消化,制备成盐酸溶液。用柠檬酸三铵及 EDTA 做掩蔽剂,Se(Ⅳ)被亚硫酸还原成单质,在氟化铵—氢氧化铵缓冲溶液中(pH=10),Se 与亚硫酸根生成 $SeSO_3^{2-}$,在 IO_3^- 存在下,$SeSO_3^{2-}$ 产生一个很灵敏的极谱催化波,其峰电流值随硒浓度增加而增加,以此进行硒的定量测定。

10.3.11　沉积物中六六六、DDT 和狄氏剂含量的测定——气相色谱法

本方法适用于沉积物样品中六六六、DDT 和狄氏剂的测定,为仲裁方法。

方法原理:沉积物中六六六、DDT 和狄氏剂用正己烷—丙酮混合溶剂作为提取剂,用索氏提取器回流提取,将提取液浓缩,柱分离,再浓缩后注入色谱柱被分离为具有不同保留时间的单一组分。用电子捕获检测器检测,各组分的响应值与含量成正比。将被测物色谱图与标准色谱图相比较,计算出各组分的含量。

10.3.12　沉积物中多氯联苯(PCBs)含量的测定——气相色谱法

本方法适用于海洋、河流、湖泊沉积物中 PCBs 的测定,为仲裁方法。

方法原理:沉积物中 PCBs 用索氏提取法提取于正己烷—丙酮溶剂中。与 PCBs 一起共

提取的类脂物、色素、有机氯农药、硫和硫化物等干扰物用一定程序消除。将含有PCBs的样品提取液注入色谱柱,用电子捕获检测器检测,其响应值与PCBs含量成正比。

10.3.13 沉积物氧化还原电位的测定——电位计法

本方法适用于现场测定沉积物氧化还原电位,为仲裁方法。

方法原理:氧化还原电位反应可用通式表示:

$$氧化剂^{m+} + ne \Leftrightarrow 还原剂^{m-n}$$

氧化还原电位(E_h)值与沉积物中氧化剂和还原剂相对含量之间的关系依赖于奈斯特公式,氧化还原电位(E)的数值越大,说明沉积物中氧化剂所占的比例越大,氧化能力越强。

本章小结

　　沉积物(底质)中的物质与水体不断交换,对水质状况有深刻的影响;同时,有些水体中较低浓度的物质会在沉积物中得到富集。因此,沉积物的状况能较清晰地反映水体污染的现状和历史过程。

　　本章主要以《海洋监测规范》(GB 17378-2007)第5部分"沉积物分析"为依据,介绍底质(沉积物)样品的采取方法,底质(沉积物)样品的制备和分解方法,以及底质(沉积物)样品中相关项目的测定方法。

思考题

　　1. 在筛分沉积物样品时,测定金属元素的试样,应使用尼龙材质网筛;测定有机物的试样,应使用钢材质的网筛。为什么?

　　2. 沉积物中存在的物质对水体有何影响?

　　3. 用重铬酸钾氧化还原容量法测定沉积物中有机碳含量时,空白样品如何制备?

　　4. 沉积物样品含大量水分,可直接在日光下曝晒或高温烘干吗?为什么?

　　5. 用重量法测定沉积物中油类含量时,用哪种有机溶剂萃取油类?其校正系数如何测定?

　　可扫码获取本模块课件资源:

模块十一　活性污泥

活性污泥法处理污水是一种好氧生物处理方法。由于这种方法具有高净化能力,是目前工作效率最高的人工生物处理法,因而得到广泛应用。

处理污水效果好的活性污泥应具有颗粒松散、易于吸附和氧化有机物的性能,且具有良好的混凝和沉降性能,使得活性污泥经曝气后澄清时,泥水能迅速分离。在污水处理过程中,常通过控制污泥沉降比和污泥体积指数两项指标来获取最佳效果。

11.1 活性污泥简述

11.1.1　活性污泥中的微生物

活性污泥是微生物群体及它们所吸附的有机物质和无机物质的总称。微生物群体主要包括细菌、原生动物和藻类等。其中,细菌和原生动物是主要的两大类。

1. 细菌

细菌是单细胞生物,如球菌、杆菌和螺旋菌等。它们在活性污泥中种类多,数量大,体积微小,具有强的吸附和分解有机物的能力,在污水处理中起着关键作用。

在活性污泥培养的初期,细菌大量游离在污水中,但随着污泥的逐步形成,逐渐集合成较大的群体,如菌胶团、丝状菌等。

(1)菌胶团

菌胶团是细菌及其分泌的胶质物质组成的细小颗粒,是活性污泥的主体,污泥的吸附性能、氧化分解能力及凝聚沉降等性能均与菌胶团有关。菌胶团有球形、分枝状、蘑菇形、垂丝形等(图 11-1)。

(2)球衣细菌

球衣细菌(图 11-2)对碳素营养需求量大,常因有大量碳水化合物的存在,使它们过快地繁殖引起污泥膨胀,故分解有机物的能力强。

(3)其他细菌

白硫细菌(图 11-3)能分解含硫化合物。硫丝细菌(图 11-4)是一种常见的丝状细菌,大量繁殖时可使污泥松散,甚至引起污泥膨胀。

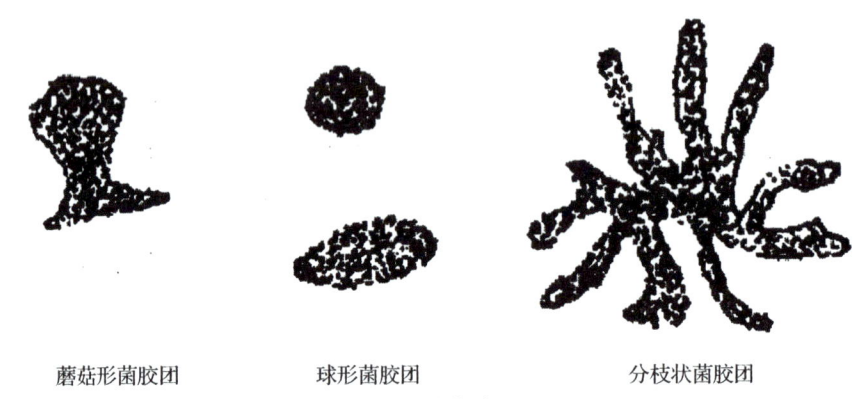

蘑菇形菌胶团　　　　　　球形菌胶团　　　　　　　　分枝状菌胶团

图 11-1　各种菌胶团

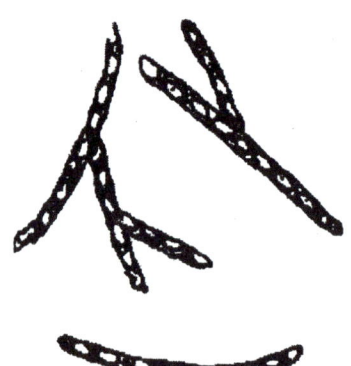

图 11-2　球衣细菌

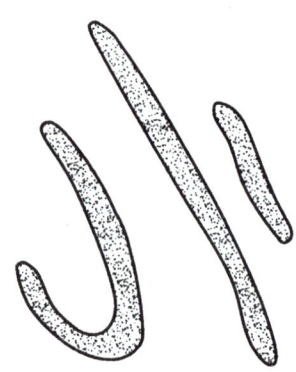

图 11-3　白硫细菌

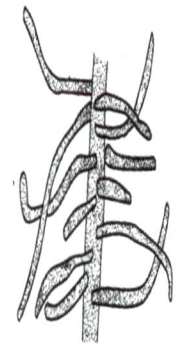

图 11-4　硫丝细菌

2. 原生动物

原生动物为单细胞动物,体积小,结构复杂。在污水处理中,一般将有机物摄入食胞器官加以分解。活性污泥中常见的原生动物有钟虫类、轮虫类、鞭毛虫类、游动纤毛虫类等,都有净化污水的能力。部分钟虫和轮虫的形状见图 11-5 和图 11-6。

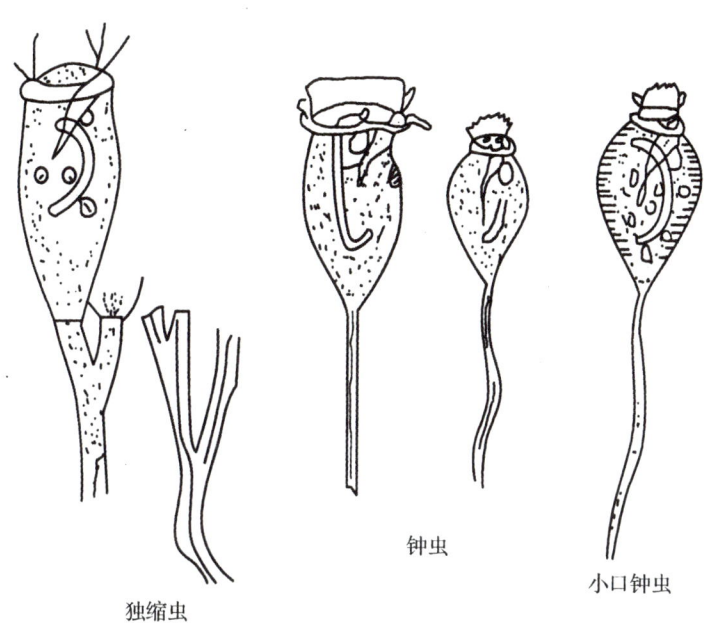

图 11-5 各种钟虫

独缩虫　　钟虫　　小口钟虫

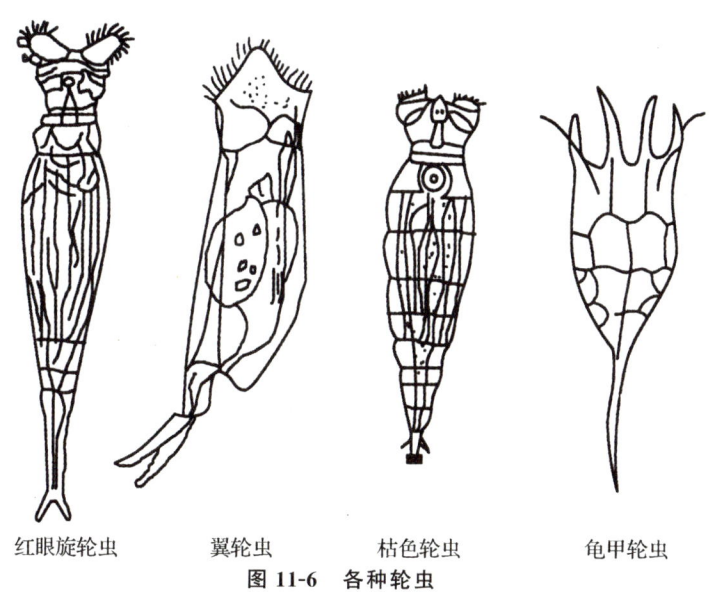

红眼旋轮虫　　翼轮虫　　枯色轮虫　　龟甲轮虫

图 11-6 各种轮虫

3. 藻类

藻类是一种单细胞和多细胞的微小植物,细胞内的叶绿素能进行光合作用,利用光能将从空气中吸收的 CO_2 合成细胞物质,并放出氧气,增加水中的溶解氧,对污水中有机物质的分解氧化有重要意义。

11.1.2　活性污泥的性质

污泥的组成、性质和数量主要取决于废水的来源,同时也和废水处理工艺有密切关系。

废水来源不同,污泥的组成、性质和数量就截然不同。同一种废水采用不同的处理工艺,其污泥的组成、性质和数量也会有所差异。正确掌握污泥的性质是科学合理地处理、处置和利用污泥的先决条件。污泥的性质主要由以下性能指标来反映。

1. 固体含量

污泥中的总固体包括溶解物质和不溶解物质两部分。前者叫溶解固体,后者叫悬浮固体。总固体、溶解固体和悬浮固体又可分为固定性固体和挥发性固体。挥发性固体是指在600℃下能被氧化,并以气体产物逸出的那部分固体,通常用来表示污泥中的有机物含量;而在600℃下残留的那部分固体为固定性固体,可以大约代表污泥中无机物质的含量。污泥的固体浓度常用 mg/L 表示,也有用质量百分数表示的。

2. 含水率

污泥中所含水分大致分为四类:(1)颗粒间的空隙水:指被污泥包围着并不直接与固体结合的那部分水分,约占总水分的70%。(2)颗粒间毛细管内的毛细水:指由于产生毛细现象而密集在细小污泥固体颗粒周围的水,约占总水分的20%。(3)污泥颗粒的吸附水。(4)颗粒内部水。(3)和(4)共约占总水量的10%。图11-7是污泥中各种类型水分的分布。

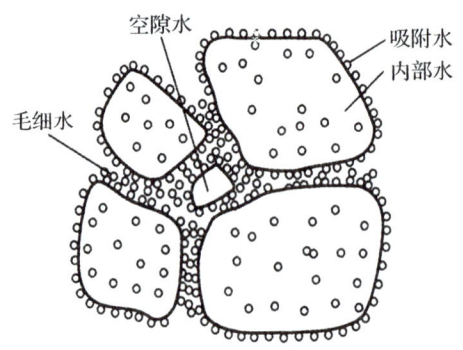

图 11-7 污泥中各种类型水分的分布

污泥中水的百分含量叫含水率。污泥的含水率很高,初次沉淀池的污泥含水率为95%~97%,剩余活性污泥的含水率高达99%以上。因此,污泥的体积非常巨大,对污泥的后续处理造成很大困难,所以必须对污泥进行脱水处理以达到污泥减量化、减少处理设备容积和降低处理成本的目的。

污泥脱水是污泥处置中非常重要的一部分。污泥脱水工艺包括浓缩法、压滤法、离心法等。污泥浓缩主要是用来减少污泥颗粒间的空隙水,是减少污泥体积的最经济、有效的方法。

3. 污泥浓度

1 L 曝气池污泥混合液所含干污泥的重量称为污泥浓度,也称悬浮物浓度(MLSS)。用重量法测定,以 g/L 或 mg/L 表示。

4. 污泥体积指数

污泥体积指数简称污泥指数(SVI),指曝气池污泥混合液经 30 min 沉降后,1 g 干污泥所占的体积(mL)。

$$SVI = \frac{混合液经\ 30\ min\ 污泥沉降体积(mL/L)}{混合液污泥浓度(g/L)}$$

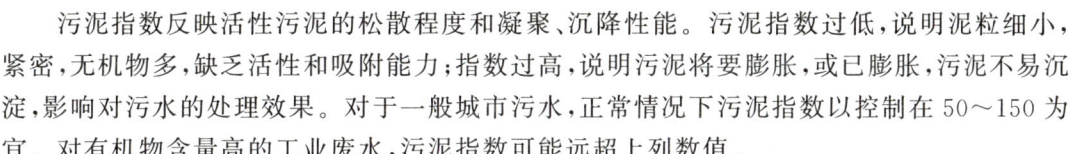

污泥指数反映活性污泥的松散程度和凝聚、沉降性能。污泥指数过低,说明泥粒细小、紧密,无机物多,缺乏活性和吸附能力;指数过高,说明污泥将要膨胀,或已膨胀,污泥不易沉淀,影响对污水的处理效果。对于一般城市污水,正常情况下污泥指数以控制在 50~150 为宜。对有机物含量高的工业废水,污泥指数可能远超上列数值。

11.2 活性污泥主要指标的测定

污泥的种类多种多样。污水处理厂的污泥按工艺流程可分为栅渣、沉砂池沉渣、浮渣、初沉池污泥、二沉池污泥。按废水来源分,污泥主要有生活污水污泥、工业废水污泥和给水污泥。按含水率不同可分为湿污泥、浓缩污泥、脱水污泥、干化污泥。

本节主要介绍湿污泥和干化污泥的主要指标测定方法。

11.2.1 湿污泥的主要指标及其测定

湿污泥指未经浓缩、脱水的污泥,含水率在 99% 以上。

准确测定污泥中的各项指标,对于固体处置和资源化工艺的选择、涉及参数的确定以及设备的合理运行都有重要意义。

由于湿污泥的含水率极高,性质与水相似,因此湿污泥的大部分指标的分析方法与废水中同类指标的分析方法相同或相似。可以参照废水的相应标准分析方法进行测定。以下介绍几种污泥的特征指标测定。

1. 含水率的测定

与沉积物含水率的测定方法相同。准确称取适量的污泥样品(W)于已恒重的蒸发皿(W_1)中,在恒温水浴上蒸干后移至(105 ± 2)℃的烘箱中,继续干燥 2~3 h,取出并放入干燥器中冷却,0.5 h 后称重。重复以上操作,直到前后两次质量差不超过 0.002 g,即为恒重(W_2)。

$$污泥含水率(\%) = \frac{W_2 - W_1}{W} \times 100\%$$

式中,W—污泥样品的质量,g;

W_2—烘干后污泥样品加蒸发皿的质量,g;

W_1—蒸发皿的质量,g。

2. 挥发性脂肪酸的测定

挥发性脂肪酸(VFA)一般指碳原子数小于 5 的有机酸($C_n \leqslant 5$),如甲酸、乙酸等低级脂肪酸。VFA 是污水厌氧消化过程中的重要中间产物,甲烷菌主要利用 VFA 形成甲烷,只有少部分甲烷由 CO_2 和 H_2 生成,但 CO_2 和 H_2 生成也经过高分子有机酸形成 VFA 的中间过程。所以,形成甲烷的过程离不开 VFA 的形成,但 VFA 在厌氧反应中的积累能反映出甲烷菌的不活跃状态或反应器操作条件恶化,较高的 VFA(例如乙酸)浓度对甲烷菌有抑制作用。因此,在污水厌氧生物过程中,在反应器运行中,出水 VFA 用作重要的控制指标。

污泥中挥发性脂肪酸是污泥处理过程中有机物的降解产物,其含量也是污泥性质的一

项重要指标,如新鲜污泥中的脂肪酸含量为 10~30 mg/L。消化正常的污泥,其中脂肪酸含量只有 1~5 mg/L。

在 VFA 测定中,常进行 VFA 总量测定,其单位以 mmol/L 或换算为按乙酸计算,以 mg/L 表示。对 VFA 中各种低级脂肪酸(乙酸、丙酸等)的分别定量分析也是重要的,有时常需要知道以 COD 表示的 VFA 的量(即 VFA 以 mg COD/L 表示),此时也需要知道 VFA 中各种有机酸的含量,因为它们换算为 COD 的换算系数是不同的。

VFA 的分析方法有滴定法和气相色谱法。

(1)滴定法:污泥试样中的 VFA 在酸性(磷酸)条件下经加热蒸馏随水蒸气逐出,用少量蒸馏水吸收,并以酚酞为指示剂用 NaOH 标准溶液进行定量滴定。VFA 含量(mg/L)按下式计算:

$$挥发性脂肪酸(VFA)含量(mg/L)=\frac{cV_1}{V_2}\times 1\ 000$$

式中,c—NaOH 标准溶液浓度,mol/L;

V_1—滴定消耗 NaOH 标准溶液的体积,mL;

V_2—滴定时所取的水样体积,mL。

此外,还应注意:

①上式得到的仅是蒸馏吸收液中 VFA 的含量,还应换算为污泥中 VFA 的含量。

②污泥试样中液态氨可能对测定形成干扰,因此应当首先在碱性条件下蒸发出液态氨,如果要同时测定液态氨,可以用硼酸溶液吸收后再测定,此方法可用于液态氨和 VFA 的联合测定。

③为了除去 CO_2、H_2S、SO_2 等干扰物,可向馏出液中通入高纯氮气 10~15 min,然后加入 10 滴酚酞,用 NaOH 标准溶液滴定至淡粉色不消失为止。

④预蒸馏的污泥试样中,VFA 的含量应不超过 30 mmol/L。

(2)气相色谱法:色谱柱分离后的馏出物被载气携带进入氢火焰离子检测器的喷嘴口,与氢气和空气混合燃烧,待测样品中的各组分于是被依次电离为正负离子,在离子室内形成的离子流被收集极收集后,经放大为信号并经记录仪记录。此信号的大小即反映出各组分的含量。与气相色谱联用的微机可直接处理这些信号,经与标准进行比较后,可直接给出样品中各组分的浓度,其浓度可用 mg/L、mmol/L 或 mg COD/L 同时给出。

11.2.2 干污泥的主要指标及其测定

干污泥是指湿污泥经过浓缩、脱水后形成的含水率约为 80% 的脱水污泥。目前,脱水污泥的资源化利用被认为是污泥处置的最佳方法。污泥的性质以及污泥中含有的营养成分(包括氮、磷、钾、有机质等)和重金属、多环芳烃等有害物都会直接影响污泥的有效利用。因而,准确测定污泥中的各种成分对于污泥处置和资源化具有十分重要的意义。

干污泥与上一章的沉积物十分类似,因此其预处理、样品分解制备、相关指标分析测定均可参照沉积物样品进行。

本章小结

　　活性污泥可以有效地应用于污水处理,本章主要介绍了活性污泥中的微生物群体、污泥性质及相关指标的含义、分析测定方法等。由于干污泥与沉积物相似,因此其预处理、样品分解制备、相关指标分析测定均可参照沉积物样品进行。

思考题

1. 什么是活性污泥?

2. 活性污泥中主要有哪些微生物群体?

3. 活性污泥中所含的水分主要有哪些类别?

4. 什么是污泥体积指数? 其高低反映了污泥怎样的性能?

5. 污泥中挥发性脂肪酸来自哪里? 其含量高低对污泥处理有何影响?

可扫码获取本模块课件资源:

模块十二　水质自动监测系统

传统的水质监测工作主要以人工现场采样、实验室仪器分析为主。实验室中分析手段完备，但监测频次低，采样误差大，监测数据分散，不能及时反映污染变化状况等，难以满足政府和企业进行有效水环境管理的需求。从国内外水质监测的发展趋势和国际先进经验看，水质在线自动监测已经成为有关部门及时获得连续性的监测数据的有效手段，相比传统水质监测，其优势体现在：

（1）实现了水质的实时、连续监测和远程监控，满足掌握主要流域重点断面水体的水质状况，预警预报重大或流域性水质污染事故，解决跨行政区域的水质污染纠纷事故，监督总量控制制度落实情况，监督排放达标情况等要求。

（2）根据自动监测结果，可用于水处理工艺过程中的自动控制，如沉淀过程中絮凝剂的自动添加控制，循环水自动加氯、自动投加缓蚀阻垢剂控制，工业废水处理过程中的自动曝气控制等。

（3）可以建立水质动态曲线，有利于技术人员进行分析，提高生产管理水平。

（4）自动化程度高，取代复杂的样品采集、人工处理过程，实现水样的自动前处理，提高分析效率。

因此，水质自动监测适应了水质监测技术发展的方向，体现了水环境监测技术手段的科学化和现代化，对国家环境保护决策部门及时做出有效的水污染防治和管理对策具有重要的意义。

12.1　水质自动监测发展概况

生态环境部（原环境保护部）从 1999 年 9 月开始，在我国部分主要流域开展了地表水水质自动监测站的试点工作，并在松花江、淮河、长江、黄河及太湖流域的重点断面建设了 10 个水质自动监测站。在试点的基础上，从 2000 年 9 月开始，经过"十五""十一五"十年的努力，陆续在松花江、辽河、海河、黄河、淮河、长江、珠江、太湖、巢湖、滇池流域十大流域的重点断面以及浙闽河流、西南诸河、内陆诸河、大型湖库和国界出入境河流上建成了 149 个水质自动监测站,初步覆盖了我国主要水体的水质自动监测网络。

国家水质自动监测系统的运行,充分发挥了实时监视和预警功能,在跨界污染纠纷、污染事故预警、重点工程项目环境影响评估及保障公众用水安全方面已经发挥了重要作用。

随着水质自动监测系统技术的成熟和多样化,水质自动监测系统的运用从环境监测站逐步扩大到水源地、市政水处理过程、污水处理过程、工厂化水产养殖等领域。

12.2 水质自动监测系统及其构成

水质在线自动监测系统是一套以在线自动分析仪器为核心,运用现代自动监测技术、自动控制技术、计算机应用技术,由相关的专业分析软件和通信网络所组成的一个综合性的在线自动监测系统。因此,系统完全实现水样的自动采集和预处理、水质分析一起的连续自动运行,对监测数据能自动采集并存储到计算机中,同时能提供远程传输接口及控制接口。一个完整的水质自动监测系统应至少包括采水单元、水样预处理单元、分析监测单元、控制单元、数据采集及通信单元及辅助单元6个组成部分,整体结构布局如图12-1所示,系统各单元之间的关系如图12-2所示。

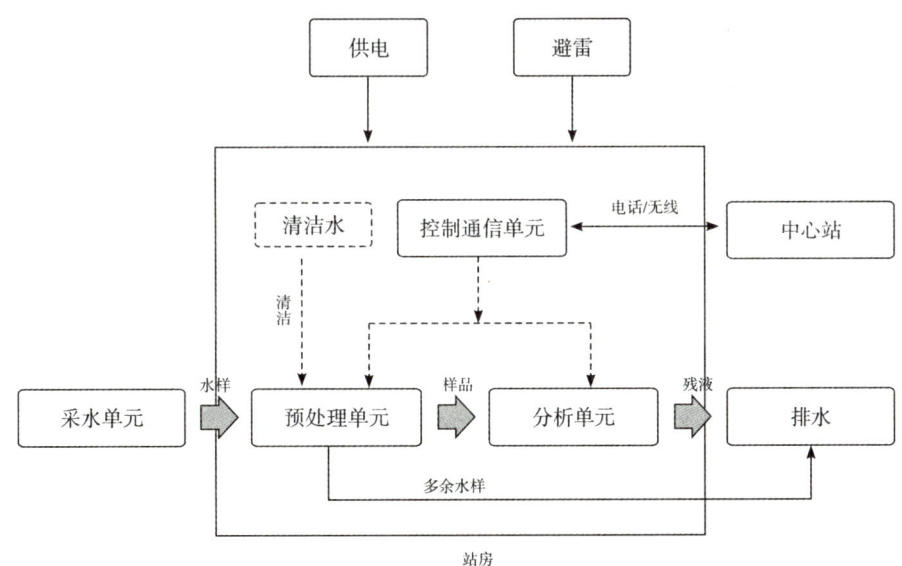

图 12-1　水质自动监测系统结构框图

12.2.1　采水单元

采水单元是保证自动站采样代表性、完整性的首要环节。采水单元主要包括采水泵、采水管路、配水管路和控制电路。采水单元向系统提供可靠、有效的样品水,必须能够自动与整个系统同步。采水管路的安装必须选用合适材质以避免对水样产生污染,必须安装保温

材料,减少环境温度对水样温度的影响。

此外,不同采水场景和不同的自动采水设施还可能需要一些辅助设备,如取水浮船或浮筒、格栅或过滤网、压力流量监控设备和调节阀、保温套管及相应的检测、控制、驱动电气电路等。采水单元构成见图 12-3。

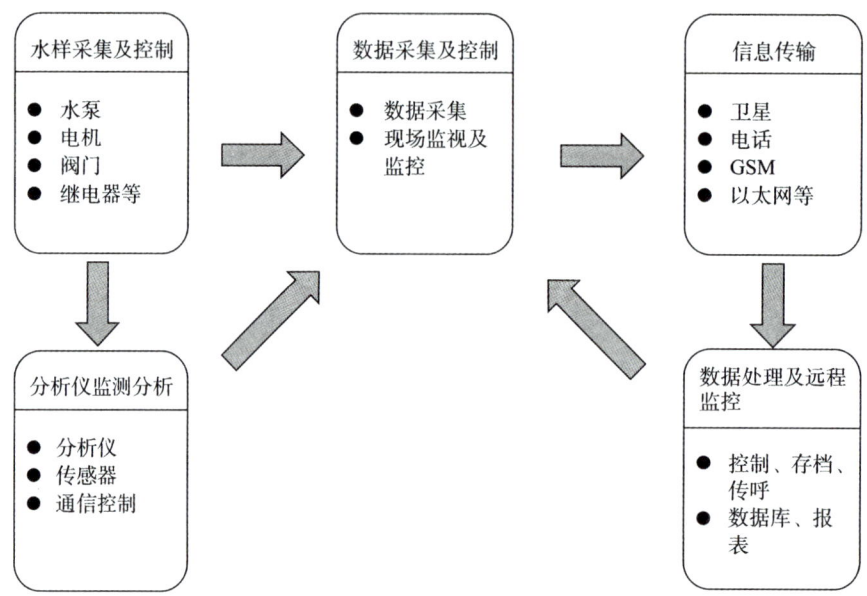

图 12-2　系统各单元之间关系图

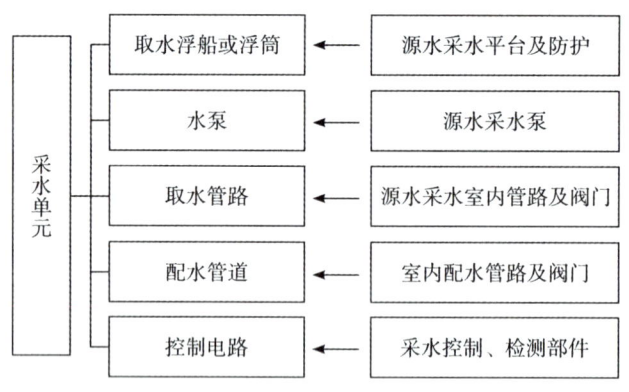

图 12-3　采水单元构成示意图

12.2.2　水样预处理单元

水样预处理单元包括配水、预处理、自动清洗装置及辅助部分,负责完成水样的一级、二级预处理,将水样导入相应的管路,以达到水样输送和清洗的目的。水样预处理单元直接向自动监测仪器供水,其水质、水压和水量需满足自动监测仪器的需要。

预处理流程为:进样→分析→内清→除藻→外清→补水。各个流程中,通过几个电动球阀相应地开启、闭合,来保证管路内样水或自来水的流动和流向;通过手阀可以手动调节管

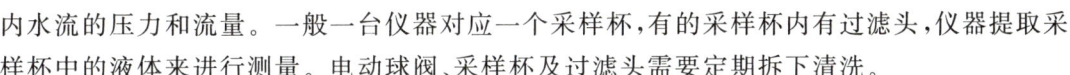

内水流的压力和流量。一般一台仪器对应一个采样杯,有的采样杯内有过滤头,仪器提取采样杯中的液体来进行测量。电动球阀、采样杯及过滤头需要定期拆下清洗。

12.2.3　分析监测单元

由各类在线水质自动分析仪和水文等测量仪器构成,通常可选择的水质在线自动分析项目包括常规五参数(水温、pH、溶解氧、电导率和浊度)、化学需氧量、高锰酸盐指数、总有机碳(TOC)、氨氮、总氮、总磷、叶绿素 a 等。水文测量仪器主要包括流向/流速计、流量计和水位计等。具体内容将在 12.3 节介绍。

12.2.4　控制单元

主要采用 PLC(process logic control)对系统实施可靠的控制,根据用户的设定,能连续、及时、准确地监测目标水域的水质及变化情况;可控制水泵、电磁阀、空压机等设备,完成管路取水、配水、清洗、反吹等分步功能;具有对分析仪器设备的安全保护、自动开/关机、自动清洗、断电保护和来电恢复等基本功能。

12.2.5　数据采集及通信单元

具有信息提取采集功能,并把提取采集来的数据以统一的格式自动存入数据库,并负责完成监测数据从各水质自动监测站到监测中心的通信传输工作。

12.2.6　辅助单元

辅助单元是保证水质自动监测系统连续、安全、可靠运行的必不可少的条件,主要包括空气压缩设备、防雷设备、UPS 电源、自来水净化设备、纯水制备设备、废水收集处理设备以及视频监控设施等。

12.3　自动监测项目及相关仪器设备

12.3.1　自动监测项目及频次

水质自动监测的可测试项目一般包括:

(1)一般指标(常规五参数):水温、pH、溶解氧、电导率、浊度。

(2)综合指标:化学需氧量(COD)、高锰酸盐指数、BOD、总需氧量(TOD)、总有机碳(TOC)。

(3)单项污染指标:氨氮、总氮、总磷、硝酸盐氮、磷酸盐、氟化物、氰化物、氯化物、重金属、酚类、油类、生物毒性、叶绿素、蓝绿藻、大肠杆菌等。

(4)水文指标:水位、流速/流量等。

一般的自动监测断面都可以考虑配置五参数、高锰酸盐指数、氨氮自动分析仪。当水体中高锰酸盐指数大于 50 mg/L 时,可选用总有机碳分析仪;如果断面所处位置为湖泊或水库,可以增加总磷、总氮自动分析仪。以保护饮用水水源为目的的监测断面,可以适当增加氰化物、挥发酚、硝酸盐氮以及总大肠菌群等自动分析仪。

对于污水处理厂,一般设置 COD、BOD、氨氮和总磷等水质仪表,监测出水水质是否达标及污染物的去除率;对于给水处理系统,常用的水质在线自动监测仪一般监测浊度、碱度、氨氮、余氯等。

水质自动监测站的监测频次可以根据情况连续监测或每几小时监测一次,管理人员可以通过控制软件自行设定。目前,国家水质自动监测站采用每 4 h 监测一次,即每天 0:00、4:00、8:00、12:00、16:00、20:00。当发现水质状况明显变化或发生污染事故时,监测频率可调整为 2 h 一次或 1 h 一次。

12.3.2　水质自动监测仪器

水质自动监测仪器仍处在发展中,欧美、日本、澳大利亚和我国等均有一些专业厂商生产,种类繁多,不同公司开发生产的仪器,其性能指标、分析原理和操作各不相同。下面简单介绍主要自动监测仪器的分析原理和操作方法。

1. 氨氮在线分析仪(纳氏试剂比色法)

往水样中加入碱性缓冲液,加热到一定温度,吹气将其中的氨氮吹脱,用酸吸收,碘化汞和碘化钾的碱性溶液与氨反应生成淡红棕色胶态化合物,在 400 nm 处检测吸光度 A,由 A 值查询标准工作曲线,计算氨氮的浓度。分析原理如图 12-4 所示,典型分析仪器结构如图 12-5 所示。

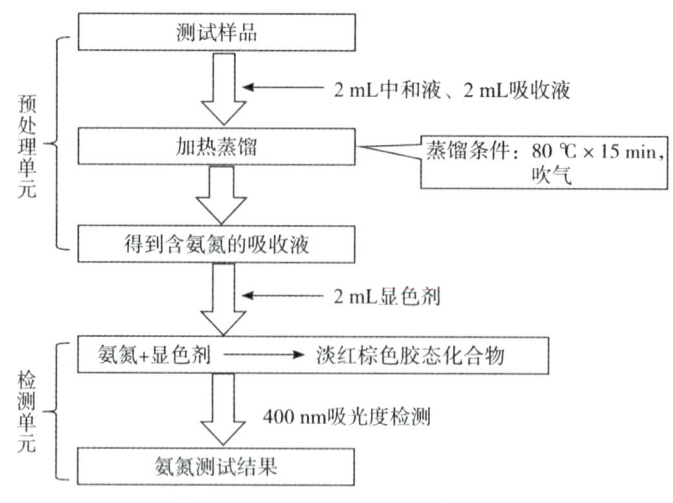

图 12-4　氨氮在线分析仪分析原理

2. 化学需氧量在线分析仪

以重铬酸钾为氧化剂、硫酸银为催化剂、硫酸汞为氯离子掩蔽剂,在强酸性条件下,高温高压密闭消解样品,消解后的溶液在 470 nm 处测定吸光度 A,由 A 值查询标准工作曲线,计算 COD_{Cr} 的浓度。分析原理如图 12-6 所示,测定流程如图 12-7 所示。

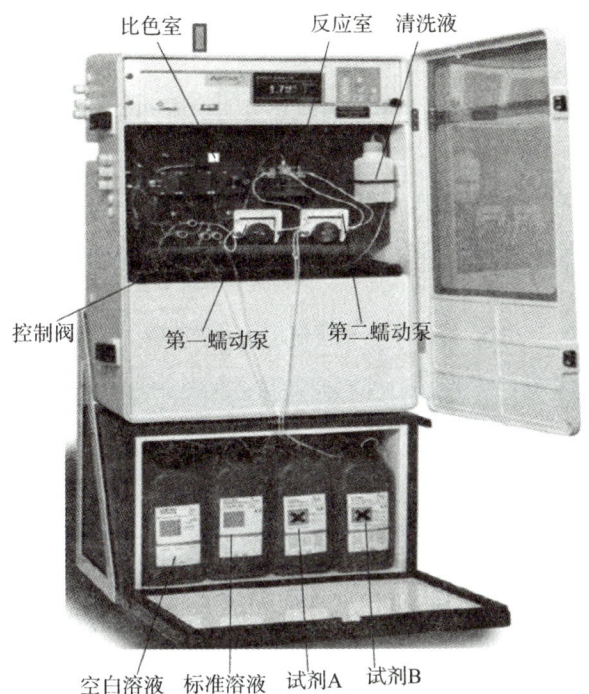

图 12-5 氨氮在线分析仪结构图

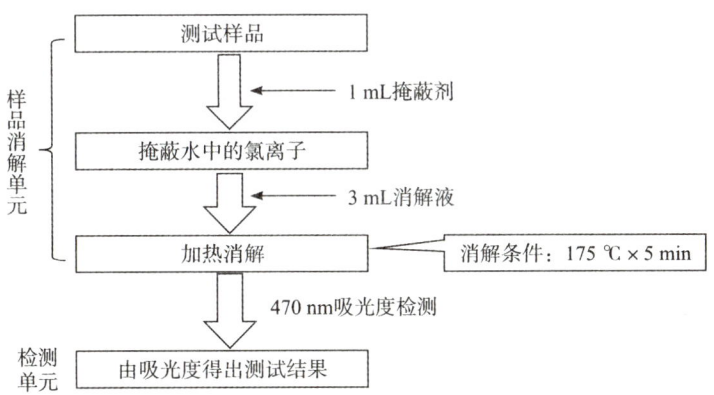

图 12-6 化学需氧量在线分析仪分析原理

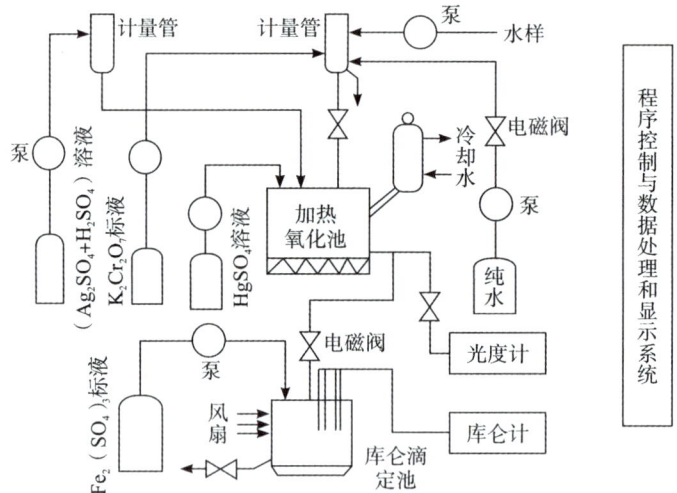

图 12-7 化学需氧量在线分析仪测定流程示意图

3. 高锰酸盐指数在线分析仪

水样中加入一定量高锰酸钾和硫酸溶液,在 95 ℃ 的条件下加热反应数分钟后,剩余的高锰酸钾用过量的草酸钠溶液还原,再用高锰酸钾溶液回滴过量的草酸钠,通过回滴的高锰酸钾体积计算出高锰酸盐指数,如图 12-8 所示。

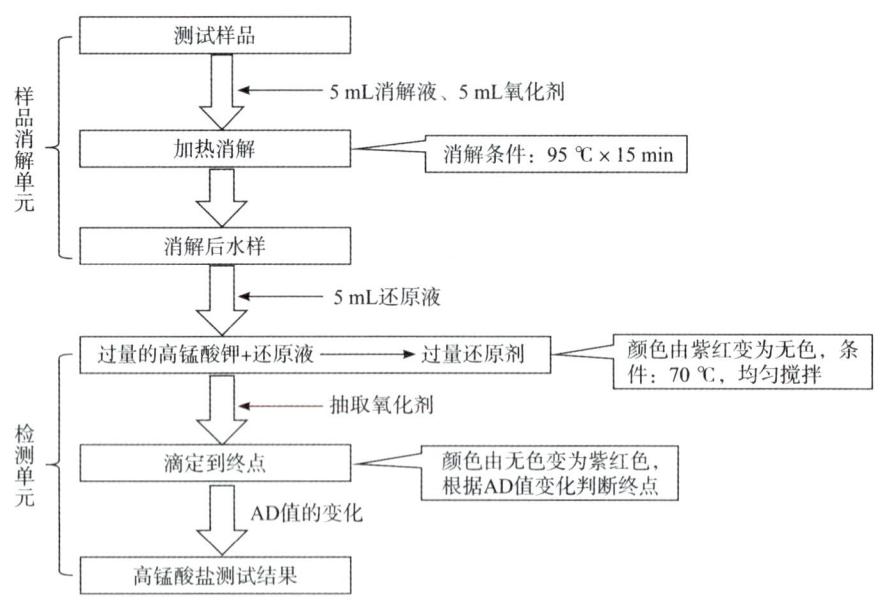

图 12-8 高锰酸盐指数在线分析仪分析原理

4. 重金属(四合一)在线分析仪

用恒电位的方法在工作电极上施加一定值的电位 V_1(相对参比电极),持续一定时间 t_1,同时启动搅拌器,使待测离子富集于工作电极上,静置一定时间 t_2,电位从 V_1 向正方向扫描到 V_2,富集于电极上的物质被氧化"溶出"回到溶液中,从而产生一峰值电流,记录溶出过程中的电流-电位(i-E)曲线,根据峰值电流与溶液中离子浓度成正比的关系,从曲线中计算出离子的浓度。其原理如图 12-9 所示,仪器先进行水样测试,再进行参比标液测试,依据两者的峰值比得出水样浓度。

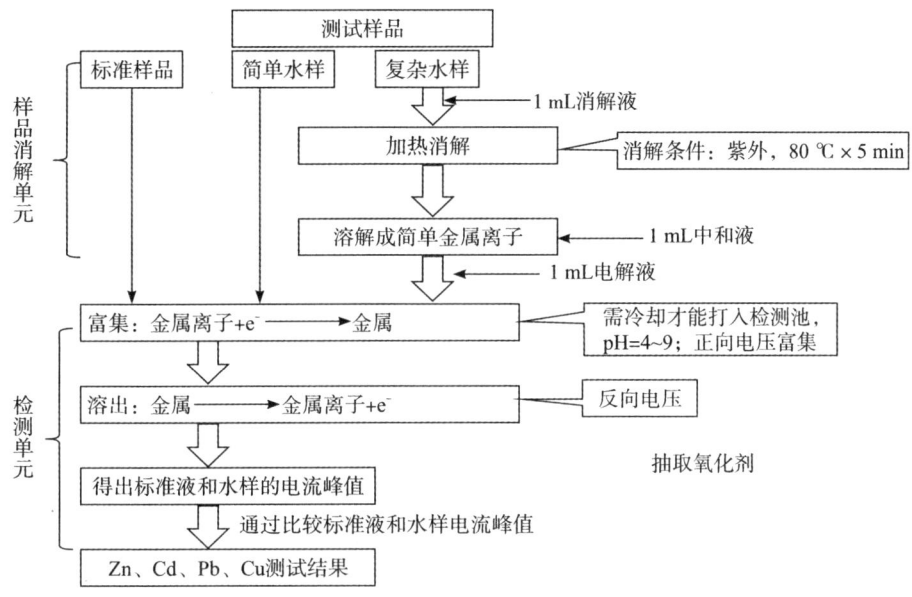

图 12-9　重金属(四合一)在线分析仪分析原理

5. 五参数在线分析仪

以 WTW 在线五参数分析仪为例,常用五参数测量方法如下:

①pH——玻璃电极法;

②温度——温度电极法;

③溶解氧——三级式薄膜电极法;

④电导率——四级式电导池法;

⑤浊度——90°散射光比浊法。

可扫码获取本模块课件资源:

模块十三　常用水质标准

13.1　环境标准概述

　　环境标准是国家为了保护人民健康,促进生态良性循环,实现社会经济发展目标,根据国家的环境政策和法规,在综合考虑本国自然环境特征、社会经济条件和科学技术水平的基础上规定环境中污染物的允许含量,污染源排放污染物的数量、浓度、时间、速率以及其他有关技术规范。作为国家权威机关制定的规范性文件,在环境保护执法及各项管理工作、技术工作中发挥着重要作用。

13.1.1　环境标准体系

　　我国的环境标准化工作是与环保事业同步发展的。1973年第一次全国环保工作会议是我国环保工作的起步时间,颁布的《工业"三废"排放试行标准》是我国发布的第一个环境标准。1979年颁布了《中华人民共和国环境保护法(试行)》,法律中明确规定了环境标准的制(修)订、审批和实施权限,使环境标准工作有了法律依据和保证,从此我国环境标准工作有了较大进展。经过30多年的环境标准化建设,我国已建立了包括国家和地方两级标准在内的较为完备的国家环境标准体系。环境标准的范围涵盖环境质量标准、污染物排放(控制)标准、监测方法标准、基础标准、标准样品以及各类技术规范、技术要求等多个方面。

　　环境标准体系是指所有环境标准的总和。我国的环境标准体系的构成如图13-1所示。

　　环境标准体系的构成具有配套性和协调性。各环境标准之间互相联系,互相依存,互相补充,互相衔接,互为条件,协调发展,共同构成一个统一的整体。

　　环境标准体系应具有一定的稳定性,但又不是一成不变的。它是与一定时期的科学技术和经济发展水平相适应的,随着时间的推移、空间的变化、科技的进步和经济的发展以及环境保护的需要而不断地发展和变化。

　　标准按其主管单位或行业有国家环保总局制定的国家和行业标准,水利部、建设部、卫生部、海洋与渔业局等制定的国家或行业标准,及其他部委或行业制定的行业标准等。

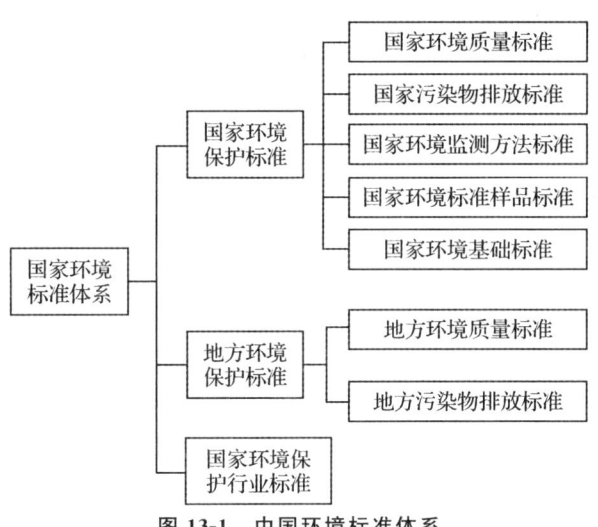

图 13-1　中国环境标准体系

1. 国家环境保护标准(GB、GB/T)

(1)国家环境质量标准

国家环境质量标准是为保障人群健康、维护生态环境和保障社会物质财富,并考虑技术、经济条件,对环境中有害物质和因素所做的限制性规定。国家环境质量标准是一定时期内衡量环境优劣程度的标准,从某种意义上讲是环境质量的目标标准。

(2)国家污染物排放标准(或控制标准)

国家污染物排放标准(或控制标准)是根据国家环境质量标准以及适用的污染控制技术,并考虑经济承受能力,对排入环境的有害物质和产生污染的各种因素所做的限制性规定,是对污染源控制的标准。

(3)国家环境监测方法标准

国家环境监测方法标准是为监测环境质量和污染物排放,规范采样、分析测试、数据处理等所做的统一规定(是指对分析方法、测定方法、采样方法、试验方法、检验方法、生产方法、操作方法等所做的统一规定。环境中最常见的是分析方法、测定方法、采样方法)。

(4)国家环境标准样品标准

国家环境标准样品标准是为保证环境监测数据的准确、可靠,对用于量值传递或质量控制的材料、实物样品而制定的标准物质。标准样品在环境管理中起着甄别的作用,可用来评价分析仪器,鉴别其灵敏度;评价分析者的技术,使操作技术规范化。

(5)国家环境基础标准

国家环境基础标准是对环境标准工作中需要统一的技术术语、符号、代号(代码)、图形、指南、导则、量纲单位及信息编码等所做的统一规定。

2. 地方环境保护标准

地方环境标准是对国家环境标准的补充和完善,由省、自治区、直辖市人民政府制定。近年来为控制环境质量的恶化趋势,一些地方已将总量控制指标纳入地方环境标准。

(1)环境质量标准

国家环境质量标准中未做规定的项目,可以制定地方环境质量标准。

189

（2）污染物排放（控制）标准

①国家污染物排放标准中未做规定的项目可以制定地方污染物排放标准。

②国家污染物排放标准已规定的项目，可以制定严于国家污染物排放标准的地方污染物排放标准。

③省、自治区、直辖市人民政府制定机动车、船大气污染物排放标准严于国家排放标准的，需报经国务院批准。

3. 国家环境保护行业标准（HJ、HJ/T）

除上述环境标准外，在环境保护工作中对还需要统一的技术要求制定的标准（包括执行各项环境管理制度、监测技术、环境区划、规划的技术要求、规范、导则等）。

环境保护行业标准分为强制性环境标准和推荐性环境标准。环境质量标准和污染物排放标准及法律、法规规定必须执行的其他标准为强制性标准。强制性环境标准必须执行，超标即违法。强制性标准以外的标准属于推荐性标准，标准代号中"T"即代表推荐性标准。推荐性标准若被强制性标准引用，也必须强制执行。

4. 环境保护标准之间的关系

国家环境保护标准与地方环境保护标准的关系：执行上，地方环境保护标准优先于国家环境保护标准执行。

国家污染物排放标准之间的关系：国家污染物排放标准又分为跨行业综合性排放标准（如污水综合排放标准、大气污染物综合排放标准等）和行业性排放标准（如合成氨工业水污染物排放标准、造纸工业水污染物排放标准等）。综合性排放标准与行业性排放标准不交叉执行。即有行业性排放标准的执行行业排放标准，没有行业性排放标准的执行综合排放标准。

环境质量标准提供了衡量环境质量状况的尺度，污染物排放标准为判别污染源是否违法提供了依据，同时，方法标准、标准样品标准和基础标准统一了环境质量标准和污染物排放标准实施的技术要求，为环境质量标准和污染物排放标准的正确实施提供了技术保障。

13.1.2 环境标准的作用及制定原则

环境标准是为了保护人群健康，防治环境污染和维护生态平衡，对有关技术要求所做的统一规定，在我国环保工作中有着极其重要的地位和不可替代的作用。

1. 环境标准的作用

（1）环境标准是环境保护的工作目标

是制定环境保护规划和计划的重要依据。

（2）环境标准是判断、评价环境质量和衡量环保工作优劣的准绳

无论进行环境质量现状评价，编制环境质量报告书，还是进行环境影响评价，编制环境影响报告书，都需要环境标准。只有依靠环境标准，方能做出定量化的比较和评价，正确判断环境质量的好坏，从而为控制环境质量，进行环境污染综合整治，以及设计切实可行的治理方案提供科学依据。

（3）环境标准是环境保护行政主管部门依法行政的依据

环境标准是执法的依据。如环境质量标准提供了衡量环境质量状况的尺度，污染物排放标准为判别污染源是否违法提供了依据。另外，诸如环境问题的诉讼、排污费的收取、确

定污染治理的目标等都需以环境标准为依据。

（4）环境标准是推动环境保护科技进步的一个动力

环境标准与其他任何一个标准一样，是以科学技术与实践的综合成果为依据制定的，具有科学性和先进性，代表了今后一段时期内科学技术的发展方向。使标准在某种程度上成为判断污染防治技术、生产工艺与设备是否先进可行的依据，成为筛选、评价环保科技成果的一个重要尺度，对技术进步起到导向作用。同时，环境方法、样品、基础标准统一了采样、分析、测试、统计计算等技术方法，规范了环保有关技术名词、术语等，保证了环境信息的可比性，使环境科学各学科之间、环境监督管理各部门之间以及环境科研和环境管理部门之间有效的信息交流和相互促进成为可能。标准的实施还可以起到强制推广先进科技成果的作用，加速科技成果转化，使污染治理新技术、新工艺、新设备尽快得到推广应用。

（5）环境标准具有投资导向作用

环境标准中指标值的高低是确定污染源治理污染资金投入的技术依据。在基本建设和技术改造项目中也是根据标准值确定治理程度，提前安排污染防治资金的。环境标准对环境投资的这种导向作用是明显的。

2. 制定环境标准的原则

环境标准体现国家技术经济政策。它的制定要充分体现科学性和现实性的统一，才能做到既能保护或改善环境质量，又能促进国家经济技术的发展。

（1）遵循法律依据和科学规律

制定环境标准应以国家环境保护方针、政策、法律、法规以及有关规章为依据，以保护人体健康和改善环境质量为目标，促进环境效益、经济效益和社会效益三者之间的统一。环境标准中指标值的确定是以科学研究的结果为依据的，如环境质量标准，要以环境质量基准为基础。所谓环境质量基准，是指经科学试验确定污染物（或因素）对人或生物不产生不良或有害影响的最大剂量或浓度。制定监测方法标准要对方法的准确度、精密度、干扰因素及各种方法的比较等进行试验。制定控制标准的技术措施和指标，要考虑它们的成熟程度、可行性及预期效果等。

（2）与国家的技术水平、社会经济承受能力相适应

基准和标准是两个不同的概念。环境质量基准是由污染物（或因素）与人或生物之间的剂量及其反应关系确定的，不考虑社会、经济和技术等人为因素，也不随时间而变化。而环境质量标准是以环境质量基准为依据，考虑社会、经济和技术等因素而制定，并具有法律强制性，它可以根据情况不断修改、补充。

污染控制标准制定的焦点是如何正确处理技术先进和经济合理之间的矛盾，标准要定在最佳实用点上，即落实"最佳实用技术法"（简称 BPT 法）和"最佳可行技术法"（简称 BAT 法）。BPT 法是指工艺和技术可靠，从经济条件上国内能够普及的技术；BAT 法是指技术上证明可靠、经济上合理，但属于代表工艺改革和污染治理方向的技术。环境污染从根本上讲是资源、能源的浪费，因此，环境标准的建立应促使工矿企业实施技术改造，常用少污染、无污染的先进工艺。按照环境功能、企业类型、污染物危害程度、生产技术水平等进行区别对待，这也应在相关环境标准中给出明确规定或具体反映。

（3）各类环境标准之间应协调配套

质量标准与排放标准、排放标准与收费标准、国内标准与国际标准之间应该相互协调

好,相互配套,使相关部门的执法工作有法可依,共同进步。

（4）国际标准和其他国家的相关标准的借鉴

一个国家的标准应该综合反映国家的技术、经济和管理水平。在国家标准制定、修改或更新时,积极逐步采用或等效采用国际标准必然会促进本国的环境监测水平的提高,也可以避免国际合作等过程中执行标准时可能产生的责任不明确事件的发生。

13.2 常用水质标准介绍

我国现行的水质标准非常多,有国家标准、地方标准,也有行业标准。本节主要从水环境质量标准、水污染物排放标准和水质监测方法标准三方面选取较为常用的标准作介绍。

13.2.1 水环境质量标准

水环境质量标准对各类水环境中有害物质和因素做出限制性的规定。

1. 海水水质标准

《海水水质标准 sea water quality standard》（GB 3097-1997）:为贯彻《中华人民共和国环境保护法》和《中华人民共和国海洋环境保护法》,防止和控制海水污染,保护海洋生物资源和其他海洋资源,有利于海洋资源的可持续利用,维护海洋生态平衡,保障人体健康,制定本标准。本标准于1997年12月3日由国家环境保护局批准,1998年7月1日起实施。本标准规定了海域各类使用功能的水质要求,适用于中华人民共和国管辖的海域。

《海水水质标准》（GB 3097-1997）按海域的不同使用功能和保护目标,将海水水质分为四类:

第一类:适用于海洋渔业水域、海上自然保护区和珍稀濒危海洋生物保护区。（清洁）

第二类:适用于水产养殖区、海水浴场、人体直接接触海水的海上运动或娱乐区,以及与人类食用直接有关的工业用水区。（较清洁）

第三类:适用于一般工业用水区、滨海风景旅游区。（轻度污染）

第四类:适用于海洋港口水域、海洋开发作业区。（中度污染）

《海水水质标准》（GB 3097-1997）中共有35个标准项目,其中物理指标4个:漂浮物质、色嗅味、悬浮物质、水温。生物学指标3个:大肠菌群、粪大肠菌群、病原体。化学指标28个:pH、DO、COD、BOD_5、无机氮、非离子氨、活性磷酸盐、汞、镉、铅、六价铬、总铬、砷、铜、锌、硒、镍、氰化物、硫化物、挥发性酚、石油类、六六六、滴滴涕、马拉硫磷、甲基对硫磷、苯并[a]芘、阴离子表面活性剂、放射性核素。其具体指标限值见表13-1。

表 13-1　海水水质标准　　　　　　　　　　　　　　　单位:mg/L

序号	项目	第一类	第二类	第三类	第四类
1	漂浮物质	海面不得出现油膜、浮沫和其他漂浮物质			海面无明显油膜、浮沫和其他漂浮物质
2	色、嗅、味	海水不得有异色、异臭、异味			海水不得有令人厌恶和感到不快的色、嗅、味

续表

序号	项目	第一类	第二类	第三类	第四类
3	悬浮物质	人为增加的量≤10		人为增加的量≤100	人为增加的量≤150
4	大肠菌群(个/L)，≤	10 000 供人生食的贝类增养殖水质≤700			—
5	粪大肠菌群(个/L)，≤	2 000 供人生食的贝类增养殖水质≤140			—
6	病原体	供人生食的贝类增养殖水质不得含有病原体			
7	水温(℃)	人为造成的海水温升夏季不超过当时当地1℃，其他季节不超过2℃		人为造成的海水温升不超过当时当地4℃	
8	pH	7.8～8.5，同时不超出该海域正常变动范围的0.2 pH单位		6.8～8.8，同时不超出该海域正常变动范围的0.5 pH单位	
9	溶解氧，>	6	5	4	3
10	化学需氧量(COD)，≤	2	3	4	5
11	生化需氧量(BOD_5)，≤	1	3	4	5
12	无机氮(以N计)，≤	0.20	0.30	0.40	0.50
13	非离子氨(以N计)，≤	0.020			
14	活性磷酸盐(以P计)，≤	0.015	0.030		0.045
15	汞，≤	0.000 05	0.000 2		0.000 5
16	镉，≤	0.001	0.005	0.010	
17	铅，≤	0.001	0.005	0.010	0.050
18	六价铬，≤	0.005	0.010	0.020	0.050
19	总铬，≤	0.05	0.10	0.20	0.50
20	砷，≤	0.020	0.030	0.050	
21	铜，≤	0.005	0.010	0.050	
22	锌，≤	0.020	0.050	0.10	0.50
23	硒，≤	0.010	0.020		0.050
24	镍，≤	0.005	0.010	0.020	0.050
25	氰化物，≤	0.005		0.10	0.20

续表

序号	项目	第一类	第二类	第三类	第四类
26	硫化物（以 S 计），≤	0.02	0.05	0.10	0.25
27	挥发性酚，≤	0.005		0.010	0.050
28	石油类，≤	0.05		0.30	0.50
29	六六六，≤	0.001	0.002	0.003	0.005
30	滴滴涕，≤	0.000 05		0.000 1	
31	马拉硫磷，≤	0.000 5		0.001	
32	甲基对硫磷，≤	0.000 5		0.001	
33	苯并[a]芘（μg/L），≤			0.002 5	
34	阴离子表面活性剂（以 LAS 计）	0.03		0.10	
35	放射性核素（Bq/L）	^{60}Co		0.03	
		^{90}Sr		4	
		^{106}Ru		0.2	
		^{134}Cs		0.6	
		^{137}Cs		0.7	

《海水水质标准》（GB 3097-1997）还规定了海水水质的分析方法，见表 13-2。

表 13-2　海水水质的分析方法

序号	项目	分析方法	检出限/(mg/L)	引用标准
1	漂浮物质	目测法		
2	色、嗅、味	比色法 感官法		GB 12763.2 HY 003.4-91
3	悬浮物质	重量法	2	HY 003.4-91
4	大肠菌群	（1）发酵法　（2）滤膜法		HY 003.4-91
5	粪大肠菌群	（1）发酵法　（2）滤膜法		HY 003.4-91
6	病原体	（1）微孔滤膜吸附法[1,a] （2）沉淀病毒浓聚法[1,a] （3）透析法[1,a]		
7	水温	水温的铅直连续观测 标准层水温观测		GB 12763.2 GB 12763.2
8	pH	pH 计电测法 pH 比色法		GB 12763.4 HY 003.4-91
9	溶解氧	碘量滴定法	0.042	GB 12763.4
10	化学需氧量（COD）	碱性高锰酸钾法	0.15	HY 003.4-91

续表

序号	项目	分析方法	检出限/(mg/L)	引用标准
11	生化需氧量(BOD₅)	五日培养法		HY 003.4-91
12	无机氮(以 N 计)	氨氮:(1)靛酚蓝法	0.7×10^{-3}	GB 12763.4
		(2)次溴酸盐氧化法	0.4×10^{-3}	GB 12763.4
		亚硝酸盐氮:重氮—偶氮法	0.3×10^{-3}	GB 12763.4
		硝酸盐氮:(1)锌—镉还原法	0.7×10^{-3}	GB 12763.4
		(2)铜镉柱还原法	0.6×10^{-3}	GB 12763.4
13	非离子氨(以 N 计)	按表后公式计算		
14	活性磷酸盐(以 P 计)	(1)抗坏血酸还原的磷钼蓝法	0.62×10^{-3}	GB 12763.4
		(2)磷钼蓝萃取分光光度法	1.4×10^{-3}	HY 003.4-91
15	汞	(1)冷原子吸收分光光度法	0.0086×10^{-3}	HY 003.4-91
		(2)金捕集冷原子吸收光度法	0.002×10^{-3}	HY 003.4-91
16	镉	(1)无火焰原子吸收分光光度法	0.014×10^{-3}	HY 003.4-91
		(2)火焰原子吸收分光光度法	0.34×10^{-3}	HY 003.4-91
		(3)阳极溶出伏安法	0.7×10^{-3}	HY 003.4-91
		(4)双硫腙分光光度法	1.1×10^{-3}	HY 003.4-91
17	铅	(1)无火焰原子吸收分光光度法	0.19×10^{-3}	HY 003.4-91
		(2)阳极溶出伏安法	4.0×10^{-3}	HY 003.4-91
		(3)双硫腙分光光度法	2.6×10^{-3}	HY 003.4-91
18	六价铬	二苯碳酰二肼分光光度法	4.0×10^{-3}	GB 7467-87
19	总铬	(1)二苯碳酰二肼分光光度法	1.2×10^{-3}	HY 003.4-91
		(2)无火焰原子吸收分光光度法	0.91×10^{-3}	HY 003.4-91
20	砷	(1)砷化氢—硝酸银分光光度法	1.3×10^{-3}	HY 003.4-91
		(2)氢化物发生原子吸收分光光度法	1.2×10^{-3}	HY 003.4-91
		(3)二乙基二硫代氨基甲酸银分光光度法	7.0×10^{-3}	GB 7485-87
21	铜	(1)无火焰原子吸收分光光度法	1.4×10^{-3}	HY 003.4-91
		(2)二乙基二硫代氨基甲酸银分光光度法	4.9×10^{-3}	HY 003.4-91
		(3)阳极溶出伏安法	3.7×10^{-3}	HY 003.4-91
22	锌	(1)火焰原子吸收分光光度法	16×10^{-3}	HY 003.4-91
		(2)阳极溶出伏安法	6.4×10^{-3}	HY 003.4-91
		(3)双硫腙分光光度法	9.2×10^{-3}	HY 003.4-91
23	硒	(1)荧光分光光度法	0.73×10^{-3}	HY 003.4-91
		(2)二氨基联苯胺分光光度法	1.5×10^{-3}	HY 003.4-91
		(3)催化极谱法	0.14×10^{-3}	HY 003.4-91

续表

序号	项目		分析方法	检出限/(mg/L)	引用标准
24	镍		(1)丁二酮肟分光光度法	0.25	
			(2)无火焰原子吸收分光光度法[1,b]	0.03×10^{-3}	GB 11910-89
			(3)火焰原子吸收分光光度法	0.05	GB 11912-89
25	氰化物		(1)异烟酸—吡唑啉酮分光光度法	2.1×10^{-3}	HY 003.4-91
			(2)吡啶—巴比土酸分光光度法	1.0×10^{-3}	HY 003.4-91
26	硫化物(以 S 计)		(1)亚甲基蓝分光光度法	1.7×10^{-3}	HY 003.4-91
			(2)离子选择电极法	8.1×10^{-3}	HY 003.4-91
27	挥发性酚		4-氨基安替比林分光光度法	4.8×10^{-3}	HY 003.4-91
28	石油类		(1)环己烷萃取荧光分光光度法	9.2×10^{-3}	HY 003.4-91
			(2)紫外分光光度法	60.5×10^{-3}	HY 003.4-91
			(3)重量法	0.2	HY 003.4-91
29	六六六		气相色谱法	1.1×10^{-3}	HY 003.4-91
30	滴滴涕		气相色谱法	3.8×10^{-3}	HY 003.4-91
31	马拉硫磷		气相色谱法	0.64×10^{-3}	GB 13192-91
32	甲基对硫磷		气相色谱法	0.42×10^{-3}	GB 13192-91
33	苯并[a]芘		乙酰化滤纸层析—荧光分光光度法	2.5×10^{-3}	GB 11895-89
34	阴离子表面活性剂(以 LAS 计)		亚甲基蓝分光光度法	0.023	HY 003.4-91
35	放射性核素(Bq/L)	^{60}Co	离子交换—萃取—电沉积法	2.2×10^{-3}	HY/T 003.8-91
		^{90}Sr	(1)HDEHP 萃取—计数法	1.8×10^{-3}	HY/T 003.8-91
			(2)离子交换—计数法	2.2×10^{-3}	HY/T 003.8-91
		^{106}Ru	(1)四氯化碳萃取—镁粉还原—计数法	3.0×10^{-3}	HY/T 003.8-91
			(2)能谱法[1,c]	4.4×10^{-3}	
		^{134}Cs	能谱法,参见^{137}Cs 分析法		
		^{137}Cs	(1)亚铁氰化铜—硅胶现场富集—能谱法	1.0×10^{-3}	HY/T 003.8-91
			(2)磷钼酸铵—碘铋酸铯—计数法	3.7×10^{-3}	HY/T 003.8-91

注:1. 暂时采用下列分析方法,待国家标准发布后执行国家标准。

a.《水和废水标准检验法》,第 15 版,中国建筑工业出版社,805~827,1985。

b.《环境科学》,7(6):75~79,1986。

c.《辐射防护手册》,原子能出版社,2:259,1988。

2. 无机氮含量是硝酸盐氮、亚硝酸盐氮和总氨氮的含量之和。

3. 非离子氨含量的计算:按靛酚蓝法、次溴酸盐氧化法等测得的是总氨氮,非离子氨在其中的比例与水温、pH 值及盐度有关,可按下面公式换算:

$$\rho(\text{NH}_3\text{-N})=\rho(\text{NH}_4\text{-N})\cdot f$$

$$f=\frac{1}{10^{(pK_a^{S,T}-pH)}+1}$$

$$pK_a^{S,T}=9.245+0.002949S+0.0324(298-T)$$

式中：$\rho(\text{NH}_3\text{-N})$——非离子氨的含量，mg/L；

$\rho(\text{NH}_4\text{-N})$——测得的总氨氮的含量，mg/L；

f——非离子氨占总氨氮的百分比；

T——海水的温度，K；

S——海水的盐度；

pH——海水的 pH；

$pK_a^{S,T}$——温度为 $T(T=273+t)$、盐度为 S 的海水中 NH_4^+ 的解离平衡常数 $K_a^{S,T}$ 的负对数。

2. 地表水环境质量标准

我国于 1983 年首次颁布《地表水环境质量标准》，于 1988 年、1999 年和 2002 年先后三次修订，现行标准为《地表水环境质量标准 environmental quality standard for surface water》(GB 3838-2002)，由国家环境保护总局和国家质量监督检验检疫总局于 2002 年 4 月 28 日发布，2002 年 6 月 1 日起正式实施。

为贯彻《中华人民共和国环境保护法》和《中华人民共和国水污染防治法》，防治水污染，保护地表水水质，保障人体健康，维护良好的生态系统，制定本标准。

本标准的适用范围是中华人民共和国领域内江河、湖泊、运河、渠道、水库等具有使用功能的地表水水域。具有特定功能的水域执行相应的专业用水水质标准。与近海水域相连的地表水河口水域根据水环境功能按本标准相应类别标准值进行管理；近海水功能区水域根据使用功能按《海水水质标准》相应类别标准值进行管理；批准划定的单一渔业水域按《渔业水质标准》进行管理；处理后的城市污水及与城市污水水质相近的工业废水用于农田灌溉用水的水质按《农田灌溉水质标准》进行管理。

本标准按照地表水环境功能分类和保护目标，规定了应控制的水质项目及标准限值、水质评价、水质项目的监测、分析方法以及标准的实施与监督。

现行《地表水环境质量标准》的标准项目共有 109 项，按内容分为三类：

(1)地表水环境质量标准基本项目：24 项。适用于全国江河、湖泊、运河、渠道、水库等具有使用功能的地表水水域，是满足规定水域功能和生态环境质量的基本水质要求，所有具有使用功能的地表水水域必须满足基本项目规定的要求。

(2)集中式生活饮用水地表水源地补充项目：5 项。

(3)集中式生活饮用水地表水源地特定项目：80 项。

补充项目和特定项目适用于集中式生活饮用水地表水源地一级保护区和二级保护区。特定项目由县级以上人民政府环境保护行政主管部门根据本地区地表水水质特点和环境管理的需要进行选择，补充项目和选择确定的特定项目作为基本项目的补充指标。

依据地表水水域环境功能和保护目标，按功能高低依次划分为 5 类：

Ⅰ类：主要适用于源头水、国家自然保护区；

Ⅱ类：主要适用于集中式生活饮用水水源地一级保护区、珍稀水生生物栖息地、鱼虾类产卵场、仔稚幼鱼的索饵场等；

Ⅲ类:主要适用于集中式生活饮用水地表水源地二级保护区、鱼虾类越冬场、洄游通道、水产养殖区等渔业水域及游泳区;

Ⅳ类:主要适用于一般工业用水区及人体非直接接触的娱乐用水区;

Ⅴ类:主要适用于农业用水区及一般景观要求水域。

对应地表水上述五类水域功能,将地表水环境质量标准基本项目标准值分为5类,不同功能类别执行相应类别的标准值。水域功能类别高的标准值严于水域功能类别低的标准值。同一水域兼有多类使用功能的,执行最高功能类别对应的标准值。"实现水域功能"与"达功能类别标准"为同一含义。

地表水环境质量标准基本项目共 24 项,其中物理性指标 1 项,即水温;生物学指标 1 项,即粪大肠菌群;化学指标 22 项。其标准限值见表 13-3。基本项目分析方法见表 13-4。

表 13-3　地表水环境质量标准基本项目标准限值　　单位:mg/L

序号	项目	Ⅰ类	Ⅱ类	Ⅲ类	Ⅳ类	Ⅴ类
1	温度(℃)	人为造成的环境水温变化应限制在:周平均最大温升≤1,周平均最大温降≤2				
2	pH 值(无量纲)	6~9				
3	溶解氧,≥	饱和率90%(或7.5)	6	5	3	2
4	高锰酸盐指数,≤	2	4	6	10	15
5	化学需氧量(COD),≤	15	15	20	30	40
6	五日生化需氧量(BOD₅),≤	3	3	4	6	10
7	氨氮(NH₃-N),≤	0.15	0.5	1.0	1.5	2.0
8	总磷(以P计),≤	0.02(湖、库0.01)	0.1(湖、库0.025)	0.2(湖、库0.05)	0.3(湖、库0.1)	0.4(湖、库0.2)
9	总氮(湖、库,以N计),≤	0.2	0.5	1.0	1.5	2.0
10	铜,≤	0.01	1.0	1.0	1.0	1.0
11	锌,≤	0.05	1.0	1.0	2.0	2.0
12	氟化物(以F⁻计),≤	1.0	1.0	1.0	1.5	1.5
13	硒,≤	0.01	0.01	0.01	0.02	0.02
14	砷,≤	0.05	0.05	0.05	0.1	0.1
15	汞,≤	0.00005	0.00005	0.0001	0.001	0.001
16	镉,≤	0.001	0.005	0.005	0.005	0.01
17	铬(六价),≤	0.01	0.05	0.05	0.05	0.1

续表

序号	项目	Ⅰ类	Ⅱ类	Ⅲ类	Ⅳ类	Ⅴ类
18	铅，≤	0.01	0.01	0.05	0.05	0.1
19	氰化物，≤	0.005	0.05	0.2	0.2	0.2
20	挥发酚，≤	0.002	0.002	0.005	0.01	0.01
21	石油类，≤	0.05	0.05	0.05	0.5	1.0
22	阴离子表面活性剂，≤	0.2	0.2	0.2	0.3	0.3
23	硫化物，≤	0.05	0.1	0.2	0.5	1.0
24	粪大肠菌群(个/L)，≤	200	2 000	10 000	20 000	40 000

表 13-4 地表水环境质量标准基本项目分析方法

序号	基本项目	分析方法	最低检出限/(mg/L)	方法来源
1	温度	温度计法		GB 13195-91
2	pH 值	玻璃电极法		GB 6920-86
3	溶解氧	碘量法	0.2	GB 7489-87
		电化学探头法		GB 11913-89
4	高锰酸盐指数		0.5	GB 11892-89
5	化学需氧量	重铬酸盐法	10	GB 11914-89
6	五日生化需氧量	稀释与接种法	2	GB 7488-87
7	氨氮	纳氏试剂比色法	0.05	GB 7479-87
		水杨酸分光光度法	0.01	GB 7481-87
8	总磷	钼酸铵分光光度法	0.01	GB 11893-89
9	总氮	碱性过硫酸钾消解紫外分光光度法	0.05	GB 11894-89
10	铜	2,9-二甲基-1,10-菲罗啉分光光度法	0.06	GB 7473-87
		二乙基二硫代氨基甲酸钠分光光度法	0.010	GB 7474-87
		原子吸收分光光度法(螯合萃取法)	0.001	GB 7475-87
11	锌	原子吸收分光光度法	0.05	GB 7475-87
12	氟化物	氟试剂分光光度法	0.05	GB 7483-87
		离子选择电极法	0.05	GB 7484-87
		离子色谱法	0.02	HJ/T 84-2001
13	硒	2,3-二氨基萘荧光法	0.000 25	GB 11902-89
		石墨炉原子吸收分光光度法	0.003	GB/T 11505-1995
14	砷	二乙基二硫代氨基甲酸银分光光度法	0.007	GB 7485-87
		冷原子荧光法	0.000 06	1)

续表

序号	基本项目	分析方法	最低检出限（mg/L）	方法来源
15	汞	冷原子吸收分光光度法	0.000 05	GB 7468-87
		冷原子荧光法	0.000 05	1)
16	镉	原子吸收分光光度法（螯合萃取法）	0.001	GB 7475-87
17	铬（六价）	二苯碳酰二肼分光光度法	0.004	GB 7467-87
18	铅	原子吸收分光光度法（螯合萃取法）	0.01	GB 7475-87
19	氰化物	异烟酸—吡唑啉酮比色法	0.004	GB 7487-87
		吡啶—巴比妥酸比色法	0.002	
20	挥发酚	蒸馏后 4-氨基安替比林分光光度法	0.002	GB 7490-87
21	石油类	红外分光光度法	0.01	GB/T 16488-1996
22	阴离子表面活性剂	亚甲基蓝分光光度法	0.05	GB 7494-87
23	硫化物	亚甲基蓝分光光度法	0.005	GB/T 16489-1996
		直接显色分光光度法	0.004	GB/T 17133-1997
24	粪大肠菌群	多管发酵法、滤膜法		1)

注：暂采用下列分析方法，待国家标准发布后，执行国家标准。

1)《水和废水监测分析方法》（第三版），中国环境科学出版社，1989 年。

集中式生活饮用水地表水源地补充项目有 5 项，其标准限值见表 13-5，分析方法见表 13-6。

表 13-5　集中式生活饮用水地表水源地补充项目标准限值　　　　　　　单位：mg/L

序号	项目	标准限值
1	硫酸盐（以 SO_4^{2-} 计）	250
2	氯化物（以 Cl^- 计）	250
3	硝酸盐（以 N 计）	10
4	铁	0.3
5	锰	0.1

表 13-6　集中式生活饮用水地表水源地补充项目分析方法

序号	项目	分析方法	最低检出限/（mg/L）	方法来源
1	硫酸盐	重量法	10	GB 11899-89
		火焰原子吸收分光光度法	0.4	GB 13196-91
		铬酸钡光度法	8	1)
		离子色谱法	0.09	HJ/T 84-2001

续表

序号	项目	分析方法	最低检出限/(mg/L)	方法来源
2	氯化物	硝酸银滴定法	10	GB 11896-89
		硝酸汞滴定法	2.5	1)
		离子色谱法	0.02	HJ/T 84-2001
3	硝酸盐	酚二磺酸分光光度法	0.02	GB 7480-87
		紫外分光光度法	0.08	1)
		离子色谱法	0.08	HJ/T 84-2001
4	铁	火焰原子吸收分光光度法	0.03	GB 11911-89
		邻菲罗啉分光光度法	0.03	1)
5	锰	高碘酸钾分光光度法	0.02	GB 11906-89
		火焰原子吸收分光光度法	0.01	GB 11911-89
		甲醛肟光度法	0.01	1)

注:暂采用下列分析方法,待国家标准发布后,执行国家标准。

1)《水和废水监测分析方法》(第三版),中国环境科学出版社,1989 年。

集中式生活饮用水地表水源地特定项目有 80 项,其标准限值和分析方法可查阅标准全文。

除了上述标准规定的各项目标准值和分析方法外,标准还要求:

(1)水样采集后自然沉降 30 min,取上层非沉降部分按规定方法进行分析;

(2)地表水水质监测的采样布点、监测频率应符合国家地表水环境监测技术规范的要求;

(3)水质项目的分析方法应优先选用规定的方法,也可采用 ISO 方法体系等其他等效分析方法,但需进行适用性检验。

3. 渔业水质标准

《渔业水质标准 water quality standard for fisheries》(GB 11607-89),1989 年 8 月 12 日由国家环保局批准,1990 年 3 月 1 日起实施。为了贯彻执行《中华人民共和国环境保护法》、《中华人民共和国水污染防治法》和《中华人民共和国海洋环境保护法》、《中华人民共和国渔业法》,防止和控制渔业水域水质污染,保证鱼、虾、贝、藻类正常生长、繁殖和水产品质量,特制定本标准。本标准适用于批准划定的单一渔业保护区、鱼虾类的产卵场、索饵场、越冬场、洄游通道和水产增养殖区等海、淡水的渔业水域。

本标准具体规定了渔业水域的水质标准(表 13-7),共有 33 项,其中物理性指标 3 项、生化指标 1 项、化学指标 29 项,还规定了渔业水质分析方法(表 13-8)。

表 13-7　渔业水质标准

单位:mg/L

序号	项目	标准值
1	色、嗅、味	不得使鱼、虾、贝、藻类带有异色、异臭、异味
2	漂浮物质	水面不得出现明显油膜或浮沫

续表

序号	项目	标准值
3	悬浮物质	人为增加的量不得超过10,而且悬浮物质沉积于底部后,不得对鱼、虾、贝类产生有害的影响
4	pH 值	淡水 6.5～8.5,海水 7.0～8.5
5	溶解氧	连续 24 h 中,16 h 以上必须大于 5,其余任何时候不得低于 3;对于鲑科鱼类栖息水域,除冰封期外其余任何时候不得低于 4
6	生化需氧量(五天,20℃)	不超过 5,冰封期不超过 3
7	总大肠菌群	不超过 5 000 个/L(贝类养殖水质不超过 500 个/L)
8	汞	≤0.000 5
9	镉	≤0.005
10	铅	≤0.05
11	铬	≤0.1
12	铜	≤0.01
13	锌	≤0.1
14	镍	≤0.05
15	砷	≤0.05
16	氰化物	≤0.005
17	硫化物	≤0.2
18	氟化物(以 F⁻ 计)	≤1
19	非离子氨	≤0.02
20	凯氏氮	≤0.05
21	挥发性酚	≤0.005
22	黄磷	≤0.001
23	石油类	≤0.05
24	丙烯腈	≤0.5
25	丙烯醛	≤0.02
26	六六六(丙体)	≤0.002
27	滴滴涕	≤0.001
28	马拉硫磷	≤0.005
29	五氯酚钠	≤0.01
30	乐果	≤0.1
31	甲胺磷	≤1
32	甲基对硫磷	≤0.000 5
33	呋喃丹	≤0.01

各项标准数值系指单项测定最高允许值。标准值单项超标,即表明不能保证鱼、虾、贝正常生长繁殖,并产生危害,危害程度应参考背景值、渔业环境的调查数据及有关渔业水质基准资料进行综合评价。

表 13-8　渔业水质分析方法

序号	项目	测定方法	试验方法标准编号
3	悬浮物质	重量法	GB 11901
4	pH 值	玻璃电极法	GB 6920
5	溶解氧	碘量法	GB 7489
6	生化需氧量	稀释与接种法	GB 7488
7	总大肠菌群	多管发酵法、滤膜法	GB 5750
8	汞	冷原子吸收分光光度法	GB 7468
		高锰酸钾—过硫酸钾消解、双硫腙分光光度法	GB 7469
9	镉	原子吸收分光光度法	GB 7475
		双硫腙分光光度法	GB 7471
10	铅	原子吸收分光光度法	GB 7475
		双硫腙分光光度法	GB 7470
11	铬	二苯碳酰二肼分光光度法(高锰酸盐氧化)	GB 7467
12	铜	原子吸收分光光度法	GB7475
		二乙基二硫代氨基甲酸钠分光光度法	GB 7474
13	锌	原子吸收分光光度法	GB 7475
		双硫腙分光光度法	GB 7472
14	镍	火焰原子吸收分光光度法	GB 11912
		丁二酮肟分光光度法	GB 11910
15	砷	二乙基二硫代氨基甲酸银分光光度法	GB 7485
16	氰化物	异烟酸-吡唑啉酮比色法	GB 7486
		吡啶-巴比妥酸比色法	
17	硫化物	对二甲氨基苯胺分光光度法[1]	
18	氟化物	茜素磺酸锆目视比色法	GB 7482
		离子选择电极法	GB 7484
19	非离子氨[2]	纳氏试剂比色法	GB 7479
		水杨酸分光光度法	GB 7481
20	凯氏氮		GB 11891
21	挥发性酚	蒸馏后 4-氨基安替比林分光光度法	GB 7490
22	黄磷		

续表

序号	项目	测定方法	试验方法标准编号
23	石油类	紫外分光光度法[1]	
24	丙烯腈	高锰酸钾转化法[1]	
25	丙烯醛	4-己基间苯二酚分光光度法[1]	
26	六六六(丙体)	气相色谱法	GB 7492
27	滴滴涕	气相色谱法	GB 7492
28	马拉硫磷	气相色谱法[1]	
29	五氯酚钠	气相色谱法	GB 8972
		藏红剂分光光度法	GB 9803
30	乐果	气相色谱法[3]	
31	甲胺磷		
32	甲基对硫磷	气相色谱法[3]	
33	呋喃丹		

注:暂时采用下列方法,待国家标准发布后,执行国家标准。

1)渔业水质检验方法为农牧渔业部 1983 年颁布。

2)测得结果为总氨浓度,然后按表 13-9、表 13-10 换算为非离子氨浓度。

3)地面水水质监测检验方法为中国医学科学院卫生研究所 1978 年颁布。

表 13-9　氨的水溶液中非离子氨的百分比

温度/℃	pH 值								
	6.0	6.5	7.0	7.5	8.0	8.5	9.0	9.5	10.0
5	0.013	0.040	0.12	0.39	1.2	3.8	11	28	56
10	0.019	0.059	0.19	0.59	1.8	5.5	16	37	65
15	0.027	0.087	0.27	0.86	2.7	8.0	21	46	73
20	0.040	0.13	1.40	1.2	3.8	11	28	56	80
25	0.057	0.18	1.57	1.8	5.4	15	36	64	85
30	0.080	0.25	2.80	2.5	7.5	20	45	72	89

表 13-10　非离子氨浓度达 0.02 mg/L 时的总氨浓度　　　　　　　　　　mg/L

温度/℃	pH 值								
	6.0	6.5	7.0	7.5	8.0	8.5	9.0	9.5	10.0
5	160	51	16	5.1	1.6	0.53	0.18	0.071	0.036
10	110	34	11	3.4	1.1	0.36	0.13	0.054	0.031
15	73	23	7.3	2.3	0.75	0.25	0.093	0.043	0.027
20	50	16	5.1	1.6	0.52	0.18	0.070	0.036	0.025

续表

温度	pH 值								
℃	6.0	6.5	7.0	7.5	8.0	8.5	9.0	9.5	10.0
25	35	11	3.5	1.1	0.37	0.13	0.055	0.031	0.024
30	25	7.6	2.5	0.81	0.27	0.099	0.045	0.028	0.022

本标准还就渔业水质保护作出了如下规定：

（1）任何企、事业单位及个体经营者排放的工业废水、生活污水和有害废弃物，必须采取有效措施，保证最近渔业水域的水质符合本标准。

（2）未经处理的工业废水、生活污水和有害废弃物严禁直接排入鱼、虾类的产卵场、索饵场、越冬场和鱼、虾、贝、藻类的养殖场及珍贵水生动物保护区。

（3）严禁向渔业水域排放含病原体的污水；如需排放此类污水，必须经过处理和严格消毒。

在水产养殖行业，除了《渔业水质标准》外，另有农业部颁布的《无公害食品　淡水养殖用水水质》(NY 5051-2001)和《无公害食品　海水养殖用水水质》(NY 5052-2001)可以参照。

4. 生活饮用水卫生标准

我国首次颁布实施的的生活饮用水卫生标准的是卫生部 1985 年 8 月颁布的《生活饮用水卫生标准》(GB 5749-85)，其中仅有 35 项水质指标限值，而且有毒有害项目偏少，指标值不够严格，已经与经济发展水平不相适应，难以保证供水的安全性。

由国家标准化管理委员会牵头，卫生部、建设部、环保总局等参与修订的《生活饮用水卫生标准 standards for drinking water quality》(GB 5749-2006)已于 2006 年 12 月 29 日颁布，2007 年 7 月 1 日起实施。修订后的新国标，检测项目增至 106 项，增加了 71 项，修订了 8 项，与国际标准吻合，

2006 年版的《生活饮用水卫生标准》中规定，生活饮用水中不得含有病原微生物，水中的化学物质不得危害人体健康，放射性物质不得危害人体健康，感官性状良好，应经消毒处理。其水质应符合表 13-11 和表 13-12 的卫生要求。集中式供水出厂水中消毒剂限值、出厂水和管网末梢水中消毒剂余量均应符合表 13-13 要求。

表 13-11　水质常规指标及限值

指　　标	限　　值
1. 微生物指标[①]	
总大肠菌群(MPN/100 mL 或 CFU/100 mL)	不得检出
耐热大肠菌群(MPN/100 mL 或 CFU/100 mL)	不得检出
大肠埃希氏菌(MPN/100 mL 或 CFU/100 mL)	不得检出
菌落总数(CFU/mL)	100
2. 毒理指标	
砷(mg/L)	0.01
镉(mg/L)	0.005
铬(六价,mg/L)	0.05
铅(mg/L)	0.01

续表

指　标	限　值
汞(mg/L)	0.001
硒(mg/L)	0.01
氰化物(mg/L)	0.05
氟化物(mg/L)	1.0
硝酸盐(以 N 计,mg/L)	10 地下水源限制时为 20
三氯甲烷(mg/L)	0.06
四氯化碳(mg/L)	0.002
溴酸盐(使用臭氧时,mg/L)	0.01
甲醛(使用臭氧时,mg/L)	0.9
亚氯酸盐(使用二氧化氯消毒时,mg/L)	0.7
氯酸盐(使用复合二氧化氯消毒时,mg/L)	0.7
3. 感官性状和一般化学指标	
色度(铂钴色度单位)	15
浑浊度(NTU-散射浊度单位)	1 水源与净水技术条件限制时为 3
臭和味	无异臭、异味
肉眼可见物	无
pH	不小于 6.5 且不大于 8.5
铝(mg/L)	0.2
铁(mg/L)	0.3
锰(mg/L)	0.1
铜(mg/L)	1.0
锌(mg/L)	1.0
氯化物(mg/L)	250
硫酸盐(mg/L)	250
溶解性总固体(mg/L)	1 000
总硬度(以 $CaCO_3$ 计,mg/L)	450
耗氧量(COD_{Mn} 法,以 O_2 计,mg/L)	3 水源限制,原水耗氧量>6 mg/L 时为 5
挥发酚类(以苯酚计,mg/L)	0.002
阴离子合成洗涤剂(mg/L)	0.3
4. 放射性指标[②]	指导值
总 α 放射性(Bq/L)	0.5

续表

指 标	限 值
总 β 放射性(Bq/L)	1

①MPN 表示最可能数；CFU 表示菌落形成单位。当水样检出总大肠菌群时，应进一步检验大肠埃希氏菌或耐热大肠菌群；水样未检出总大肠菌群，不必检验大肠埃希氏菌或耐热大肠菌群。

②放射性指标超过指导值，应进行核素分析和评价，判定能否饮用。

表 13-12 水质非常规指标及限值

指 标	限 值
1. 微生物指标	
贾第鞭毛虫(个/10 L)	<1
隐孢子虫(个/10 L)	<1
2. 毒理指标	
锑(mg/L)	0.005
钡(mg/L)	0.7
铍(mg/L)	0.002
硼(mg/L)	0.5
钼(mg/L)	0.07
镍(mg/L)	0.02
银(mg/L)	0.05
铊(mg/L)	0.000 1
氯化氰（以 CN^- 计,mg/L）	0.07
一氯二溴甲烷(mg/L)	0.1
二氯一溴甲烷(mg/L)	0.06
二氯乙酸(mg/L)	0.05
1,2-二氯乙烷(mg/L)	0.03
二氯甲烷(mg/L)	0.02
三卤甲烷（三氯甲烷、一氯二溴甲烷、二氯一溴甲烷、三溴甲烷的总和）	该类化合物中各种化合物的实测浓度与其各自限值的比值之和不超过 1
1,1,1-三氯乙烷(mg/L)	2
三氯乙酸(mg/L)	0.1
三氯乙醛(mg/L)	0.01
2,4,6-三氯酚(mg/L)	0.2
三溴甲烷(mg/L)	0.1
七氯(mg/L)	0.000 4

续表

指　标	限　值
马拉硫磷(mg/L)	0.25
五氯酚(mg/L)	0.009
六六六(总量,mg/L)	0.005
六氯苯(mg/L)	0.001
乐果(mg/L)	0.08
对硫磷(mg/L)	0.003
灭草松(mg/L)	0.3
甲基对硫磷(mg/L)	0.02
百菌清(mg/L)	0.01
呋喃丹(mg/L)	0.007
林丹(mg/L)	0.002
毒死蜱(mg/L)	0.03
草甘膦(mg/L)	0.7
敌敌畏(mg/L)	0.001
莠去津(mg/L)	0.002
溴氰菊酯(mg/L)	0.02
2,4-滴(mg/L)	0.03
滴滴涕(mg/L)	0.001
乙苯(mg/L)	0.3
二甲苯(mg/L)	0.5
1,1-二氯乙烯(mg/L)	0.03
1,2-二氯乙烯(mg/L)	0.05
1,2-二氯苯(mg/L)	1
1,4-二氯苯(mg/L)	0.3
三氯乙烯(mg/L)	0.07
三氯苯(总量,mg/L)	0.02
六氯丁二烯(mg/L)	0.000 6
丙烯酰胺(mg/L)	0.000 5
四氯乙烯(mg/L)	0.04
甲苯(mg/L)	0.7
邻苯二甲酸二(2-乙基己基)酯(mg/L)	0.008
环氧氯丙烷(mg/L)	0.000 4

续表

指　标	限　值
苯(mg/L)	0.01
苯乙烯(mg/L)	0.02
苯并[a]芘(mg/L)	0.000 01
氯乙烯(mg/L)	0.005
氯苯(mg/L)	0.3
微囊藻毒素-LR(mg/L)	0.001
3. 感官性状和一般化学指标	
氨氮(以 N 计,mg/L)	0.5
硫化物(mg/L)	0.02
钠(mg/L)	200

表 13-13　饮用水中消毒剂常规指标及要求

消毒剂名称	与水接触时间	出厂水中限值	出厂水中余量	管网末梢水中余量
氯气及游离氯制剂(游离氯,mg/L)	至少 30 min	4	≥0.3	≥0.05
一氯胺(总氯,mg/L)	至少 120 min	3	≥0.5	≥0.05
臭氧(O_3,mg/L)	至少 12 min	0.3		0.02 如加氯,总氯≥0.05
二氧化氯(ClO_2,mg/L)	至少 30 min	0.8	≥0.1	≥0.02

农村小型集中式供水和分散式供水的水质因条件限制,部分指标可暂按照表 13-14 执行,其余指标仍按表 13-11、表 13-12 和表 13-13 执行。

表 13-14　农村小型集中式供水和分散式供水部分水质指标及限值

指　标	限　值
1. 微生物指标	
菌落总数(CFU/mL)	500
2. 毒理指标	
砷(mg/L)	0.05
氟化物(mg/L)	1.2
硝酸盐(以 N 计,mg/L)	20
3. 感官性状和一般化学指标	
色度(铂钴色度单位)	20
浑浊度(NTU-散射浊度单位)	3 水源与净水技术条件限制时为 5

续表

指　标	限　值
pH	不小于 6.5 且不大于 9.5
溶解性总固体(mg/L)	1500
总硬度(以 CaCO₃ 计,mg/L)	550
耗氧量(COD_{Mn}法,以 O₂ 计,mg/L)	5
铁(mg/L)	0.5
锰(mg/L)	0.3
氯化物(mg/L)	300
硫酸盐(mg/L)	300

当发生影响水质的突发性公共事件时,经市级以上人民政府批准,感官性状和一般化学指标可适当放宽。

当饮用水中含有表 13-15 所列指标时,可参考此表限值评价。

表 13-15　生活饮用水水质参考指标及限值

指　标	限　值
肠球菌(CFU/100 mL)	0
产气荚膜梭状芽孢杆菌(CFU/100 mL)	0
二(2-乙基己基)己二酸酯(mg/L)	0.4
二溴乙烯(mg/L)	0.000 05
二噁英(2,3,7,8-TCDD,mg/L)	0.000 000 03
土臭素(二甲基萘烷醇,mg /L)	0.000 01
五氯丙烷(mg/L)	0.03
双酚 A(mg/L)	0.01
丙烯腈(mg/L)	0.1
丙烯酸(mg/L)	0.5
丙烯醛(mg/L)	0.1
四乙基铅(mg/L)	0.000 1
戊二醛(mg/L)	0.07
甲基异莰醇-2(mg /L)	0.000 01
石油类(总量,mg/L)	0.3
石棉(>10 μm,万/L)	700
亚硝酸盐(mg/L)	1
多环芳烃(总量,mg/L)	0.002
多氯联苯(总量,mg/L)	0.000 5

续表

指　　标	限　值
邻苯二甲酸二乙酯(mg/L)	0.3
邻苯二甲酸二丁酯(mg/L)	0.003
环烷酸(mg/L)	1.0
苯甲醚(mg/L)	0.05
总有机碳(TOC,mg/L)	5
萘酚-β(mg/L)	0.4
黄原酸丁酯(mg/L)	0.001
氯化乙基汞(mg/L)	0.000 1
硝基苯(mg/L)	0.017
镭 226 和镭 228(pCi/L)	5
氡(pCi/L)	300

对生活饮用水水源水质卫生要求：

(1)采用地表水为生活饮用水水源时应符合 GB 3838 要求。

(2)采用地下水为生活饮用水水源时应符合 GB/T 14848 要求。

集中式供水单位的卫生要求应按照卫生部《生活饮用水集中式供水单位卫生规范》执行。

二次供水的设施和处理要求应按照 GB 17051 执行。

生活饮用水水质检验应按照 GB/T 5750-2007 执行。

5.城市供水水质标准

《城市供水水质标准 water quality standards for urban water supply》(CJ/T 206-2005)2005 年 2 月 5 日由中华人民共和国建设部发布,2005 年 6 月 1 日起实施。该标准提出了对城市供水的水质要求、水质检验项目及其限值,对供水水源、水厂生产、输配水、二次供水和用户受水点水质的安全管理和监督提出了原则性要求。适用于城市公共集中式供水、自建设施供水和二次供水。

该标准规定城市供水水质应符合下列要求:水中不得含有致病微生物;水中所含化学物质和放射性物质不得危害人体健康;水的感官性状良好。据此规定的城市供水水质常规检验项目和非常规检验项目分别见表 13-16 和表 13-17。

表 13-16　城市供水水质常规检验项目及限值

序号	项目		限值
1	微生物学指标	细菌总数	≤80 CFU/mL
		总大肠菌群	每 100 mL 水样中不得检出
		耐热大肠菌群	每 100 mL 水样中不得检出
		余氯(加氯消毒时测定)	与水接触 30 min 后出厂游离氯≥0.3 mg/L,或与水接触 120 min 后出水总氯≥0.5 mg/L
		臭和味	无异臭异味,用户可接受
		浑浊度	1 NTU(特殊情况≤3NTU)①
		肉眼可见物	无
		氯化物	250 mg/L
2	感官性状和一般化学指标	铝	0.2 mg/L
		铜	1 mg/L
		总硬度(以 CaCO₃计)	450 mg/L
		铁	0.3 mg/L
		锰	0.1 mg/L
		pH	6.5~8.5
		硫酸盐	250 mg/L
		溶解性总固体	1 000 mg/L
		锌	1.0 mg/L
		挥发酚(以苯酚计)	0.002 mg/L
		阴离子合成洗涤剂	0.3 mg/L
		耗氧量(COD$_{Mn}$,以 O₂计)	3 mg/L(特殊情况≤5 mg/L)②
3	毒理学指标	砷	0.01 mg/L
		镉	0.003 mg/L
		铬(六价)	0.05 mg/L
		氰化物	0.05 mg/L
		氟化物	1.0 mg/L
		铅	0.01 mg/L
		汞	0.001 mg/L
		硝酸盐(以 N 计)	10 mg/L(特殊情况≤20 mg/L)③
		硒	0.01 mg/L
		四氯化碳	0.002 mg/L
		三氯甲烷	0.06 mg/L
		敌敌畏(包括敌百虫)	0.001 mg/L
		林丹	0.002 mg/L
		滴滴涕	0.001 mg/L
		丙烯酰胺(使用聚丙烯酰胺时测定)	0.000 5 mg/L
		亚氯酸盐(使用 ClO₂时测定)	0.7 mg/L
		溴酸盐(使用 O₃时测定)	0.01 mg/L
		甲醛(使用 O₃时测定)	0.9 mg/L
4	放射性指标	总 a 放射性	0.1 Bq/L
		总 p 放射性	1.0 Bq/L

注:①特殊情况为水源水质和净水技术限制等。
②特殊情况指水源水质超过Ⅲ类,即耗氧量>6 mg/L。
③特殊情况为水源限制,如采取下水等。

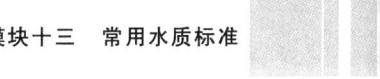

表 13-17 城市供水水质非常规检验项目及限值

序号	项目		限值
1	微生物学指标	粪型链球菌群	每 100 mL 水样不得检出
		蓝氏贾第鞭毛虫(Giardia lamblio)	<1 个/10 L①
		隐孢子虫(Cryptosporidium)	<1 个/10 L②
2	感官性状和一般化学指标	氨氮	0.5 mg/L
		硫化物	0.02 mg/L
		钠	200 mg/L
		银	0.05 mg/L
3	毒理学指标	锑	0.005 mg/L
		钡	0.7 mg/L
		铍	0.002 mg/L
		硼	0.5 mg/L
		镍	0.02 mg/L
		钼	0.07 mg/L
		铊	0.000 1 mg/L
		苯	0.01 mg/L
		甲苯	0.7 mg/L
		乙苯	0.3 mg/L
		二甲苯	0.5 mg/L
		苯乙烯	0.02 mg/L
		1,2-二氯乙烷	0.005 mg/L
		三氯乙烯	0.005 mg/L
		四氯乙烯	0.005 mg/L
		1,2-二氯乙烯	0.05 mg/L
		1,1-二氯乙烯	0.007 mg/L
		三卤甲烷(总量)	0.1 mg/L⑤
		氯酚(总量)	0.010 mg/L⑥
		2,4,6-三氯酚	0.010 mg/L
		TOC	无异常变化(试行)
		五氯酚	0.009 mg/L
		乐果	0.02 mg/L
		甲基对硫磷	0.01 mg/L
		对硫磷	0.003 mg/L
		甲胺磷	0.001 mg/L(暂定)
		2,4-二氯苯氧乙酸(2,4-滴)	0.03 mg/L
		溴氰菊酯	0.02 mg/L
		二氯甲烷	0.005 mg/L
		1,1,1-三氯乙烷	0.20 mg/L
		1,1,2-三氯乙烷	0.005 mg/L
		氯乙烯	0.005 mg/L

续表

序号	项目		限值
3	毒理学指标	一氯苯	0.3 mg/L
		1,2-二氯苯	1.0 mg/L
		1,4-二氯苯	0.075 mg/L
		三氯苯(总量)	0.02 mg/L⑦
		多环芳烃(总量)	0.002 mg/L⑧
		苯并[a]芘	0.00001 mg/L
		二(2-乙基已基)邻苯二甲酸酯	0.08 mg/L
		环氧氯丙烷	0.0004 mg/L
		微囊藻毒素-LR	0.001 mg/L③
		卤乙酸(总量)	0.06 mg/L④⑨
		莠去津(阿特拉津)	0.002 mg/L
		六氯苯	0.001 mg/L

注:①、②、③、④从 2006 年 6 月起检验。
⑤三卤甲烷(总量)包括三氯甲烷、一氯二溴甲烷、二氯一溴甲烷、三溴甲烷。
⑥氯酚(总量)包括 2-氯酚、2,4-二氯酚、2,4,6-三氯酚三个消毒副产物,不含农药五氯酚。
⑦三氯苯(总量)包括 1,2,4-三氯苯、1,2,3-三氯苯、1,3,5-三氯苯。
⑧多环芳烃(总量)包括苯并[a]芘、苯并[g,h,i]芘、苯并[b]荧蒽、苯并[k]荧蒽、荧蒽、茚并[1,2,3-c,d]芘。
⑨卤乙酸(总量)包括二氯乙酸、三氯乙酸。

　　该标准对水源水质的要求是:选用地表水作为供水水源时,应符合 GB 3838 的要求;选用地下水作为供水源时,应符合 GB/T 14848 的要求。水源水质的放射性指标应符合表 13-16 的规定。当水源水质不符合要求时,不宜作为供水水源。若限于条件需加以利用时,水源水质超标项目经自来水厂净化处理后,应达到标准的要求。

　　该标准对水质检验和监测的规定是:水质的检验方法应按 GB 5750、CJ/T 141～CJ/T 150 等标准执行;未列入上述检验方法标准的项目检验,可采用其他等效分析方法,但应进行适用性检验。地表水水源水质监测应按 GB 3838 有关规定执行。地下水水源水质监测应按 GB/T 14848 有关规定执行。城市公共集中式供水企业应建立水质检验室,配备与供水规模和水质检验项目相适应的检验人员和仪器设备,并负责检验水源水、净化构筑物出水、出厂水和管网水的水质,必要时应抽样检验用户受水点的水质。自建设施供水和二次供水单位应按本标准要求做水质检验。若限于条件,也可将部分项目委托具备相应资质的监测单位检验。采样点的设置要有代表性,应分别设在水源取水口、水厂出水口和居民经常用水点及管网末梢。管网的水质检验采样点数,一般应按供水人口每两万人设一个采样点计算。供水人口在 20 万以下,100 万以上时,可酌量增减。

　　该标准还对水质检验项目和检验频率及合格率要求做了具体规定,见表 13-18 和表 13-19。

表 13-18　水质检验项目和检验频率

水样类别	检验项目	检验频率
水源水	浑浊度、色度、臭和味、肉眼可见物、COD_{Mn}、氨氮、细菌总数、总大肠菌群、耐热大肠菌群	每日不少于一次
	GB 3838 中有关水质检验基本项目和补充项目共 29 项	每月不少于一次
出厂水	浑浊度、色度、臭和味、肉眼可见物、余氯、细菌总数、总大肠菌群、耐热大肠菌群、COD_{Mn}	每日不少于一次
	表 13-16 全部项目，表 13-17 中可能含有的有害物质	每月不少于一次
	表 13-17 全部项目	以地表水为水源：每半年检测一次 以地下水为水源：每一年检测一次
管网水	浑浊度、色度、臭和味、余氯、细菌总数、总大肠菌群、COD_{Mn}（管网末梢点）	每月不少于两次
管网末梢水	表 13-16 全部项目，表 13-17 中可能含有的有害物质	每月不少于一次

注：当检验结果超出表 13-16、表 13-17 中水质指标限值时，应立即重复测定，并增加检测频率。水质检验结果连续超标时，应查明原因，采取有效措施，防止对人体健康造成危害。

表 13-19　水质检验项目合格率要求

水样检验项目 出厂水或管网水	综合	出厂水	管网水	表 13-16 项目	表 13-17 项目
合格率（%）	95	95	95	95	95

注：1. 综合合格率：表 13-16 中 42 个检验项目的加权平均合格率。

2. 出厂水检验项目合格率：浑浊度、色度、臭和味、肉眼可见物、余氯、细菌总数、总大肠菌群、耐热大肠菌群、COD_{Mn}共 9 项的合格率。

3. 管网水检验项目合格率：浑浊度、色度、臭和味、余氯、细菌总数、总大肠菌群、COD_{Mn}（管网末梢点）共 7 项的合格率。

4. 综合合格率按加权平均进行统计

计算公式：

(1) 综合合格率（%）= $\dfrac{管网水\ 7\ 项各单项合格率之和 + 42\ 项扣除\ 7\ 项后的综合合格率}{7+1} \times 100\%$

(2) 管网水 7 项各单项合格率（%）= $\dfrac{单项检验合格次数}{单项检验总次数} \times 100\%$

(3) 42 项扣除 7 项后的综合合格率（35 项）（%）=

$\dfrac{35\ 项加权后的总检验合格次数}{各水厂出厂水的检验次数 \times 35 \times 各该厂供水区分布的取水点数} \times 100\%$

6. 海洋沉积物质量

《海洋沉积物质量 marine sediment quality》(GB 18668-2002)是 2002 年 3 月 10 日由中华人民共和国国家质量监督检验检疫总局批准,2002 年 10 月 1 日开始正式实施的,由国家海洋局提出并负责解释。为贯彻《中华人民共和国环境保护法》和《中华人民共和国海洋环境保护法》,防止和控制海洋沉积物污染,保护海洋生物资源和其他海洋资源,有利于海洋资源的可持续利用,维护海洋生态平衡,保障人体健康,特制定本标准。

本标准规定了海域各类使用功能的沉积物质量要求。适用于中华人民共和国管辖的海域。

按照海域的不同使用功能和环境保护目标,海洋沉积物质量分为三类:

第一类:适用于海洋渔业水域、海洋自然保护区、珍稀与濒危生物自然保护区、海水养殖区、海水浴场、人体直接接触沉积物的海上运动或娱乐区、与人类食用直接有关的工业用水区。

第二类:适用于一般工业用水区、滨海风景旅游区。

第三类:适用于海洋港口水域、特殊用途的海洋开发作业区。

各类海洋沉积物质量标准见表 13-20。

表 13-20　海洋沉积物质量标准

序号	项　目[1]	指　标		
		第一类	第二类	第三类
1	废弃物及其他	海底无工业、生活废弃物,无大型植物碎屑和动物尸体等		海底无明显工业、生活废弃物,无明显大型植物碎屑和动物尸体等
2	色、臭、结构	沉积物无异色、异臭,自然结构		
3	大肠菌群/(个/g 湿重),≤	200[2]		
4	粪大肠菌群/(个/g 湿重),≤	40[3]		
5	病原体	供人生食的贝类增养殖底质不得含有病原体		
6	汞($\times 10^{-6}$),≤	0.20	0.50	1.00
7	镉($\times 10^{-6}$),≤	0.50	1.50	5.00
8	铅($\times 10^{-6}$),≤	60.0	130.0	250.0
9	锌($\times 10^{-6}$),≤	150.0	350.0	600.0
10	铜($\times 10^{-6}$),≤	35.0	100.0	200.0
11	铬($\times 10^{-6}$),≤	80.0	150.0	270.0
12	砷($\times 10^{-6}$),≤	20.0	65.0	93.0
13	有机碳($\times 10^{-2}$),≤	2.0	3.0	4.0
14	硫化物($\times 10^{-6}$),≤	300.0	500.0	600.0
15	石油类($\times 10^{-6}$),≤	500.0	1 000.0	1 500.0
16	六六六($\times 10^{-6}$),≤	0.50	1.00	1.50
17	滴滴涕($\times 10^{-6}$),≤	0.02	0.05	0.10
18	多氯联苯($\times 10^{-6}$),≤	0.02	0.20	0.60

1)除大肠菌群、粪大肠菌群、病原体外,其余数值测定项目(序号 6～18)均以干重计。
2)对供人生食的贝类增养殖底质,大肠菌群/(个 g 湿重)要求≤14。
3)对供人生食的贝类增养殖底质,粪大肠菌群/(个 g 湿重)要求≤3。

海洋沉积物样品采集、预处理、制备及保存按 GB 17378.5《海洋监测规范》第五部分沉积物分析)的有关规定执行。各项目的测定按表 13-21 的分析方法进行,其中大肠菌群、粪大肠菌群的测定方法引用标准为 GB 17378.7(《海洋监测规范》第七部分近海污染生态调查和生物监测),病原体的测定方法引用标准为 GBJ 48(《医院污水排放标准》),其余项目的测定方法均引用 GB 17378.5 标准。

表 13-21　海洋沉积物分析方法

序号	项目	分析方法	检出限/ω	引用标准
3	大肠菌群	(1)发酵法(仲裁方法) (2)滤膜法		GB 17378.7-1998
4	粪大肠菌群	(1)发酵法(仲裁方法) (2)滤膜法		GB 17378.7-1998
5	病原体	SS-平板分离法		GBJ 48-1983
6	汞	(1)冷原子吸收光度法(仲裁方法) (2)双硫腙分光光度法	5×10^{-9} 30×10^{-9}	GB 17378.5-1998
7	镉	(1)无火焰原子吸收分光光度法(仲裁方法) (2)火焰原子吸收分光光度法	0.04×10^{-6} 0.05×10^{-6}	GB 17378.5-1998
8	铅	(1)无火焰原子吸收分光光度法(仲裁方法) (2)火焰原子吸收分光光度法 (3)双硫腙分光光度法	1×10^{-6} 3×10^{-6} 0.5×10^{-6}	GB 17378.5-1998
9	锌	(1)火焰原子吸收分光光度法(仲裁方法) (2)双硫腙分光光度法	6×10^{-6} 3×10^{-6}	GB 17378.5-1998
10	铜	(1)无火焰原子吸收分光光度法(仲裁方法) (2)火焰原子吸收分光光度法 (3)二乙基二硫代氨基甲酸钠分光光度法	0.5×10^{-6} 2×10^{-6} 1×10^{-6}	GB 17378.5-1998
11	铬	(1)无火焰原子吸收分光光度法(仲裁方法) (2)二苯碳酰二肼分光光度法	2×10^{-6} 2×10^{-6}	GB 17378.5-1998
12	砷	(1)砷铝酸—结晶紫外分光光度法 (2)氢化物—原子吸收分光光度法(仲裁方法) (3)催化极谱法	1×10^{-6} 3×10^{-6} 2×10^{-6}	GB 17378.5-1998
13	有机碳	(1)热导法 (2)重铬酸钾—氧化还原容量法(仲裁方法)	0.03×10^{-2}	GB 17378.5-1998
14	硫化物	(1)亚甲基蓝分光光度法 (2)离子选择电极法 (3)碘量法(仲裁方法)	0.3×10^{-6} 0.2×10^{-6} 4×10^{-6}	GB 17378.5-1998
15	石油类	(1)紫外分光光度法 (2)荧光分光光度法(仲裁方法)	2×10^{-6} 3×10^{-6}	GB 17378.5-1998
16	六六六[1]	气相色谱法	15 pg	GB 17378.5-1998
17	滴滴涕[2]	气相色谱法	39 pg	GB 17378.5-1998
18	多氯联苯	气相色谱法	59 pg	GB 17378.5-1998

1)六六六的检出限系指其四种异构体检出限之和。
2)滴滴涕的检出限系指其四种异构体检出限之和。

13.2.2 水污染物排放标准

水污染物排放标准是对污水中排入环境的有害物质和产生污染的各种因素所做的限制性规定。

按照国家综合排放标准与国家行业排放标准不交叉执行的原则,截至 2011 年,共有 51 个行业执行其相应的行业排放标准,主要有:磷肥工业执行《磷肥工业水污染物排放标准》(GB 15580-2011),淀粉工业执行《淀粉工业水污染物排放标准》(GB 25461-2010),电镀业执行《电镀污染物排放标准》(GB 21900-2008),造纸工业执行《制浆造纸工业水污染物排放标准》(GB 3544-2008),煤炭工业执行《煤炭工业污染物排放标准》(GB 20426-2006),医疗机构执行《医疗机构水污染物排放标准》(GB 18466-2005),味精工业执行《味精工业污染物排放标准》(GB 19431-2004),兵器工业执行《兵器工业水污染物排放标准》(GB 14470.1～14470.3-2002 和 GB 4274～4279-84),城镇污水处理厂执行《城镇污水处理厂污染物排放标准》(GB 18918-2002),合成氨工业执行《合成氨工业水污染物排放标准》(GB 13458-2001),畜禽养殖业执行《畜禽养殖业污染物排放标准》(GB 18594-2001),烧碱、聚氯乙烯工业执行《烧碱、聚氯乙烯工业水污染物排放标准》(GB 15581-1995),航天推进剂使用执行《航天推进剂水污染物排放标准》(GB 14374-93),肉类加工工业执行《肉类加工工业水污染物排放标准》(GB 13457-92),钢铁工业执行《钢铁工业水污染物排放标准》(GB 13456-92),纺织染整工业执行《纺织染整工业水污染物排放标准》(GB 4287-92),海洋石油开发工业执行《海洋石油开发工业含油污水排放标准》(GB 4914-85),船舶工业执行《船舶工业污染物排放标准》(GB4286-84),船舶执行《船舶污染物排放标准》(GB 3552-83),其他水污染物排放均执行《污水综合排放标准》(GB 8978-1996)。在《污水综合排放标准》(GB 8978-1996)颁布后,新增加国家行业水污染物排放标准的行业,按其适用范围执行相应的国家水污染物行业标准,不再执行本标准。

本书选取《污水综合排放标准》(GB 8978-1996)和《城镇污水处理厂污染物排放标准》(GB 18918-2002)作介绍,如需参看其他排放标准,可查阅环境保护部官方网站。

1. 污水综合排放标准

《污水综合排放标准 integrated wastewater discharge standard》(GB 8978-1996)由国家环境保护局于 1996 年 10 月 4 日批准,1998 年 1 月 1 日起正式实施。本标准按照污水排放去向,分年限规定了 69 种水污染物最高允许排放浓度及部分行业最高允许排水量。标准适用于现有单位水污染物的排放管理,以及建设项目的环境影响评价、建设项目环境保护设施设计、竣工验收及其投产后的排放管理。

本标准明确了相关定义。

污水:指在生产与生活活动中排放的水的总称。

排水量:指在生产过程中直接用于工艺生产的水的排放量。不包括间接冷却水、厂区锅炉、电站排水。

一切排污单位:指本标准适用范围所包括的一切排污单位。

其他排污单位:指在某一控制项目中,除所列行业外的一切排污单位。

标准分级:

(1)排入 GB 3838 Ⅲ类水域(划定的保护区和游泳区除外)和排入 GB 3097 中二类海域

的污水,执行一级标准。

(2)排入 GB 3838 中Ⅳ、Ⅴ类水域和排入 GB 3097 中三类海域的污水,执行二级标准。

(3)排入设置二级污水处理厂的城镇排水系统的污水,执行三级标准。

(4)排入未设置二级污水处理厂的城镇排水系统的污水,必须根据排水系统出水受纳水域的功能要求,分别执行(1)和(2)的规定。

(5)GB 3838 中Ⅰ、Ⅱ类水域和Ⅲ类水域中划定的保护区,GB 3097 中一类海域,禁止新建排污口,现有排污口应按水体功能要求,实行污染物总量控制,以保证受纳水体水质符合规定用途的水质标准。

本标准将排放的污染物按其性质及控制方式分为两类。

第一类污染物,指能在环境和生物体内蓄积,对人体健康产生长远不良影响者。不分行业和污水排放方式,也不分受纳水体的功能类别,一律在车间或车间处理设施排放口采样(采矿行业的尾矿坝出水口不得视为车间排放口),其最高允许排放浓度必须达到表 13-22 的要求。

表 13-22　第一类污染物最高允许排放浓度　　　　　　　单位:mg/L

序号	污染物	最高允许排放浓度
1	总汞	0.05
2	烷基汞	不得检出
3	总镉	0.1
4	总铬	1.5
5	六价铬	0.5
6	总砷	0.5
7	总铅	1.0
8	总镍	1.0
9	苯并[a]芘	0.000 03
10	总铍	0.005
11	总银	0.5
12	总α放射性	1 Bq/L
13	总β放射性	10 Bq/L

第二类污染物,指长远影响小于第一类的污染物。在排污单位排放口采样,其最高允许排放浓度以 1997 年 12 月 31 日为时间界限,在该时间前和后建设(包括改、扩建)的单位,分别有不同的达标限值;特别是该时间之后建设的单位,其达标限值更为严格,见表 13-23。这样的区别对待措施符合我国的实际情况,更有利于污染治理和环境管理工作。

表 13-23　第二类污染物最高允许排放浓度

（1998 年 1 月 1 日后建设的单位）　　　　　　　　　　　　　单位：mg/L

序号	污染物	适用范围	一级标准	二级标准	三级标准
1	pH	一切排污单位	6～9	6～9	6～9
2	色度（稀释倍数）	一切排污单位	50	80	—
3	悬浮物（SS）	采矿、选矿、选煤工业	70	300	—
		脉金选矿	70	400	—
		边远地区砂金矿	70	800	—
		城镇二级污水处理厂	20	30	—
		其他排污单位	70	150	400
4	五日生化需氧量（BOD_5）	甘蔗制糖、苎麻脱胶、湿法纤维板、染料、洗毛工业	20	60	600
		甜菜制糖、酒精、皮革、化纤浆粕工业	20	100	600
		城镇二级污水处理厂	20	30	—
		其他排污单位	20	30	300
5	化学需氧量（COD）	甜菜制糖、合成脂肪酸、湿法纤维板、染料、洗毛、有机磷农药工业	100	200	1 000
		味精、酒精、医药原料药、生物制药、苎麻脱胶、皮革、化纤浆粕工业	100	300	1 000
		石油化工工业（包括石油炼制）	60	120	500
		城镇二级污水处理厂	60	120	—
		其他排污单位	100	150	500
6	石油类	一切排污单位	5	10	20
7	动植物油	一切排污单位	10	15	100
8	挥发酚	一切排污单位	0.5	0.5	2.0
9	总氰化物	一切排污单位	0.5	0.5	1.0
10	硫化物	一切排污单位	1.0	1.0	1.0
11	氨氮	医药原料药、染料、石油化工工业	15	50	—
		其他排污单位	15	25	—

续表

序号	污染物	适用范围	一级标准	二级标准	三级标准
12	氟化物	黄磷工业	10	15	20
		低氟地区（水体含氟量＜0.5 mg/L）	10	20	30
		其他排污单位	10	10	20
13	磷酸盐（以 P 计）	一切排污单位	0.5	1.0	—
14	甲醛	一切排污单位	1.0	2.0	5.0
15	苯胺类	一切排污单位	1.0	2.0	5.0
16	硝基苯类	一切排污单位	2.0	3.0	5.0
17	阴离子表面活性剂（LAS）	一切排污单位	5.0	10	20
18	总铜	一切排污单位	0.5	1.0	2.0
19	总锌	一切排污单位	2.0	5.0	5.0
20	总锰	合成脂肪酸工业	2.0	5.0	5.0
		其他排污单位	2.0	2.0	5.0
21	彩色显影剂	电影洗片	1.0	2.0	3.0
22	显影剂及氧化物总量	电影洗片	3.0	3.0	6.0
23	元素磷	一切排污单位	0.1	0.1	0.3
24	有机磷农药（以 P 计）	一切排污单位	不得检出	0.5	0.5
25	乐果	一切排污单位	不得检出	1.0	2.0
26	对硫磷	一切排污单位	不得检出	1.0	2.0
27	甲基对硫磷	一切排污单位	不得检出	1.0	2.0
28	马拉硫磷	一切排污单位	不得检出	5.0	10
29	五氯酚及五氯酚钠（以五氯酚计）	一切排污单位	5.0	8.0	10
30	可吸附有机卤化物（AOX）（以 Cl 计）	一切排污单位	1.0	5.0	8.0
31	三氯甲烷	一切排污单位	0.3	0.6	1.0
32	四氯化碳	一切排污单位	0.03	0.06	0.5
33	三氯乙烯	一切排污单位	0.3	0.6	1.0
34	四氯乙烯	一切排污单位	0.1	0.2	0.5
35	苯	一切排污单位	0.1	0.2	0.5
36	甲苯	一切排污单位	0.1	0.2	0.5
37	乙苯	一切排污单位	0.4	0.6	1.0
38	邻二甲苯	一切排污单位	0.4	0.6	1.0

续表

序号	污染物	适用范围	一级标准	二级标准	三级标准
39	对二甲苯	一切排污单位	0.4	0.6	1.0
40	间二甲苯	一切排污单位	0.4	0.6	1.0
41	氯苯	一切排污单位	0.2	0.4	1.0
42	邻二氯苯	一切排污单位	0.4	0.6	1.0
43	对二氯苯	一切排污单位	0.4	0.6	1.0
44	对硝基氯苯	一切排污单位	0.5	1.0	5.0
45	2,4-二硝基氯苯	一切排污单位	0.5	1.0	5.0
46	苯酚	一切排污单位	0.3	0.4	1.0
47	间甲酚	一切排污单位	0.1	0.2	0.5
48	2,4-二氯酚	一切排污单位	0.6	0.8	1.0
49	2,4,6-三氯酚	一切排污单位	0.6	0.8	1.0
50	邻苯二甲酸二丁酯	一切排污单位	0.2	0.4	2.0
51	邻苯二甲酸二辛酯	一切排污单位	0.3	0.6	2.0
52	丙烯腈	一切排污单位	2.0	5.0	5.0
53	总硒	一切排污单位	0.1	0.2	0.5
54	粪大肠菌群数	医院*、兽医院及医疗机构含病原体污水	500 个/L	1 000 个/L	5 000 个/L
		传染病、结核病医院污水	100 个/L	500 个/L	1 000 个/L
55	总余氯(采用氯化消毒的医院污水)	医院*、兽医院及医疗机构含病原体污水	<0.5**	>3(接触时间≥1 h)	>2(接触时间≥1 h)
		传染病、结核病医院污水	<0.5**	>6.5(接触时间≥1.5 h)	>5(接触时间≥1.5 h)
56	总有机碳(TOC)	合成脂肪酸工业	20	40	—
		苎麻脱胶工业	20	60	—
		其他排污单位	20	30	—

注:其他排污单位指除在该控制项目中所列行业以外的一切排污单位。

* 指 50 个床位以上的医院。

** 加氯消毒后须进行脱氯处理,达到本标准。

采样点应按第一、二类污染物排放口的规定设置,在排放口必须设置排放口标志、污水水量计量装置和污水比例采样装置。采样频率:工业污水按生产周期确定监测频率。生产周期在 8 h 以内的,每 2 h 采样一次;生产周期大于 8 h 的,每 4 h 采样一次。其他污水采样,24 h 不少于 2 次。最高允许排放浓度按日均值计算。

本标准采用的测定方法见表 13-24。

表 13-24　测定方法

序号	项目	测定方法	方法来源
1	总汞	冷原子吸收光度法	GB 7468-87
2	烷基汞	气相色谱法	GB/T 14204-93
3	总镉	原子吸收分光光度法	GB 7475-87
4	总铬	高锰酸钾氧化—二苯碳酰二肼分光光度法	GB 7466-87
5	六价铬	二苯碳酰二肼分光光度法	GB 7467-87
6	总砷	二乙基二硫代氨基甲酸银分光光度法	GB 7485-87
7	总铅	原子吸收分光光度法	GB 7475-7
8	总镍	火焰原子吸收分光光度法 丁二酮肟分光光度法	GB 11912-89 GB 11910-89
9	苯并[a]芘	乙酰化滤纸层析荧光分光光度法	GB 11895-89
10	总铍	活性炭吸附—铬天菁S光度法	1)
11	总银	火焰原子吸收分光光度法	GB 11907-89
12	总 α 放射性	物理法	2)
13	总 β 放射性	物理法	2)
14	pH	玻璃电极法	GB 6920-86
15	色度(稀释倍数)	稀释倍数法	GB 11903-89
16	悬浮物(SS)	重量法	GB 11901-87
17	五日生化需氧量(BOD$_5$)	稀释与接种法 重铬酸钾紫外光度法	GB 7488-87 待颁布
18	化学需氧量(COD)	重铬酸钾法	GB 11914-89
19	石油类	红外光度法	GB/T 16488-1996
20	动植物油	红外光度法	GB/T 16488-1996
21	挥发酚	蒸馏后用 4-氨基安替比林分光光度法	GB 7490-87
22	总氰化物	硝酸银滴定法	GB 7486-87
23	硫化物	亚甲基蓝分光光度法	GB/T 16489-1996
24	氨氮	钠氏试剂比色法 蒸馏和滴定法	GB 7478-87 GB 7479-87
25	氟化物	离子选择电极法	GB 7484-87
26	磷酸盐(以 P 计)	钼蓝比色法	1)
27	甲醛	乙酰丙酮分光光度法	GB 13197-91
28	苯胺类	N-(1-萘基)乙二胺偶氮分光光度法	GB 11889-89
29	硝基苯类	还原—偶氮比色法或分光光度法	1)
30	阴离子表面活性剂	亚甲基蓝分光光度法	GB 7494-87

续表

序号	项目	测定方法	方法来源
31	总铜	原子吸收分光光度法	GB 7475-87
		二乙基二硫化氨基甲酸钠分光光度法	GB 7474-87
32	总锌	原子吸收分光光度法	GB 7475-87
		双硫腙分光光度法	GB 7472-87
33	总锰	火焰原子吸收分光光度法	GB 11911-89
		高碘酸钾分光光度法	GB 11906-89
34	彩色显影剂	169 成色剂法	3)
35	显影剂及氧化物总量	碘—淀粉比色法	3)
36	元素磷	磷钼蓝比色法	3)
37	有机磷农药(以 P 计)	有机磷农药的测定	GB 13192-81
38	乐果	气相色谱法	GB 13192-81
39	对硫磷	气相色谱法	GB 13192-81
40	甲基对硫磷	气相色谱法	GB 13192-81
41	马拉硫磷	气相色谱法	GB 13192-81
42	五氯酚及五氯酚钠(以五氯酚计)	气相色谱法	GB 8972-88
		藏红 T 分光光度法	GB 9803-88
43	可吸附有机卤化物(AOX)(以 Cl 计)	微库仑法	GB/T 15959-95
44	三氯甲烷	气相色谱法	待颁布
45	四氯化碳	气相色谱法	待颁布
46	三氯乙烯	气相色谱法	待颁布
47	四氯乙烯	气相色谱法	待颁布
48	苯	气相色谱法	GB 11890-89
49	甲苯	气相色谱法	GB 11890-89
50	乙苯	气相色谱法	GB 11890-89
51	邻二甲苯	气相色谱法	GB 11890-89
52	对二甲苯	气相色谱法	GB 11890-89
53	间二甲苯	气相色谱法	GB 11890-89
54	氯苯	气相色谱法	待颁布
55	邻二氯苯	气相色谱法	待颁布
56	对二氯苯	气相色谱法	待颁布
57	对硝基氯苯	气相色谱法	GB 13194-91
58	2,4-二硝基氯苯	气相色谱法	GB 13194-91
59	苯酚	气相色谱法	待颁布

续表

序号	项目	测定方法	方法来源
60	间甲酚	气相色谱法	待颁布
61	2,4-二氯酚	气相色谱法	待颁布
62	2,4,6-三氯酚	气相色谱法	待颁布
63	邻苯二甲酸二丁酯	气相、液相色谱法	待制定
64	邻苯二甲酸二辛酯	气相、液相色谱法	待制定
65	丙烯腈	气相色谱法	待制定
66	总硒	2,3-二氨基萘荧光法	GB 11902-89
67	粪大肠菌群数	多管发酵法	1)
68	总余氯	N,N-二乙基-1,4-苯二胺分光光度法 N,N-二乙基-1,4-苯二胺滴定法	GB 11898-89 GB 11897-89
69	总有机碳（TOC）	非色散红外吸收法 直接紫外荧光法	待制定 待制定

注:暂采用下列方法,待国家方法标准发布后,执行国家标准。
　　1)《水和废水监测分析方法》(第三版),中国环境科学出版社,1989 年。
　　2)《环境监测技术规范(放射性部分)》,国家环境保护局。
　　3)见附录 D。

　　1997 年 12 月 31 日之前建设的单位,其第二类污染物最高允许排放浓度及其他相关内容可查阅标准原文。

　　2. 城镇污水处理厂污染物排放标准

　　《城镇污水处理厂污染物排放标准》(GB18918-2002)规定了城镇污水处理厂出水、废气排放和污泥处置(控制)的污染物限值,适用于城镇污水处理厂出水、废气排放和污泥处置(控制)的管理。居民小区和工业企业内独立的生活污水处理设施污染物的排放管理也按本标准执行。

　　根据污染物的来源及性质,本标准将污染物控制项目分为基本控制项目和选择控制项目两类。基本控制项目主要包括影响水环境和城镇污水处理厂一般处理工艺可以去除的常规污染物,以及部分一类污染物,共 19 项。选择控制项目包括对环境有较长期影响或毒性较大的污染物,共计 43 项。基本控制项目必须执行。选择控制项目,由地方环境保护行政主管部门根据污水处理厂接纳的工业污染物的类别和水环境质量要求选择控制。

　　标准分级:

　　根据城镇污水处理厂排入地表水域环境功能和保护目标以及污水处理厂的处理工艺,将基本控制项目的常规污染物标准值分为一级标准、二级标准、三级标准。一级标准还分为 A 标准和 B 标准。一类重金属污染物和选择控制项目不分级。

　　(1)一级标准的 A 标准是城镇污水处理厂出水作为回用水的基本要求。当污水处理厂出水引入稀释能力较小的河湖作为城镇景观用水和一般回用水等用途时,执行一级标准的 A 标准。

（2）城镇污水处理厂出水排入国家和省确定的重点流域及湖泊、水库等封闭、半封闭水域时，执行一级标准的 A 标准，排入 GB 3838 地表水Ⅲ类功能水域（划定的饮用水源保护区和游泳区除外）、GB 3097 海水二类功能水域时，执行一级标准的 B 标准。

（3）城镇污水处理厂出水排入 GB 3838 地表水Ⅳ、Ⅴ类功能水域或 GB 3097 海水三、四类功能海域，执行二级标准。

（4）非重点控制流域和非水源保护区的建制镇的污水处理厂，根据当地经济条件和水污染控制要求，采用一级强化处理工艺时，执行三级标准。但必须预留二级处理设施的位置，分期达到二级标准。

标准值：

城镇污水处理厂水污染物排放基本控制项目，执行表 13-25 和表 13-26 的规定。

表 13-25　基本控制项目最高允许排放浓度（日均值）　　　　　　　　单位：mg/L

序号	基本控制项目		一级标准		二级标准	三级标准
			A 标准	B 标准		
1	化学需氧量（COD）		50	60	100	120[①]
2	生化需氧量（BOD_5）		10	20	30	60[①]
3	悬浮物（SS）		10	20	30	50
4	动植物油		1	3	5	20
5	石油类		1	3	5	15
6	阴离子表面活性剂		0.5	1	2	5
7	总氮（以 N 计）		15	20	—	—
8	氨氮（以 N 计）[②]		5(8)	8(15)	25(30)	—
9	总磷（以 P 计）	2005 年 12 月 31 日前建设的	1	1.5	3	5
		2006 年 1 月 1 日起建设的	0.5	1	3	5
10	色度（稀释倍数）		30	30	40	50
11	pH		6～9			
12	粪大肠菌群数（个/L）		103	104	104	—

注：①下列情况下按去除率指标执行：当进水 COD 大于 350 mg/L 时，去除率应大于 60%；BOD 大于 160 mg/L 时，去除率应大于 50%。

②括号外数值为水温＞120 ℃时的控制指标，括号内数值为水温≤120 ℃时的控制指标。

表 13-26　部分一类污染物最高允许排放浓度（日均值）　　　　　　　　单位：mg/L

序号	项目	标准值
1	总汞	0.001
2	烷基汞	不得检出

续表

序号	项目	标准值
3	总镉	0.01
4	总铬	0.1
5	六价铬	0.05
6	总砷	0.1
7	总铅	0.1

选择控制项目按表 13-27 的规定执行。

表 13-27　选择控制项目最高允许排放浓度(日均值)　　　单位:mg/L

序号	选择控制项目	标准值	序号	选择控制项目	标准值
1	总镍	0.05	23	三氯乙烯	0.3
2	总铍	0.002	24	四氯乙烯	0.1
3	总银	0.1	25	苯	0.1
4	总铜	0.5	26	甲苯	0.1
5	总锌	1.0	27	邻二甲苯	0.4
6	总锰	2.0	28	对二甲苯	0.4
7	总硒	0.1	29	间二甲苯	0.4
8	苯并[a]芘	0.000 03	30	乙苯	0.4
9	挥发酚	0.5	31	氯苯	0.3
10	总氰化物	0.5	32	1,4-二氯苯	0.4
11	硫化物	1.0	33	1,2-二氯苯	1.0
12	甲醛	1.0	34	对硝基氯苯	0.5
13	苯胺类	0.5	35	2,4-二硝基氯苯	0.5
14	总硝基化合物	2.0	36	苯酚	0.3
15	有机磷农药(以 P 计)	0.5	37	间甲酚	0.1
16	马拉硫磷	1.0	38	2,4-二氯酚	0.6
17	乐果	0.5	39	2,4,6-三氯酚	0.6
18	对硫磷	0.05	40	邻苯二甲酸二丁酯	0.1
19	甲基对硫磷	0.2	41	邻苯二甲酸二辛酯	0.1
20	五氯酚	0.5	42	丙烯腈	2.0
21	三氯甲烷	0.3	43	可吸附有机卤化物(AOX,以 Cl 计)	1.0
22	四氯化碳	0.03			

　　本标准还对城镇污水处理厂的废气排放、污泥处理等作出了规定,并且规定城镇污水处

理厂出水作为水资源用于农业、工业、市政、地下水回灌等方面不同用途时,还应达到相应的用水水质要求,不得对人体健康和生态环境造成不利影响。

其他相关内容,可查阅标准原文。

13.2.3 水质监测方法标准

水质监测方法标准是为监测水环境质量和污染物排放,规范采样、分析测试、数据处理等作出的统一规定。在前述水环境质量标准、水污染物排放标准中除了对各类水质指标作出限值规定外,也都对相关指标的测定方法作出了规定。除此之外,国家相关部委还针对水质监测颁发了详细的方法标准。

1. 海洋监测规范

《海洋监测规范 the specification for marine monitoring》(GB 17378-2007)由国家海洋局提出、国家海洋环境监测中心起草,中华人民共和国国家质量监督检验检疫总局和中国国家标准化管理委员会于 2007 年 10 月 18 日发布,2008 年 5 月 1 日起正式实施,替代之前的1998 年版。

本标准共分 7 个部分:

(1)总则(general rules,GB 17378.1-2007)

本部分包括范围、规范性引用文件、通则、监测内容、监测站位布设原则、监测频率及周期、海上监测一般规定、海洋监测质量保证、监测船及其设施要求、海洋监测实施计划的编制、海洋监测的组织实施、样品和原始资料的验收、样品室内分析与测试、海洋监测资料的整理、监测成果报告的编写、监测资料和成果归档、监测成果报告的鉴定和验收等内容,适用于海洋监测的组织管理。

(2)数据处理与分析质量控制(data processing and quality control of analysis,GB 17378.2-2007)

本部分规定了海洋监测数据处理常用术语及符号、离群数据的统计检验、两均数差异的显著性检验、分析方法验证、内控样的配制与应用、分析质量控制图绘制等。适用于海洋环境监测中海水分析、沉积物分析、生物体分析、近海污染生态调查和生物监测的数据处理及实验室内部分析质量控制。海洋大气、污染物入海通量调查、海洋倾废和疏浚物调查等也可参照使用。

(3)样品采集、贮存与运输(sample collection,storage and transportation,GB 17378.3-2007)

本部分规定了海洋监测过程中,进行样品采集、贮存和运输的基本方法和程序。适用于海洋环境中水质、沉积物、生物样品的采集、贮存、运输,也适用于海洋废物倾倒和疏浚物倾倒中水质、沉积物、生物样品的采集、贮存与运输。

(4)海水分析(seawater analysis,GB 17378.4-2007)

本部分规定了海水监测项目的分析方法,对海水分析的样品采集、贮存、运输、测定结果计算等提出了技术规定和要求。适用于大洋、近海、河口及咸淡混合水域。可用于海洋环境监测、常规水质监测、近岸浅水区环境污染调查监测,以及海洋倾废、疏浚物、赤潮和海洋污染事故的应急专项调查监测及与海洋有关的海洋环境调查监测。

本部分共提出了 38 项海水理化指标的测定分析方法及相关分析记录表格的样例。

（5）沉积物分析（sediment analysis，GB 17378.5-2007）

本部分规定了海洋沉积物监测项目（共 16 项）的分析方法，对样品采集、贮存、运输、预处理、测定结果和计算等提出技术要求。适用于大洋、近海、河口、港湾的沉积物调查和监测，也适用于近海、港湾、河口疏浚物和倾倒物的调查与监测。

（6）生物体分析（organism analysis，GB 17378.6-2007）

本部分规定了贻贝、虾及鱼等海洋生物体中有害物质（共 12 项）残留量的测定方法，并对样品采集、运输、贮存、预处理和测定结果的计算等提出技术要求。适用于大洋、近海和沿海水域的海洋生物污染调查与监测。

（7）近海污染生态调查和生物监测（ecological survey for offshore pollution and biological monitoring，GB 17378.7-2007）

本部分规定了近海污染生态调查和生物监测的样品采集、实验、分析、资料整理等方法的技术要求。适用于近海环境污染的生物学调查、监测和评价。

2. 近岸海域环境监测规范

《近岸海域环境监测规范 specification for offshore environmental monitoring》（HJ 442-2008）由环境保护部科技标准司组织制定，中国环境监测总站、浙江省舟山海洋生态环境监测站主要起草，并由环境保护部于 2008 年 11 月 4 日发布，2009 年 1 月 1 日起正式实施。

本标准规定了近岸海域环境监测工作的技术要求，内容包括：近岸海域水质监测、沉积物质量监测、海洋生物监测、潮间带生态监测、海洋生物体污染物残留量监测等环境质量例行监测，以及近岸海域环境功能区环境质量监测、海滨浴场水质监测、陆域直排海污染源环境影响监测、大型海岸工程环境影响监测和赤潮多发区环境监测等专题监测的监测方案、断面及站位布设、监测时间与频率、监测项目与分析方法、样品采集与管理、数据记录与处理、监测结果评价、质量保证与质量控制、监测报告的编制和采样人员安全保障。

3. 海洋调查规范

《海洋调查规范 specifications for oceanographic survey》（GB/T 12763-2007）由国家海洋局提出，并由中华人民共和国国家质量监督检验检疫总局于 2007 年 8 月 13 日发布，2008 年 2 月 1 日起正式实施。

本标准分为总则，海洋水文观测，海洋气象观测，海洋化学要素调查，海洋声、光要素调查，海洋生物调查，海洋调查资料交换，海洋地质地球物理调查，海洋生态调查指南共 9 个部分。

4. 生活饮用水标准检验方法

《生活饮用水标准检验方法 standard examination methods for drinking water》（GB/T 5750-2006）由中华人民共和国卫生部提出，中国疾病预防控制中心环境与健康相关产品安全所负责起草，并由中华人民共和国卫生部和中国国家标准化管理委员会于 2006 年 12 月 29 日发布，2007 年 7 月 1 日起正式实施。

本标准共分 13 个部分：

（1）总则（general principles，GB/T 5750.1-2006）

本部分规定了生活饮用水水质检验的基本原则和要求，适用于生活饮用水水质检验，也适用于水源水和经过处理、储存和输送的饮用水的水质检验。本部分包括范围，规范性引用文件，术语和定义，检验方法的选择，试剂及浓度表示，实验用水，玻璃仪器与洗涤，检测仪

器、设备的计量检定与维护,实验室安全等的统一规定。

(2)水样的采集与保存(collection and preservation of water samples,GB/T 5750.2-2006)

本部分规定了生活饮用水及其水源水样的采集、样品保存和采样质量控制的基本原则、措施和要求。适用于生活饮用水及其水源水样的采集和样品保存。

(3)水质分析质量控制(water analysis quality control,GB/T 5750.3-2006)

本部分规定了生活饮用水水质检验实验室质量控制的原则、要求与方法。适用于生活饮用水水质的测定过程。

(4)感官性状和物理指标(organoleptic and physical parameters,GB/T 5750.4-2006)

本部分规定了生活饮用水中色度、浑浊度、臭和味、肉眼可见物、pH 值、电导率、总硬度、溶解性总固体、挥发酚类和阴离子合成洗涤剂共 10 个指标的分析测定方法,每种分析方法一般包括适用范围、原理、试剂、仪器、分析步骤和计算等内容。有些指标有多种分析方法,一般选定第一种为仲裁方法。

(5)无机非金属指标(nonmetal parameters,GB/T 5750.5-2006)

本部分规定了生活饮用水中硫酸盐、氯化物、氟化物、氰化物、硝酸盐氮、硫化物、磷酸盐硼、氨氮、亚硝酸盐氮和碘化物共 11 个无机非金属指标的分析测定方法,每种分析方法一般包括适用范围、原理、试剂、仪器、分析步骤和计算等内容。

(6)金属指标(metal parameters,GB/T 5750.6-2006)

本部分规定了生活饮用水中铝、铁、锰、铜、锌、砷、硒、汞、镉、铬(六价)、铅、银、钼、钴、镍、钡、钛、钒、锑、铍、铊、钠、锡、四乙基铅共 24 个金属指标的分析测定方法。

(7)有机物综合指标(aggregate organic parameters,GB/T 5750.7-2006)

本部分规定了生活饮用水中耗氧量、生化需氧量、石油、总有机碳共 4 个有机物综合指标的分析测定方法。

(8)有机物指标(organic parameters,GB/T 5750.8-2006)

本部分规定了生活饮用水中四氯化碳、苯、甲苯、苯胺等 44 种有机物含量的分析测定方法。

(9)农药指标(pesticides parameters,GB/T 5750.9-2006)

本部分规定了生活饮用水中滴滴涕、六六六、乐果、草甘膦、五氯酚等 21 种农药含量的分析测定方法。

(10)消毒副产物指标(disinfection by-products parameters,GB/T 5750.10-2006)

本部分规定了生活饮用水中三氯甲烷、二氯甲烷、甲醛、乙醛、亚氯酸盐、溴酸盐等 14 种消毒副产物含量的分析测定方法。

(11)消毒剂指标(disinfectants parameters,GB/T 5750.11-2006)

本部分规定了生活饮用水中游离余氯、氯消毒剂中有效氯、氯胺、二氧化氯、臭氧、氯酸盐共 6 个消毒剂含量的分析测定方法。

(12)微生物指标(microbiological parameters,GB/T 5750.12-2006)

本部分规定了生活饮用水中菌落总数、总大肠菌群、耐热大肠菌群、大肠埃希氏菌、贾第鞭毛虫、隐孢子虫共 6 个微生物指标的分析测定方法。

(13)放射性指标(radiological parameters,GB/T 5750.13-2006)

本部分规定了生活饮用水中总 α 放射性和总 β 放射性的分析测定方法。

除了以上介绍的常用方法标准,环境保护部还有许多关于水质监测的规范、方法等标准,具体可查阅相关官方网站。

> **本章小结**
>
> 　　作为国家权威机关制定的规范性文件,环境标准在环境保护执法,各项管理工作、技术工作中发挥着重要作用。水质监测是环境监测的重要组成部分,其监测方案的制定、样品的采集与保存运输、分析测定方法、数据处理、监测报告形成等都必须有相关标准作为依据。
>
> 　　本章简介了我国环境标准的构成体系、环境标准之间的关系,选取了与水质监测相关的一些水环境质量标准、污染物排放标准和监测方法标准作了重点介绍。

思考题

1. 我国发布的第一个环境标准是什么?

2. 标准代码"GB/T 5750.9-2006"中,"GB"、"T"、"5750"、"9"、"2006"分别代表什么意思?

3. 我国环境标准体系是如何构成的? 各类标准之间有什么关系?

4.《海水水质标准》(GB 3097-1997)中,按海域的不同使用功能和保护目标,将海水水质分为哪几类?《地表水环境质量标准》(GB 3838-2002)中将地表水分为哪几类? 各有多少项标准项目?

5.《污水综合排放标准》(GB 8978-1996)中将污染物按性质及控制方式分为两类,这两类污染物是如何定义的? 各有几种? 如何采集?

6.《海洋沉积物质量》(GB 18668-2002)按照海域的不同使用功能和环境保护目标,将海洋沉积物质量分为几类? 分别对应哪类海水水质?

7. 厦门市污水处理厂排放的污水应执行哪个标准?

可扫码获取本模块课件资源:

习 题 库

一、单项选择题

1. 采用重铬酸钾法测定水中的 COD 时,起氧化作用的是(　　)。

A. 重铬酸钾 　　　　　　　　　　B. 硫酸亚铁铵

C. 硫酸-硫酸银 　　　　　　　　　D. 硫酸汞

2. 采用重铬酸钾法测定水中的 COD 时,起催化作用的是(　　)。

A. 重铬酸钾 　　　　　　　　　　B. 硫酸亚铁铵

C. 硫酸-硫酸银 　　　　　　　　　D. 硫酸汞

3. 采用重铬酸钾法测定水中的 COD 时,起指示剂作用的是(　　)。

A. 重铬酸钾 　　　　　　　　　　B. 硫酸亚铁铵

C. 试亚铁灵 　　　　　　　　　　D. 硫酸汞

4. 采用重铬酸钾法测定水中的 COD 时,加入少量 $HgSO_4$ 是为了(　　)。

A. 消除金属离子的干扰 　　　　　B. 消除 Cl^- 的干扰

C. 加快反应速度 　　　　　　　　D. 缩短回流时间

5. 采用重铬酸钾法测定 COD 时,水样中的氯离子(稀释后)含量不能超过(　　)。

A. 1000 mg/L 　　　B. 2000 mg/L 　　　C. 3000 mg/L 　　　D. 4000 mg/L

6. 在测定 COD_{Cr} 时,水样加热回流中若变为绿色则说明(　　)。

A. 水样 COD_{Cr} 浓度过低 　　　　B. 水样中 Cl^- 含量过低

C. 水样 COD_{Cr} 浓度过高 　　　　D. 水样中 Cl^- 含量过高

7. 在测定 COD_{Cr} 时,若水样 COD_{Cr} 浓度过高,加热回流时水样颜色(　　)。

A. 不会变化 　　　B. 会变浅 　　　C. 会变绿 　　　D. 会变深

8. 用重铬酸钾法测定 COD 时,下列说法不正确的是(　　)。

A. Cl^- 能与硫酸银作用产生沉淀,并能被重铬酸钾氧化成 Cl_2 逸出,对测定结果产生正干扰

B. 当 Cl^- 含量小于 1000 mg/L 时,可在回流前向水样中加入硫酸汞,使之成为络合物以消除干扰

C. 当 Cl^- 含量高于 2000 mg/L 时,可用稀释的办法解决

D. Cl^- 含量对测定没有干扰

9. 用滴定法测定水中溶解氧时所用的指示剂是(　　)。

A. 试亚铁灵　　　　　B. 酚酞　　　　　　C. 淀粉　　　　　　D. 甲基橙

10. 用 EDTA 络合滴定法测定水的硬度时所用的指示剂是（　　）。

A. 试亚铁灵　　　　　B. 铬黑 T　　　　　C. 淀粉　　　　　　D. 甲基橙

11. 在适当的 pH 条件下，水中的 Ca^{2+}、Mg^{2+} 可与 EDTA 进行（　　）反应。

A. 中和　　　　　　　B. 置换　　　　　　C. 络合　　　　　　D. 氧化还原

12. 在用 EDTA 滴定总硬度时，当滴定到终点时溶液由酒红色变为亮蓝色，亮蓝色是（　　）。

A. 钙镁离子与 EDTA 结合的颜色　　　　　B. 铬黑 T 水溶液的颜色

C. 铬黑 T 与钙镁结合后的颜色　　　　　　D. EDTA 溶液的颜色

13. 在用 EDTA 滴定总硬度时，当滴定到终点时溶液由酒红色变为亮蓝色，酒红色是（　　）。

A. 钙镁离子与 EDTA 结合的颜色　　　　　B. 铬黑 T 水溶液的颜色

C. 铬黑 T 与钙镁结合后的颜色　　　　　　D. EDTA 溶液的颜色

14. 采用酸度计测定水中的 pH 值的方法属于（　　）。

A. 滴定分析法　　　B. 电位分析法　　　C. 重量分析法　　　D. 都不是

15. 分光光度计中能够将连续光谱分解为单色光的装置是（　　）。

A. 光源　　　　　　　B. 单色器　　　　　C. 吸收池　　　　　D. 检测系统

16. 分光光度法测定时对比色皿的光程有一定的要求，这是因为（　　）。

A. 光的吸收程度与比色皿的厚度有关

B. 光的入射强度受比色皿的厚度影响

C. 光的吸收程度与液层厚度有关

D. 光的入射强度受液层厚度影响

17. 紫外分光光度法和可见分光光度法在原理上的区别是（　　）。

A. 前者吸收可见区域光，后者吸收紫外区域的光

B. 前者吸收紫外区域的光，后者吸收可见区域光

C. 前者吸收可见区域以外的光，后者吸收紫外区域以外的光

D. 前者吸收紫外区域以外的光，后者吸收可见区域以外的光

18. 紫外分光光度计和可见分光光度计光源区别在于（　　）。

A. 前者的光源要能发射可见光，后者能发射紫外光

B. 前者的光源既要能发射紫外光，又要能发射可见光，后者只要能发射可见光

C. 前者的光源只要能发射紫外光，后者既要能发射紫外光，又要能发射可见光

D. 前者的光源要能发射紫外光，后者能发射可见光

19. 紫外分光光度计中包括（　　）光源、单色器、石英吸收池和检测系统。

A. 紫外灯　　　　　　B. 氢灯　　　　　　C. 钨灯　　　　　　D. 碘钨灯

20. 紫外分光光度计中包括紫外灯光源、（　　）、石英吸收池和检测系统。

A. 光栅　　　　　　　B. 石英光栅　　　　C. 单色器　　　　　D. 石英透镜和狭缝

21. 原子吸收分光光度计构件中的原子化系统作用是（　　）。

A. 将待测元素转变为原子蒸气　　　　　　B. 发射待测元素的特征光谱

C. 过滤和筛选光线　　　　　　　　　　　D. 接收检测信号

22. 原子吸收分光光度计中将待测元素转变为原子蒸气的是（　　）。

A. 光源　　　　　　　B. 原子化系统　　　C. 分光系统　　　　D. 检测系统

23. 气相色谱仪中汽化室的作用是（　　　）。

A. 给待测气体加热 　　　　　　　　　B. 使液体试样汽化

C. 给待测液体加热 　　　　　　　　　D. 使待测试样中的混合物分离

24. 气液色谱中的固定相由哪些部分组成（　　　）。

A. 担体和固定液 　　　　　　　　　　B. 有一定活性的吸附剂

C. 固定液和气体 　　　　　　　　　　D. 担体和气体

25. 气液色谱中担体的作用是（　　　）。

A. 吸收分离组分　　B. 输送分离组分　　C. 承担气体　　D. 承担液体

26. 采用气相色谱仪测样时样品中的混合物能否分离决定于（　　　）。

A. 载气系统　　　　B. 进样系统　　　　C. 色谱柱　　　D. 检测器

27. 色谱法起分离作用的是色谱柱，其包括（　　　）。

A. 进样系统和流动相 　　　　　　　　B. 载气系统和固定相

C. 检测器和流动相 　　　　　　　　　D. 固定相和流动相

28. 722 分光光度计中盛吸收试剂的比色皿通常为（　　　）。

A. 玻璃材质　　　B. 塑料材质　　　C. 石英材质　　　D. 金属材质

29. 紫外分光光度计所用的比色皿为（　　　）。

A. 塑料比色皿　　B. 石英比色皿　　C. 玻璃比色皿　　D. 金属比色皿

30. 紫外分光光度计选用石英比色皿是因为（　　　）。

A. 石英能吸收紫外光 　　　　　　　　B. 石英能透过紫外光

C. 石英能反射紫外光 　　　　　　　　D. 石英能过滤紫外光

31. 原子吸收分光光度计构件中的光源的作用是（　　　）。

A. 放射待测元素的特征光谱 　　　　　B. 将待测元素转变为原子蒸气

C. 过滤和筛选光线 　　　　　　　　　D. 接受检测信号

32. 污水综合排放标准分为（　　　）。

A. 一级　　　　　B. 二级　　　　　C. 三级　　　　　D. 四级

33. 污水综合排放标准将排放的污染物按其性质分为（　　　）。

A. 一类　　　　　B. 二类　　　　　C. 三类　　　　　D. 四类

34. 对排入集中式生活饮用水地表水源地二级保护区的污水，应执行（　　　）。

A. 污水综合排放一级标准 　　　　　　B. 污水综合排放二级标准

C. 污水综合排放三级标准 　　　　　　D. 不允许排放

35. 下列应执行污水综合排放二级标准的是（　　　）。

A. 排入城镇下水道进入二级污水处理厂进行处理的污水

B. 排入港口和海洋作业区的污水

C. 水源保护地

D. 水生动物保护区

36. 第一类污染物取样时的要求是（　　　）。

A. 在车间或车间处理设施排出口取样 　B. 排污单位排出口取样

C. 受纳水体排放口取样 　　　　　　　D. 城市污水排放口取样

37. 第二类污染物取样时的要求是（　　　）。

A. 在车间或车间处理设施排出口取样　　　B. 排污单位排出口取样

C. 受纳水体排放口取样　　　　　　　　　D. 城市污水排放口取样

38. 河流监测中设置控制断面的目的是（　　　）。

A. 了解流入检测河段前的水体水质情况　　B. 了解未受污染水体的水质状况

C. 评价监测污染源对水体水质的影响　　　D. 了解水体自净能力

39. 河流监测的控制断面一般设在排污口的（　　　）。

A. 上游 500～1000 m 处　　　　　　　　B. 下游 500～1000 m 处

C. 正对排污口 10 m 处　　　　　　　　　D. 正对排污口 5 m 处

40. 断面上水质基本未受人类活动影响的是（　　　）。

A. 控制断面　　　B. 背景断面　　　C. 对照断面　　　D. 消减断面

41. 河流水质监测中设置对照断面的目的是（　　　）。

A. 了解流入检测河段前的水体水质情况　　B. 了解未受污染水体的水质状况

C. 评价监测污染源对水体水质的影响　　　D. 了解水体自净能力

42. 河流监测断面不包括（　　　）。

A. 增强断面　　　B. 背景断面　　　C. 对照断面　　　D. 消减断面

43. 河流监测的控制断面一般设在排污口下游（　　　）。

A. 100～500 m　　B. 200～700 m　　C. 500～1000 m　　D. 800～1200 m

44. 河流监测的消减断面通常设在城市或工业区（　　　）下游 1500 m 以外河段。

A. 第二个排污口　　　　　　　　　　　　B. 最前一个排污口

C. 倒数第二个排污口　　　　　　　　　　D. 最后一个排污口

45. 当河流水面宽度为 50～100 m 时，采样常设（　　　）条监测垂线。

A. 1　　　　　　　B. 2　　　　　　　C. 3　　　　　　　D. 4

46. 当河流水面宽度小于 50 m 时，采样常设（　　　）条监测垂线。

A. 1　　　　　　　B. 2　　　　　　　C. 3　　　　　　　D. 4

47. 当河流水面宽度大于 100 m 时，采样常设（　　　）条监测垂线。

A. 1　　　　　　　B. 2　　　　　　　C. 3　　　　　　　D. 4

48. 当监测垂线深度小于 5 m 时，应设（　　　）个采样点。

A. 1　　　　　　　B. 2　　　　　　　C. 3　　　　　　　D. 4

49. 当监测垂线深度为 5～10 m 时，应设（　　　）个采样点。

A. 1　　　　　　　B. 2　　　　　　　C. 3　　　　　　　D. 4

50. 当监测垂线深度大于 10 m 时，应设（　　　）个采样点。

A. 1　　　　　　　B. 2　　　　　　　C. 3　　　　　　　D. 4

51. 当水深为 5～10 m 时，采样点的布设应（　　　）。

A. 在水面下 0.3～0.5 m 处设 1 个采样点

B. 在水面下 0.5 m 处、水深 1/2 处和河底以上 0.5 m 处各设 1 个采样点

C. 在水面下 0.3～0.5 m 处和河底以上 0.5 m 处各设 1 个采样点

D. 在水深 1/2 处设 1 个采样点

52. 下列无需确定监测断面和采样垂线而直接确定采样点的是（　　　）。

A. 河流采样　　　B. 水库采样　　　C. 湖泊采样　　　D. 污染源采样

53. 采集水样前,应先用水样洗涤取样瓶及塞子( )。

A. 1次 B. 1～2次 C. 2次 D. 2～3次

54. 严重污染水样的最长贮放时间一般为( )。

A. 12 h B. 24 h C. 48 h D. 72 h

55. 若不立即测定 COD_{Cr},保存水样方法是加酸将 pH 调至( )以下。

A. 2 B. 3 C. 4 D. 6

56. 若不立即测定氨氮,保存水样方法是加酸将 pH 调至( )以下。

A. 2 B. 3 C. 4 D. 6

57. 对测定酚的水样,用 H_3PO_4 调至 pH＝4,加入( ),即可抑制苯酚菌的分解活动。

A. Na_2SO_4 B. $NaNO_3$ C. $HgCl_2$ D. $CuSO_4$

58. 测定氨氮、化学需氧量的水样中加入 $HgCl_2$ 的作用是( )。

A. 控制水中的 pH 值 B. 防止生成沉淀

C. 抑制苯酚菌的分解活动 D. 抑制生物的氧化还原作用

59. 在水样中加入( )是为防止金属沉淀。

A. H_2SO_4 B. NaOH C. $CHCl_3$ D. HNO_3

60. 在测定 BOD_5 时下列( )应进行接种。

A. 有机物含量较多的废水 B. 较清洁的河水

C. 生活污水 D. 含微生物很少的工业废水

61. 在同一采样点上于不同时间所采集的瞬时水样的混合样称为( )。

A. 瞬时混合水样 B. 混合水样

C. 时间混合水样 D. 综合水样

62. 在不同采样点同时采集的各个瞬时水样的混合样称为( )。

A. 瞬时混合水样 B. 混合水样

C. 时间混合水样 D. 综合水样

63. 瞬时水样在下列( )情况下具有很好的代表性。

A. 水量、水质均不稳定情况下 B. 水量稳定情况下

C. 水量、水质均稳定情况下 D. 水量不稳定情况下

64. 在测定水样中可滤态组分含量时,过滤所用微滤膜的孔径应为( )。

A. 0.2 μm B. 0.3 μm C. 0.45 μm D. 0.75 μm

65. 水的颜色可分为( )。

A. 深色和浅色 B. 深色和真色 C. 浅色和表色 D. 真色和表色

66. 若要精确测定水样中的 pH 值,可选用( )。

A. 比色法 B. pH 试纸 C. 玻璃电极法 D. 滴定法

67. 若要粗略快速测定水样中的 pH,可选用( )。

A. 比色法 B. pH 试纸 C. 玻璃电极法 D. 滴定法

68. 紫外分光光度法测定硝酸盐氮时的波长有( )。

A. 1个 B. 2个 C. 3个 D. 4个

69. 采用分光光度法测水中的亚硝酸盐氮时,波长为( )。

A. 360 nm   B. 420 nm   C. 540 nm   D. 650 nm

70. 采用分光光度法测水中的铁离子时,波长为(　　)。

A. 510 nm   B. 420 nm   C. 543 nm   D. 650 nm

71. 邻二氮菲亚铁吸收曲线的测定,需要使用的试剂有亚铁标准滴定溶液、邻二氮菲、(　　)和醋酸钠等试剂。

A. 过氧化氢   B. 氯化亚锡   C. 盐酸羟胺   D. 硫酸锰

72. 在有氧环境下各种形态的含氮化合物中最稳定的是(　　)。

A. 氨氮   B. 亚硝酸盐氮   C. 硝酸盐氮   D. 有机氮

73. 活性污泥是一个复杂体系,其中不包括(　　)。

A. 有机物质   B. 无机物质   C. 微生物群体   D. 重金属物质

74. 良好的活性污泥具有各种功能,下列错误的是(　　)。

A. 较强的吸附能力   B. 较强的膨胀能力

C. 较强的凝聚沉降能力   D. 较强的氧化分解能力

75. 活性污泥的净化中起主要作用的是(　　)。

A. 原生生物   B. 菌胶团   C. 后生动物   D. 藻类

76. 活性污泥中属于原生动物的是(　　)。

A. 球衣细菌   B. 钟虫   C. 硫丝细菌   D. 螺旋藻

77. 采用酸性高锰酸钾法测定 COD 时,水样中的氯离子含量不能超过(　　)。

A. 100 mg/L   B. 200 mg/L   C. 300 mg/L   D. 400 mg/L

78. 采用重量法测定污水中的油时,所用的萃取剂是(　　)。

A. 石油醚   B. 乙醚   C. 甲醇   D. 乙醇

79. 下列可表示水的物理性质的指标的是(　　)。

A. 碱度   B. 浊度   C. 酸度   D. 硬度

80. TOC 是表示水中(　　)。

A. 营养类污染物的指标   B. 生物污染物的指标

C. 固体污染物的指标   D. 有机污染物的指标

81. SS 是表示水中(　　)。

A. 营养类污染物的指标   B. 生物污染物的指标

C. 固体污染物的指标   D. 有机污染物的指标

82. BOD 是表示水中(　　)。

A. 营养类污染物的指标   B. 生物污染物的指标

C. 固体污染物的指标   D. 有机污染物的指标

83. COD 是指示水体中(　　)的主要污染指标。

A. 氧化物的量   B. 含营养物质量

C. 含有机物及还原性无机物量   D. 无机物

84. BOD_5 的含义是(　　)。

A. 五日生化需氧量   B. 水中悬浮物

C. 化学需氧量   D. 溶解氧

85. 油类污染物的主要危害在于(　　)。

A. 易产生大量泡沫　　　　　　　　　B. 影响氧的溶入

C. 腐蚀管道　　　　　　　　　　　　D. 以上均包括

86. BOD_5 是指由(　　　)消耗的溶解氧量。

A. 有机物　　　　　　　　　　　　　B. 厌氧微生物

C. 好氧微生物　　　　　　　　　　　D. 放置过程中自然流失

87. 国内外普遍规定于(　　　)分别测定样品培养前后的溶解氧,二者之差即为 BOD_5,以氧的 mg/L 表示。

A. (20±1) ℃条件下培养 100 d　　　B. 常温常压下培养 5 d

C. (20±1) ℃条件下培养 5 d　　　　D. (20±1) ℃条件下培养 3 d

88. 在测定 BOD_5 时,稀释水中的溶解氧要求接近饱和,同时还应加入一定量的(　　　)。

A. 浓硫酸,以抑制微生物的生长

B. 无机营养盐和缓冲溶液,以保证微生物的生长

C. 氢氧化钠溶液

D. 不需要加入任何试剂

89. 测定溶解氧的水样应在现场加入(　　　)作固定剂。

A. 磷酸　　　　　　　　　　　　　　B. 硝酸

C. 氯化汞　　　　　　　　　　　　　D. $MnSO_4$ 和碱性碘化钾

90. 在测定溶解氧时,为了消除亚硝酸盐的干扰,可采用(　　　)修正法。

A. 叠氮化钠　　　B. 高锰酸钾　　　C. 明矾絮凝　　　D. 硫代硫酸钠

91. 在测定溶解氧时,为了消除亚铁离子的干扰,可采用(　　　)修正法。

A. 叠氮化钠　　　B. 高锰酸钾　　　C. 明矾絮凝　　　D. 硫代硫酸钠

92. 在测定溶解氧时,为了消除颜色或悬浮物的干扰,可采用(　　　)修正法。

A. 叠氮化钠　　　B. 高锰酸钾　　　C. 明矾絮凝　　　D. 硫代硫酸钠

93. 叠氮化钠修正法测定水中溶解氧,主要消除(　　　)的干扰。

A. Fe^{2+}　　　B. 亚硝酸盐　　　C. Fe^{3+}　　　D. 硫化物

94. 高锰酸钾修正法测定水中溶解氧,主要消除(　　　)的干扰。

A. Fe^{2+}　　　B. 亚硝酸盐　　　C. Fe^{3+}　　　D. 硫化物

95. 若水样中含有还原性物质时,所测的溶解氧值会(　　　)。

A. 偏大　　　　　　　　　　　　　　B. 偏小

C. 没有影响　　　　　　　　　　　　D. 偏小偏大都可能

96. 若水样中含有氧化性物质时,所测的溶解氧值会(　　　)。

A. 偏大　　　　　　　　　　　　　　B. 偏小

C. 没有影响　　　　　　　　　　　　D. 偏小偏大都可能

97. 若水样中含有有机物时,所测的溶解氧值会(　　　)。

A. 偏大　　　　　　　　　　　　　　B. 偏小

C. 没有影响　　　　　　　　　　　　D. 偏小偏大都可能

98. 若水样中含有亚硝酸盐时,所测的溶解氧值会(　　　)。

A. 偏大　　　　　　　　　　　　　　B. 偏小

C. 没有影响　　　　　　　　　　　　D. 偏小偏大都可能

99. 测定溶解氧时,所用的硫代硫酸钠溶液需要(　　)标定一次。

A. 每天　　　　　　B. 二天　　　　　　C. 三天　　　　　　D. 四天

100. 重量法测废水中的悬浮物固体时,烘干的固体若直接置于操作台上冷却,则所测值会(　　)。

A. 偏大　　　　　　　　　　　　B. 偏小

C. 没有影响　　　　　　　　　　D. 偏小偏大都可能

101. 重量法测废水中的悬浮固体时,为了减少实验误差,烘干的固体应在(　　)冷却。

A. 干燥器　　　　　B. 分析天平　　　　C. 烘箱　　　　　　D. 空气

102. 重量法测废水中的悬浮固体时,若因过滤前滤膜未烘干引入的误差会导致测定结果(　　)。

A. 偏大　　　　　　　　　　　　B. 偏小

C. 没有影响　　　　　　　　　　D. 偏小偏大都可能

103. 采用重量法测定水中的悬浮物固体时,烘箱温度不得高于(　　)℃。

A. 100　　　　　　　B. 105　　　　　　C. 120　　　　　　D. 150

104. 在测定水样颜色时,下列操作会引起结果偏小的是(　　)。

A. 用重铬酸钾代替氯铂酸钾配制标准系列

B. 将水样离心后测定

C. 将水样用滤纸过滤后测定

D. 将水样用 0.45 μm 的滤膜过滤后测定

105. 测定颜色的水样不能选用下列(　　)方法进行预处理。

A. 离心　　　　　　B. 滤膜过滤　　　　C. 滤纸过滤　　　　D. 放置澄清

106. 采用稀释倍数法测色度时,下列(　　)不会影响测定结果。

A. 比色管标线高度不一样　　　　B. 水样搅拌均匀后测

C. 水样在测定时稀释到接近无色　D. 不以白色瓷板为背景

107. 采用稀释倍数法测色度时,比色管标线高度(　　)。

A. 要求一致

B. 可以不一致

C. 没有特别要求

D. 要求除蒸馏水外的其他比色管标线高度一致

108. 工业废水中色度的测定可采用下列(　　)。

A. 铂钴标准比色法　　　　　　　B. 滴定分析法

C. 稀释倍数法　　　　　　　　　D. A 和 C

109. 生活饮用水中色度的测定可采用下列(　　)。

A. 铂钴标准比色法　　　　　　　B. 滴定分析法

C. 稀释倍数法　　　　　　　　　D. A 和 C

110. 测定氨氮的纳氏试剂应保存于(　　)。

A. 玻璃瓶中　　　　B. 聚乙烯瓶中　　　C. 烧杯中　　　　　D. 以上都可以

111. 用纳氏试剂光度法测定水中氨氮,水样中加入酒石酸钾钠的作用是(　　)。

A. 调节溶液的 pH 值　　　　　　B. 消除金属离子的干扰

C. 与纳氏试剂协同显色　　　　　　　　　D. 减少氨氮的损失

112. 对水样进行过滤分离时,下列对悬浮物颗粒截留能力最差的是(　　　)。

A. 滤膜　　　　　　B. 离心　　　　　　C. 滤纸　　　　　　D. 砂芯漏斗

113. 下列可构成硬度的主要组成是(　　　)。

A. Ca　　　　　　　B. Zn　　　　　　　C. Na　　　　　　　D. Pb

114. 测定凯氏氮时消解中加入硫酸铜的作用是(　　　)。

A. 氧化剂　　　　　B. 消解剂　　　　　C. 催化剂　　　　　D. 增加消解速率

115. 测凯氏氮时,消解中加入硫酸钾、硫酸铜的作用分别是(　　　)。

A. 催化剂、氧化剂　　　　　　　　　　　B. 消解剂、氧化剂

C. 提高沸腾温度、催化剂　　　　　　　　D. 提高沸腾温度、氧化剂

116. 水中 pH 测定最准确的方法是(　　　)。

A. 广泛 pH 试纸　　B. 精密 pH 试纸　　C. 玻璃电极法　　　D. 比色法

117. 采用玻璃电极法测 pH 值,为了提高测定的准确度,校准仪器时选用的标准缓冲液的 pH 应与水样的 pH(　　　)。

A. 接近　　　　　　　　　　　　　　　　B. 大于水样 pH

C. 小于水样 pH　　　　　　　　　　　　D. 可不考虑水样的 pH

118. 采用玻璃电极法测 pH 值的,下列操作正确的是(　　　)。

A. 测定时不拔掉甘汞电极上的孔胶塞

B. 测定时玻璃电极的球泡不能全部浸入溶液中

C. 测定前对仪器进行校准

D. 玻璃电极在使用前不能用蒸馏水浸泡

119. 地表水环境质量标准中将地表水按功能高低划分为(　　　)。

A. 二类　　　　　　B. 三类　　　　　　C. 四类　　　　　　D. 五类

120. 我国海水水质标准按海域的不同使用功能和保护目标,将海水水质分为(　　　)。

A. 二类　　　　　　B. 三类　　　　　　C. 四类　　　　　　D. 五类

121. 下列属于生物型污染的是(　　　)。

A. 浊度物质污染　　　　　　　　　　　　B. 悬浮固体污染

C. 病原微生物污染　　　　　　　　　　　D. 有机物污染

122. 可造成接纳水体淤积和土壤空隙堵塞的是下列哪种污染物(　　　)。

A. 悬浮物　　　　　B. 溶解固体　　　　C. 营养类物质　　　D. 有机物质

123. 下列会引起斑齿病的是(　　　)。

A. 铬　　　　　　　B. 铅　　　　　　　C. 汞　　　　　　　D. 氟

124. 无机氮是指(　　　)。

A. 凯氏氮和硝酸盐氮　　　　　　　　　　B. 氨氮、亚硝酸盐氮和硝酸盐氮

C. 凯氏氮和氨氮　　　　　　　　　　　　D. 亚硝酸盐氮和硝酸盐氮

125. 凯氏氮包括(　　　)。

A. 有机氮和氨氮　　　　　　　　　　　　B. 亚硝酸盐氮和硝酸盐氮

C. 凯氏氮即为总氮　　　　　　　　　　　D. 有机氮和硝酸盐氮

126. 对于同一水样,采用高锰酸钾法比重铬酸钾法测得的 COD 值更(　　　)。

A. 大   B. 小   C. 相等   D. 没有可比性

127. 过量的氮、磷类物质会导致水体（   ）。

A. 水生生物呼吸困难   B. 水体富营养化

C. 水体厌氧   D. 水体浑浊

128. 下列能导致水体富营养化的污染物是（   ）。

A. 有机物   B. 重金属   C. 悬浮物   D. 氨氮

129. 含磷洗涤剂不能用于洗涤测定（   ）时器皿的洗涤。

A. 有机物   B. 磷酸盐   C. 含氮物质   D. 硫酸盐

130. EDTA 络合滴定法测硬度不适用于（   ）。

A. 地下水   B. 地面水   C. 海水   D. 饮用水

131. 在监测分析过程中滴定管、容量瓶未经校正而引入的误差属于（   ）。

A. 方法误差   B. 仪器误差   C. 试剂误差   D. 主观误差

132. 在滴定分析法中已知准确浓度的试剂溶液称为（   ）。

A. 待测溶液   B. 滴定溶液   C. 标准溶液   D. 配制溶液

133. 测定水中碱度时采用的滴定方法属于（   ）。

A. 酸碱滴定法   B. 沉淀滴定法

C. 氧化还原滴定法   D. 络合滴定法

134. 检验标准曲线的线性关系时，要求其相关系数（   ）。

A. $|r| \geqslant 0.9900$ B. $|r| \geqslant 0.9990$ C. $|r| \geqslant 0.9995$ D. $|r| \geqslant 0.9999$

135. 测定有机物时，保存水样的容器不应使用（   ）。

A. 玻璃瓶   B. 浅色玻璃瓶   C. 聚乙烯瓶   D. 深色玻璃瓶

136. 按照水质分析的要求，当采集水样测定金属和无机物时，应该选择（   ）容器。

A. 不锈钢瓶   B. 普通玻璃瓶   C. 聚乙烯瓶   D. 棕色玻璃瓶

137. 采用叠氮化钠修正法测溶解氧时，下列哪种试剂有剧毒（   ）。

A. 氢氧化钾溶液   B. 硫酸锰溶液

C. 碘化钾溶液   D. 叠氮化钠

138. 对于无臭无味的水，下列描述错误的是（   ）。

A. 有利于饮用者对水质的信任   B. 同样需严格检测

C. 可以保证是安全的   D. 不能保证是安全的

139. 对于易燃溶剂，其爆炸范围愈宽，则燃烧或爆炸的（   ）。

A. 危险性愈小   B. 危险性愈大   C. 可能性愈小   D. 可能性愈大

140. 采用蒸馏法和离子交换法制备得到的分析用水，适用于一般化学分析工作，属于（   ）。

A. 三级水   B. 二级水   C. 一级水   D. 超纯水

141. 干燥器中的变色硅胶颜色由（   ）时就需更换。

A. 粉色变为蓝色   B. 蓝色变为粉色

C. 粉色变为黄色   D. 黄色变为粉色

142. 用分光光度法测定水中物质的含量，当水样的浓度超过测定上限时，可（   ）。

A. 将校准曲线延长，查出物质的数值

B. 将已显色的溶液稀释后，重新比色

C. 适量少取水样，重新显色

D. 使用计算因子

143. 测定高锰酸盐指数时，取样量应保持在使反应后，残留的 $KMnO_4$ 溶液量为加入量（　　）。

　　A. 1/5～4/5　　　　B. 1/3～1/2　　　　C. 1/5～1/2　　　　D. 1/5～3/5

144. 重铬酸钾法测定 COD，水样加入回流后，溶液中重铬酸钾剩余量应是加入量的（　　）为宜。

　　A. 1/5～4/5　　　　B. 1/3～1/2　　　　C. 1/5～1/2　　　　D. 1/5～3/5

145. 新用测定 pH 的或久置不用电极，使用前应浸泡在（　　）中至少 24 h 后才能使用。

　　A. 纯水　　　　　　　　　　　　B. 稀盐酸溶液

　　C. 标准缓冲溶液　　　　　　　　D. 自来水

146. 溶液中 OH^- 浓度为 $1.0×10^{-4}$ mol/L，其 pH 值为（　　）。

　　A. 4.00　　　　　　B. 10.00　　　　　　C. 12.00　　　　　　D. 8.00

147. 溶液中 H^+ 浓度为 $1.0×10^{-4}$ mol/L，其 pH 值为（　　）。

　　A. 4.00　　　　　　B. 10.00　　　　　　C. 2.00　　　　　　D. 8.00

148. 下列关于 pH 值的说法，正确的是（　　）。

　　A. pH 值表示酸的浓度　　　　　　B. pH 值越大，酸性越强

　　C. 中性水的 pH 值为 0　　　　　　D. pH 值越小，酸性越强

149. 下列关于保存剂说法错误的是（　　）。

　　A. 保存剂不能和待测组分发生反应

　　B. 测定 COD 的水样应加入 NaOH 作保存剂

　　C. 测定过程中，应做空白试验，对测定结果进行校正

　　D. 保存剂的纯度最好是优级纯

150. 用稀释倍数法测定 BOD 时，不可作为接种液的是（　　）。

　　A. pH 大于 9 的工业污水　　　　　B. 表层土壤浸出液

　　C. 含城市污水的河水或湖水　　　　D. 污水处理厂的出水

151. 铬的毒性与其存在状态有极大的关系，（　　）铬具有强烈的毒性。

　　A. 二价　　　　　　B. 三价　　　　　　C. 六价　　　　　　D. 零价

152. 某废水臭强度描述为"弱"，则其等级为（　　）。

　　A. 0　　　　　　　　B. 1　　　　　　　　C. 2　　　　　　　　D. 3

153. 某废水臭强度描述为"强"，则其等级为（　　）。

　　A. 5　　　　　　　　B. 4　　　　　　　　C. 3　　　　　　　　D. 2

154. 滴定管校正后的容积，是指（　　）时该容器的真实容积。

　　A. 0 ℃　　　　　　B. 15 ℃　　　　　　C. 20 ℃　　　　　　D. 25 ℃

155. 电光分析天平使用前的操作检查内容主要包括：先调天平的（　　），再检查调节天平的"零点"，然后检查调节天平的感量。

　　A. 水平度　　　　　　　　　　　　B. 电源电压稳感器

　　C. 箱内湿温度　　　　　　　　　　D. 砝码的清洁度

156. 下列不属于饮用水水源地监测项目的是( )。

A. 砷　　　　　　 B. 汞　　　　　　 C. 钠　　　　　　 D. 铅

157. 底质中含有大量水分,必须用适当的方法除去,下列几种方法中不可行的是( )。

A. 在阴凉通风处自然风干　　　　 B. 离心分离

C. 真空冷冻干燥　　　　　　　　 D. 高温烘干

158. 关于水样的采样时间和频率的说法不正确的是( )。

A. 较大水系干流全年采样不小于 6 次　　 B. 排污渠每年采样不少于 3 次

C. 采样时应选在丰水期,而不是枯水期　　 D. 背景断面每年采样 1 次

159. 下列水质监测项目应现场测定的是( )。

A. COD　　　　　 B. pH　　　　　　 C. 六价铬　　　　 D. 挥发酚

160. 原子吸收光光度法可用于测定( )。

A. 铅　　　　　　 B. 镉　　　　　　 C. 铜　　　　　　 D. 以上均可

161. 通常把能生成水垢的钙镁离子的总含量称为( )。

A. 水质　　　　　 B. 硬度　　　　　 C. 总碱度　　　　 D. 暂时硬度

162. 城市生活污水的水质、水量随季节而变化,一般冬季( )。

A. 用水量多,污水浓度高　　　　 B. 用水量多,污水浓度低

C. 用水量少,污水浓度低　　　　 D. 用水量少,污水浓度高

163. 液体中呈固体的不溶解物质称为( )。

A. 悬浮物　　　 B. 溶解物质　　　 C. 固体物质　　　 D. 总固体物质

164. 无机物一般指的是组成里不含( )元素的物质。

A. 氮　　　　　　 B. 氧　　　　　　 C. 碳　　　　　　 D. 硫

165. 单烯烃是含有( )个碳碳双键的链状不饱和烃。

A. 1　　　　　　 B. 2　　　　　　 C. 3　　　　　　 D. 4

166. 有机氮在厌氧条件下转变为简单的( )。

A. NH_3　　　　 B. NO　　　　　　 C. NO_2　　　　 D. NO_x

167. 单环芳烃不溶于( )。

A. 汽油　　　　　 B. 水　　　　　　 C. 四氯化碳　　　 D. 乙醚

168. 总凯氏氮(TNK)不包括( )。

A. 氨氮　　　　　　　　　　　　 B. 亚硝酸盐氮、硝酸盐氮

C. 有机氮　　　　　　　　　　　 D. 氨氮、有机氮

169. 在稀酸溶液中,pH 值增加时,溶液的酸性( )。

A. 增加　　　　　 B. 减弱　　　　　 C. 不一定　　　　 D. 不变

170. 参与污水生物处理的生物种类中,主要及常见的有( )。

A. 细菌类、原生动物　　　　　　 B. 细菌类、后生动物

C. 原生动物、后生动物　　　　　 D. 细菌类、原生动物、藻类、后生动物

二、判断题

171. 当水样中氯离子浓度高于 300 mg/L 时,则需用碱性高锰酸钾氧化法。

A. 正确　　　　　　　　　　　　 B. 错误

172. 当水样中氯离子浓度高于 300 mg/L 时,则需要酸性高锰酸钾氧化法。

A. 正确　　　　　　　　　　　　　　B. 错误

173. 纯水的电导率很小。

A. 正确　　　　　　　　　　　　　　B. 错误

174. 采用重量法测定污水中的油时,分液漏斗的活塞要涂凡士林以保持良好的密封性。

A. 正确　　　　　　　　　　　　　　B. 错误

175. 测定 BOD_5 时,只有溶解氧含量高、有机物含量少的水可不经稀释直接测定。

A. 正确　　　　　　　　　　　　　　B. 错误

176. 标准使用液都应在使用当天配制。

A. 正确　　　　　　　　　　　　　　B. 错误

177. 采集细菌学检验用水样时,必须严格按照无菌操作要求进行。

A. 正确　　　　　　　　　　　　　　B. 错误

178. 吸收曲线是吸光光度法中选择测定波长的重要依据。

A. 正确　　　　　　　　　　　　　　B. 错误

179. 比色皿在使用时应注意保持光洁干净,测定时的放置位置可随意。

A. 正确　　　　　　　　　　　　　　B. 错误

180. 借助标准参考物,通过仪器标定,可减少仪器误差。

A. 正确　　　　　　　　　　　　　　B. 错误

181. 采用重量法测定污水中的含油污染物时应定容采样。

A. 正确　　　　　　　　　　　　　　B. 错误

182. 电导率随水中所含无机盐浓度的增大而减小。

A. 正确　　　　　　　　　　　　　　B. 错误

183. 水温应在现场测定。

A. 正确　　　　　　　　　　　　　　B. 错误

184. 水温可取样回实验室测定。

A. 正确　　　　　　　　　　　　　　B. 错误

185. 采用稀释倍数法测定颜色时,比色管的标线高度不一致不会影响测定结果。

A. 正确　　　　　　　　　　　　　　B. 错误

186. 没有去除悬浮物的水所具有的颜色称为表色。

A. 正确　　　　　　　　　　　　　　B. 错误

187. 由于第一类污染物较第二类污染物危害大,因此要在排污单位排出口取样。

A. 正确　　　　　　　　　　　　　　B. 错误

188. 第二类污染物对人体的长远影响小于第一类污染物,因此要求一律在车间或车间处理设施排出口取样。

A. 正确　　　　　　　　　　　　　　B. 错误

189. 当有机物溶剂燃烧造成失火时,应尽快用水熄灭。

A. 正确　　　　　　　　　　　　　　B. 错误

190. 当有机溶剂燃烧造成失火时,应尽快用石棉布扑灭。

A. 正确   B. 错误

191. 当有机溶剂燃烧造成失火时,应尽快用防火砂子扑灭。

A. 正确   B. 错误

192. 无臭无味的水即可认为是安全的。

A. 正确   B. 错误

193. 无臭无味的水有利于饮用者对水质的信任。

A. 正确   B. 错误

194. 为了减少误差,COD 测定中硫酸亚铁标准溶液需准确配制。

A. 正确   B. 错误

195. 标准曲线的准确与否,直接影响样品分析结果的准确与否。

A. 正确   B. 错误

196. 硝酸盐氮是有氧环境中最稳定的含氮化合物。

A. 正确   B. 错误

197. 氨氮是有氧环境中最稳定的含氮化合物。

A. 正确   B. 错误

198. 亚硝酸盐氮是有氧环境中最稳定的含氮化合物。

A. 正确   B. 错误

199. 酸度是指水中所含能与酸碱发生中和作用的物质的总量,可通过 pH 值来反映。

A. 正确   B. 错误

200. 金属在水中以不同形态存在时其毒性大小不同。

A. 正确   B. 错误

201. 水样预处理的目的只是消除共存组分的干扰。

A. 正确   B. 错误

202. 水样预处理的目的之一是得到预测组分适于测定方法要求的形态和浓度。

A. 正确   B. 错误

203. 由酸碱、有机物和无机物造成的水体污染属物理污染。

A. 正确   B. 错误

204. 地方排放标准规定的应是国家标准中所没有的规定项目。

A. 正确   B. 错误

205. 通过优先选择的污染物即环境优先污染物,其对环境所潜在危害较小。

A. 正确   B. 错误

206. 做空白试验可消除由试剂、蒸馏水及器皿引入的杂质所造成的系统误差。

A. 正确   B. 错误

207. 分光光度计的主要部件包括光源、单色器、吸收池和检测系统。

A. 正确   B. 错误

208. 依据地面水水域使用目的和保护目标,地面水环境质量标准分为三类。

A. 正确   B. 错误

209. 由病原微生物造成的污染属生物型污染。

A. 正确   B. 错误

210. 测定水中悬浮物,通常采用滤膜的孔径为 0.45 μm。

 A. 正确   B. 错误

211. 中水回用是指民用建筑物或居住小区内使用后的各种排水经过适当处理后,回用于建筑物或居住小区内,作为杂用水的供水系统。

 A. 正确   B. 错误

212. 污水经二级处理可以直接作为湖泊补水水源。

 A. 正确   B. 错误

213. 地下水受到污染后会在很短时间内恢复到原有的清洁状态。

 A. 正确   B. 错误

214. 无机物是不含碳元素的化合物以及 CO、CO_2 和含碳酸根的化合物。

 A. 正确   B. 错误

215. 酸碱发生中和反应,当反应到达等当点时,溶液显中性。

 A. 正确   B. 错误

216. 酚和醇具有相同的官能团,但具有不完全相同的化学性质。

 A. 正确   B. 错误

217. 所有的化学反应都能用于滴定分析。

 A. 正确   B. 错误

218. 根据微生物对氧的要求,可分为好氧微生物、厌氧微生物及兼性微生物。

 A. 正确   B. 错误

219. 余氯是反映水的消毒效果和防止二次污染的贮备能力的指标。

 A. 正确   B. 错误

220. 稀释浓硫酸时,应将水慢慢地倒入硫酸中。

 A. 正确   B. 错误

221. 污水中的无机含硫氧化物,只有在厌氧条件下发生还原反应产生 H_2S 才会散发出臭味。

 A. 正确   B. 错误

222. 在金属活动性顺序中,排在氢后面的金属能置换出酸里的氢。

 A. 正确   B. 错误

三、多项选择题

223. 测定水样的真色时,对水样的预处理方法有(　　)。

 A. 离心分离   B. 滤膜过滤   C. 放置澄清   D. 滤纸过滤

 E. 加铝澄清

224. 总硬度是指(　　)的总浓度。

 A. 铝   B. 铁   C. 钙   D. 镁

 E. 铜

225. 关于化学滴定法测定 COD_{Cr},正确的描述有(　　)。

 A. 试亚铁灵为指示剂   B. 加 $HgSO_4$ 掩蔽 Cl^-

 C. 加 $AgSO_4$ 作催化剂   D. 消耗的氧化剂为 O_2

E. 加热回流中溶液应为无色

226. 下列关于保存剂说法正确的是（　　）。

A. 测定 COD 的水样应加入 NaOH 作保存剂

B. 加入的保存剂不能干扰后面的测定

C. 保存剂的纯度最好是优级纯

D. 测定过程中,应做空白试验,对测定结果进行校正

E. 保存剂不能和待测组分发生反应

227. 下列关于 pH 值的说法,错误的是（　　）。

A. pH 值表示酸的浓度　　　　　　　　B. pH 值越大,酸性越强

C. 中性水的 pH 值为 0　　　　　　　　D. pH 值越小,酸性越强

E. pH 值就是酸度

228. 关于高锰酸钾指数测定的说法,正确的是（　　）。

A. 当水样中氯离子浓度高于 300 mg/L 时,则需用碱性高锰酸钾氧化法

B. 当水样中氯离子浓度高于 300 mg/L 时,则需要酸性高锰酸钾氧化法

C. 当用草酸钠滴定高锰酸钾时,滴定需要在室温下进行

D. 当用草酸钠滴定时,滴定需要在较高温度下进行

E. 同一水样测得的 COD＞高锰酸钾指数

229. 用稀释倍数法测定 BOD 时,一般认为经过稀释后的混合液在适当条件下培养 5 d 后,满足（　　）时,认为稀释倍数是合适的。

A. 溶解氧残留量在 1 mg/L 以上　　　　B. 溶解氧残留量在 2 mg/L 以上

C. 耗氧量在 2 mg/L 以上　　　　　　　D. 耗氧量在 1 mg/L

E. 耗氧量在 3 mg/L 以上

230. 引起水体富营养化的元素有（　　）。

A. 铁　　　　　　　B. 氮　　　　　　　C. 锰　　　　　　　D. 磷

E. 硫

231. 下面属于凯氏氮的有（　　）。

A. 叠氮化合物　　　B. 蛋白质　　　　　C. 氨基酸　　　　　D. 硝基化合物

E. 尿素

232. 用稀释倍数法测定 BOD 时,可作为接种液的是（　　）。

A. 城市污水　　　　　　　　　　　　　B. 表层土壤浸出液

C. 含城市污水的河水或湖水　　　　　　D. 污水处理厂的出水

E. pH 大于 9 的工业污水

233. 气体在水中的溶解度与（　　）有关

A. 温度　　　　　　B. 时间　　　　　　C. 压力　　　　　　D. 水量

234. 在配制 NaOH 溶液时,（　　）使所配溶液的物质的量浓度偏低。

A. 在容量瓶中加入,使溶液凹液面与刻度线相切

B. NaOH 颗粒表面部分变质

C. 未将烧杯的洗液注入容量瓶

D. 容量瓶使用前蒸馏水洗过

235. pH 测量仪表主要由（   ）以及清洗器等组成。

A. 传感器　　　　　B. 玻璃电极　　　　C. 显示器　　　　　D. 参比电极

E. 电源

236. 碱度具有缓冲能力主要在于水中存在的各种碳酸化合物,除了重碳酸根离子 HCO_3^- 和碳酸根离子 CO_3^{2-} 以外,还应包括（   ）。

A. 溶解的气体 CO_2　　　　　　　　　　B. 未电离的 H_2CO_3

C. $CaCO_3$　　　　　　　　　　　　　　D. OH^-

237. 在供氧的条件下,污水中的氨氮通过生物氧化作用,直接转变为（   ）的形式。

A. 氮气　　　　　　　B. 硝酸氮　　　　　C. 原生质　　　　　D. 亚硝酸氮

参考文献

[1]GB 17378-2007,海洋监测规范[S].

[2]GB/T 5750-2006,生活饮用水标准检验方法[S].

[3]国家环境保护总局,水和废水监测分析方法编委会.水和废水监测分析方法[M].第4版.北京:中国环境科学出版社,2002.

[4]GB/T 12763-2007,海洋调查规范[S].

[5]HJ 442-2008,近岸海域环境监测规范[S].

[6]HJ 493-009,水质 样品的保存和管理技术规定[S].

[7]HJ 494-2009,水质 采样技术指导[S].

[8]HJ 495-2009,水质 采样方案设计技术规定[S].

[9]GB 3097-1997,海水水质标准[S].

[10]GB 3838-2002,地表水环境质量标准[S].

[11]GB 5749-2006,生活饮用水卫生标准[S].

[12]GB 18668-2002,海洋沉积物质量[S].

[13]GB 11607-89,渔业水质标准[S].

[14]GB 8978-1996,污水综合排放标准[S].

[15]GB 18918-2002,城镇污水处理厂污染物排放标准[S].

[16]雷衍之.养殖水环境化学[M].北京:中国农业出版社,2004.

[17]金朝晖.环境监测[M].天津:天津大学出版社,2007.

[18]谢丹丹,刘月英,吴成林,等.固定化啤酒酵母废菌体吸附 Pt^{4+} 特性的研究[J].厦门大学学报(自然科学版),2003,42(6):800～804.

[19]谢丹丹,刘月英,吴成林,等.固定化啤酒酵母废菌体吸附 Pd^{2+} 的研究[J].微生物学通报,2003,30(6):29～34.

[20]胡洪波,刘月英,黄芝,等.细菌 XP05 的筛选及其吸附铂的特性[J].厦门大学学报(自然科学版),2003,42(2):233～237.

[21]刘月英,傅锦坤,陈平,等.巨大芽孢杆菌 D01 吸附金（ Au^{3+} ）的研究[J].微生物学报,2000,40(4):425～429.

[22]Dönmez G,Aksu Z.Removal of chromium(VI)from saline wastewaters by *Dunaliella* species[J].*Proc.Biochem.*,2002,38(5):751～762.

[23]尹平河,赵玲.海藻生物吸附废水中铅、铜和镉的研究[J].海洋环境科学,2000,19(3):11～15.

[24]Aksu Z.Determination of the equilibrium,kinetic and thermodynamic parameters of the batch biosorption of nickel(II)ions onto *Chlorella vulgaris*[J].*Proc.Biochem.*,2002,38(1):89～99.

[25]Aksu Z.Equilibrium and kinetic modeling of cadmium(II)biosorption by *C.vul-*

garis in a batch system：effect of temperature［J］.*Separation and Purification Technol.*，2001,21(3)：285～294.

［26］陈曦等.猪场养殖排放物污染的水葫芦处理系统构建［C］.第二届全国畜禽和水产养殖污染监测与控制治理技术交流研讨会论文集.2008(6)：253～257.

［27］Kuyucak N,Volesky B.Accumulation of cobalt by marine algae［J］.*Biotechnol.Bioeng.*,1989,33(7)：809～814.

［28］NY 5051-2001,无公害食品　淡水养殖用水水质［S］.

［29］NY 5052-2001,无公害食品　海水养殖用水水质［S］.

［30］CJ/T 206-2005,城市供水水质标准［S］.